高等职业教育土建类专业 BIM 系列教材

BIM 建模技术

韩祖丽　王少辉　主　编

中国建筑工业出版社

图书在版编目（CIP）数据

BIM建模技术/韩祖丽，王少辉主编．—北京：中国建筑工业出版社，2023.3（2023.5重印）
高等职业教育土建类专业BIM系列教材
ISBN 978-7-112-28196-1

Ⅰ.①B… Ⅱ.①韩… ②王… Ⅲ.①建筑设计-计算机辅助设计-应用软件-高等职业教育-教材 Ⅳ.①TU201.4

中国版本图书馆CIP数据核字（2022）第221967号

本教材根据实际工程项目土建部分的施工过程进行建模，共5个项目，19个任务。每个项目包括教学目标、BIM小谈、思维导图、“1+X”技能提升等内容。本教材参照建筑信息模型（BIM）职业技能等级证书标准，围绕建筑产业和经济社会发展，借鉴新形态教材的建设方法和途径，具有较强的实用性和通用性。

本教材可作为高等职业院校土木建筑大类的专业教材，也可作为建筑信息模型技术员、“1+X”建筑信息模型（BIM）职业技能等级证书等考试的教材，亦可供相关工程技术人员学习参考。

为了便于本课程教学，作者自制免费课件资源，索取方式为：1. 邮箱：jckj@cabp.com.cn；2. 电话：（010）58337285；3. 建工书院（PC端）：http://edu.cabplink.com；4. QQ交流群：704167418。

责任编辑：司　汉
责任校对：张惠雯

高等职业教育土建类专业BIM系列教材
BIM建模技术
韩祖丽　王少辉　主　编
*
中国建筑工业出版社出版、发行（北京海淀三里河路9号）
各地新华书店、建筑书店经销
霸州市顺浩图文科技发展有限公司制版
北京市密东印刷有限公司印刷
*
开本：787毫米×1092毫米　1/16　印张：10¾　字数：279千字
2023年2月第一版　2023年5月第二次印刷
定价：**42.00**元（赠教师课件）
ISBN 978-7-112-28196-1
（40207）

教材编审委员会

主　编： 韩祖丽　广西理工职业技术学院
王少辉　广西理工职业技术学院

主　审： 张红日　广西交科集团有限公司

副主编： 刘　芳　广西交通职业技术学院
徐莹莹　广西理工职业技术学院
袁　平　广西理工职业技术学院

编　委： 农　漪　广西职业师范学院
金煜欣　广西理工职业技术学院
张瑞友　广西职业技术学院
郑忠义　百色职业学院
徐育靖　广西建工集团冶金建设有限公司
廖立波　广西建工集团冶金建设有限公司
周德序　广西建工集团冶金建设有限公司

前　言

BIM 技术已成为当前工程建设行业的不可缺少的技术之一，在我国发展速度很快，且受到相关政策的支持。BIM 技术广泛应用于设计、施工及运维过程中，近年来，人力资源和社会保障部颁布了《建筑信息模型技术员》国家职业技能标准，结合“1+X”建筑信息模型（BIM）职业技能等级证书背景，BIM 技术正在积极推动建筑行业信息化发展。

本教材在编写过程中，编写团队提炼并总结了大量的 Revit 软件教学和应用经验，从高职教育的特点出发，结合实际工程案例，实现“教学做”一体化，使学生能以快捷、高效、直观的方式学习，并掌握建模工作流程，为后续 BIM 技术的应用打下坚实的基础。

本教材采用项目化教学方式编写，是校企联合开发双元教材，全书紧扣工程实际案例，学生不仅能熟悉 Revit 软件，而且还会了解建筑的设计过程。同时，教材配套的“1+X”建筑信息模型（BIM）职业技能等级考试真题，更有助于学生学习。

本教材由韩祖丽、王少辉任主编并统稿，张红日任主审，刘芳、徐莹莹、袁平任副主编。张瑞友、周德序、廖立波编写项目 1，袁平、徐育靖编写项目 2，徐莹莹、刘芳、农漪编写项目 3，王少辉、韩祖丽、郑忠义编写项目 4、项目 5。广西建工集团冶金建设有限公司 BIM 中心团队参与教材编写与修改，为本书提出了宝贵的经验和意见，在此表示衷心的感谢。

由于时间仓促，书中难免存在错误，恳请广大读者批评指正。

目　　录

绪　论

BIM建模基础

教学目标

通过本项目学习，你将能够：

1. 能够熟练操作 Revit 软件的基本功能及界面。
2. 能够设置样板、新建保存项目。

BIM 小谈

行而不辍，履践致远，锻一技之长

本项目主要讲授建筑信息模型的概念，通过数字信息仿真，模拟建筑物所具有的真实信息，于计算机中建立一座模拟建筑，提供一个单一完整的建筑信息库，解决传统建筑管理各自施工、数据计算不精确、不一致的困境。通过将世界技能大赛建筑信息模型项目大赛视频融入教学环节中，让学生知道我国在建筑信息模型项目中获取世界冠军的傲人成绩，学习世界冠军走“技能成才、技能报国”之路。

思维导图

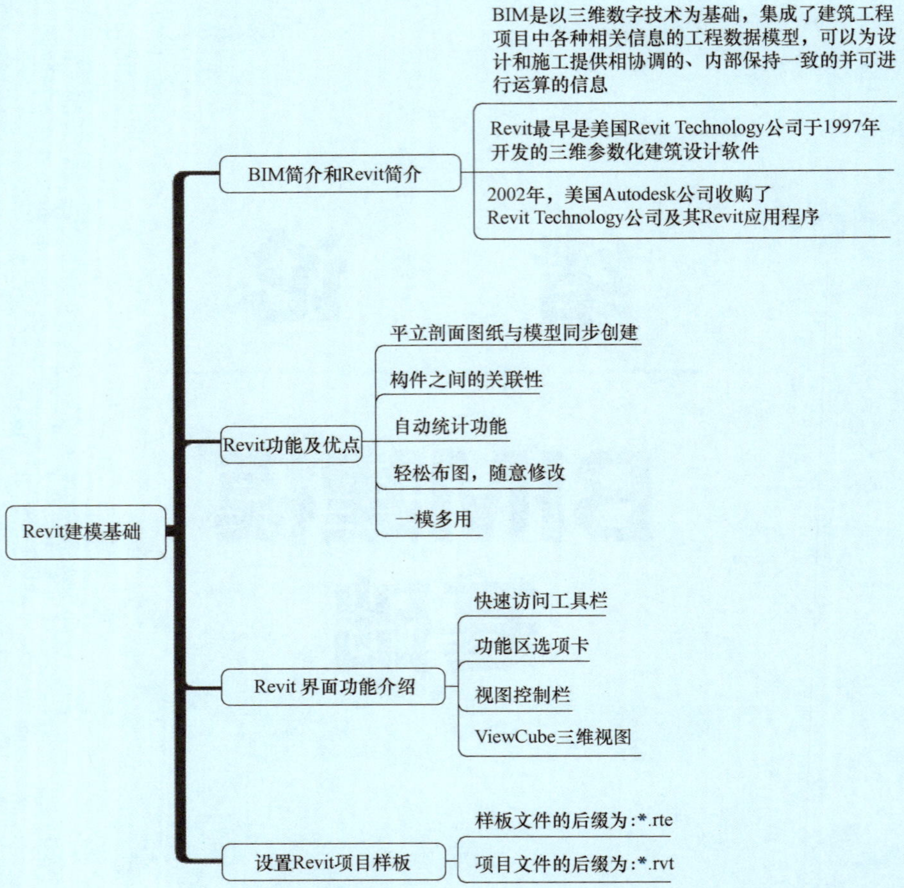

0.1 BIM简介和Revit简介

BIM，即建筑信息模型（Building Information Modeling）的简称，是指通过数字信息仿真模拟建筑物所具有的真实信息，在这里信息的内涵不仅是几何形状描述的视觉信息，还包括大量的非几何信息，如材料的耐火等级、材料的传热系数、构件的构造、采购信息等。实际上，BIM是以三维数字技术为基础，集成了建筑工程项目中各种相关信息的工程数据模型，可以为设计和施工提供相协调的、内部保持一致的并可进行运算的信息。

简单来说，BIM通过计算机建立三维模型，并在模型中存储了设计师所需要的所有信息，例如平面、立面和剖面图纸，统计表格，文字说明和工程清单等，且这些信息全部根据模型自动生成，并与模型实时关联，就是通过数字化技术，在计算机中建立一座模拟建筑，该模型提供了一个单一的、完整一致的、有逻辑的建筑信息库。

经过多年的开发研究，Revit软件成为包含建筑、结构、机电等多专业的BIM工具，并横跨设计、施工、运维等多个阶段，是目前国内应用最广泛的BIM数据创建平台之一。

0.2 Revit 功能及优点

0.2.1 Revit 优点

1. 平、立、剖面图纸与模型同步创建。模型创建的同时自动生成平面图、立面图、剖面图，快速生成剖切透视图、平面颜色填充等。

2. 构件之间的关联性。平面图、立面图、剖面图明细表双向关联，一处修改，处处更新，自动避免低级错误。

3. 自动统计功能。门窗表（图 0.2-1）、建筑面积、容积率等经济指标可以快速方便统计。

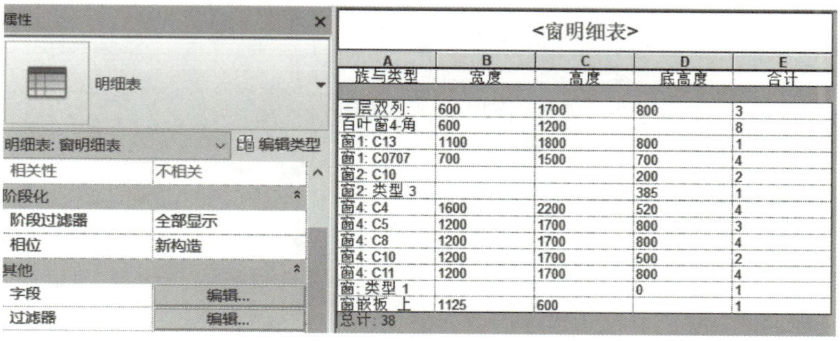

<窗明细表>

A	B	C	D	E
族与类型	宽度	高度	底高度	合计
三层双列:	600	1700	800	3
百叶窗4-角	600	1200		8
窗1: C13	1100	1800	800	1
窗1: C0707	700	1500	700	4
窗2: C10			200	2
窗2: 类型 3			385	1
窗4: C4	1600	2200	520	4
窗4: C5	1200	1700	800	3
窗4: C8	1200	1700	800	4
窗4: C10	1200	1700	500	2
窗4: C11	1200	1700	800	4
窗: 类型 1			0	1
窗嵌板_上	1125	600		1
总计: 38				

图 0.2-1

4. 与 AutoCAD 无缝链接，二维、三维完美过渡。

5. 轻松布图，随意修改。

6. 自动生成各立面、各剖面视图（图 0.2-2），精确迅速。

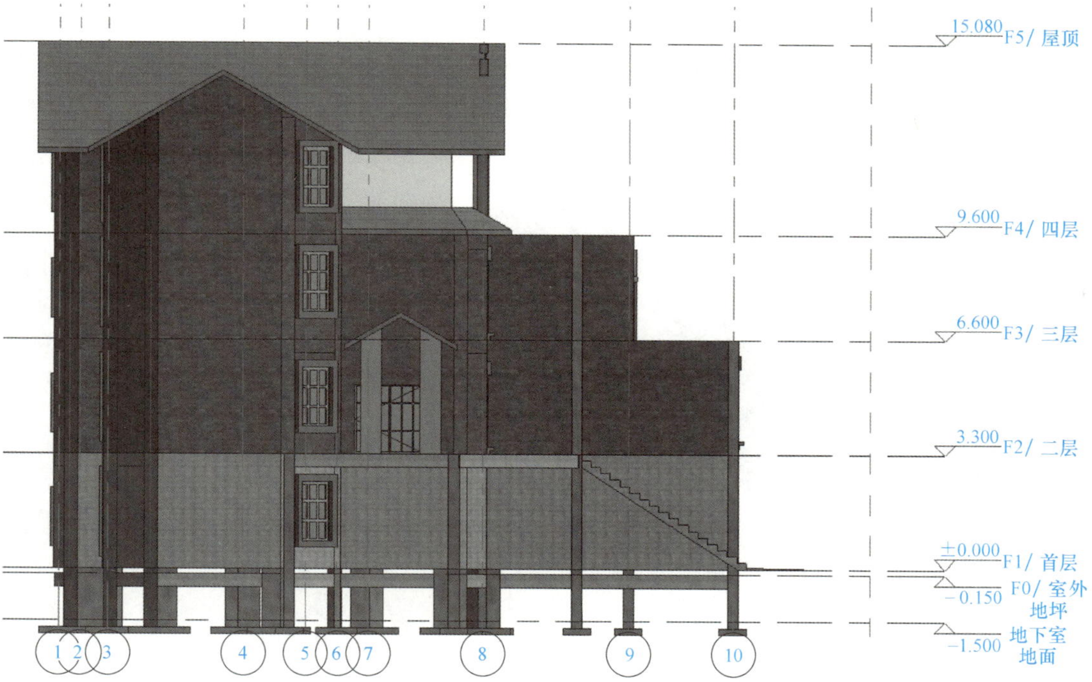

图 0.2-2

7. 体量功能可轻松创建异型墙体、幕墙。

8. 参数设计的特点：类型参数、实例参数、共享参数等对构件的尺寸、材质、可见性、项目信息等属性的控制。

9. 集成优异的渲染、漫游功能，便于全方位展示模型（图 0.2-3）。

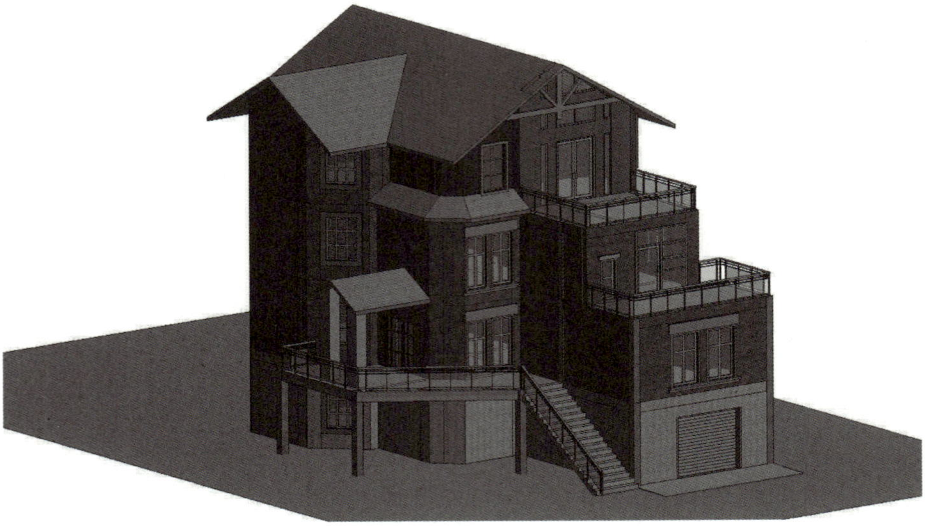

图 0.2-3

0.2.2 Revit 界面功能介绍

Revit 界面功能如图 0.2-4 所示。

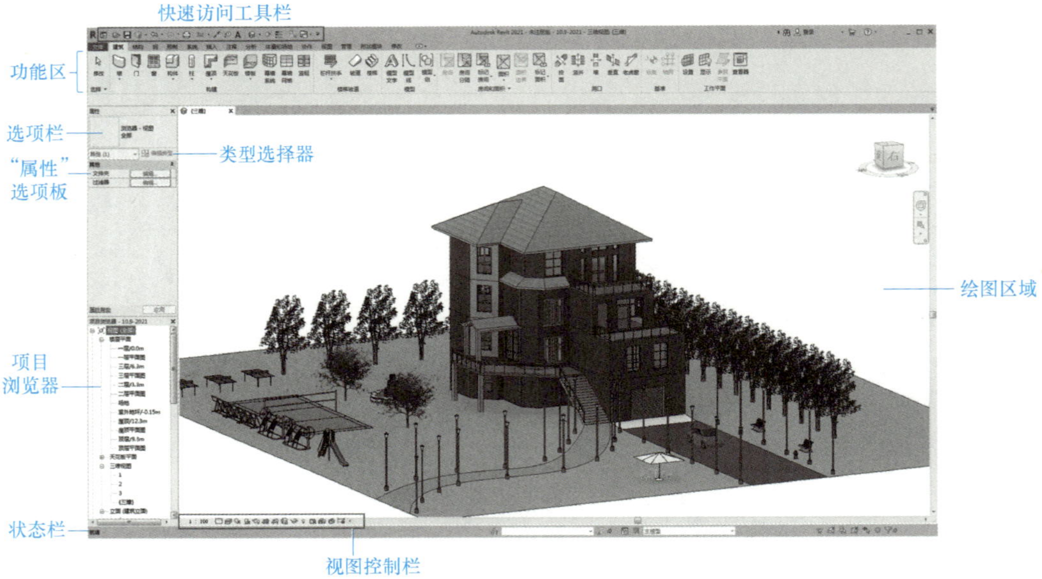

图 0.2-4

提示： 请不要随意删除立面符号，否则正立面视图也将被删除。

1. 快速访问工具栏

单击“自定义快速访问工具栏”后的向下箭头，将弹出下列工具，若要向“自定义快速访问工具栏”中添加功能区的按钮，请在功能区中单击鼠标右键，然后单击“添加到快速访问工具栏”，按钮会添加到“自定义快速访问工具栏”中默认命令的右侧，如图 0.2-5 所示。

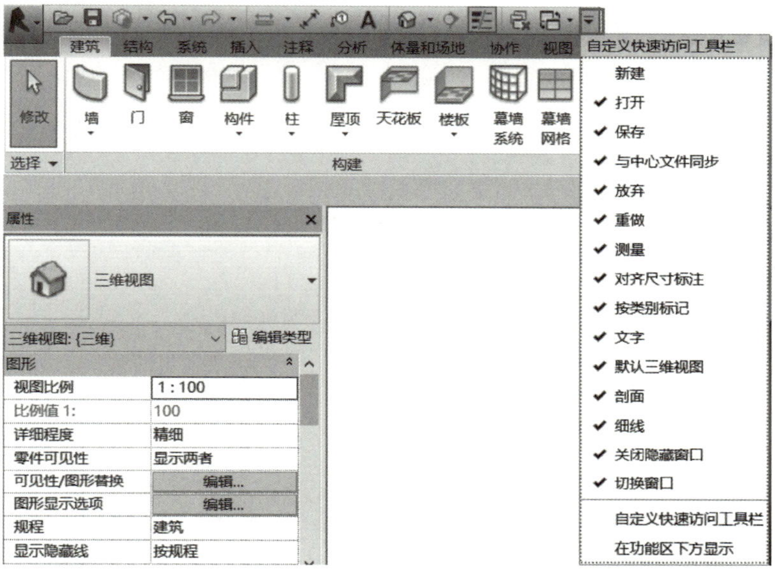

图 0.2-5

2. 功能区选项卡

创建或打开文件时，会显示功能区，它提供创建项目或族所需的全部工具，如图 0.2-6 所示。

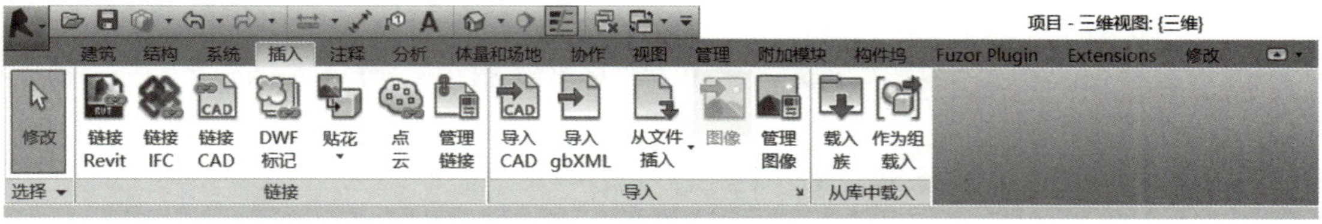

图 0.2-6

3. 上下文功能区选项卡

激活某些工具或者选择图元时，会自动增加并切换到“上下文功能区选项卡”，其中包含一组只与该工具或图元的上下文相关的工具。

例如：单击“墙”工具时，将显示“修改/放置墙”的上下文选项卡，如图 0.2-7 所示。

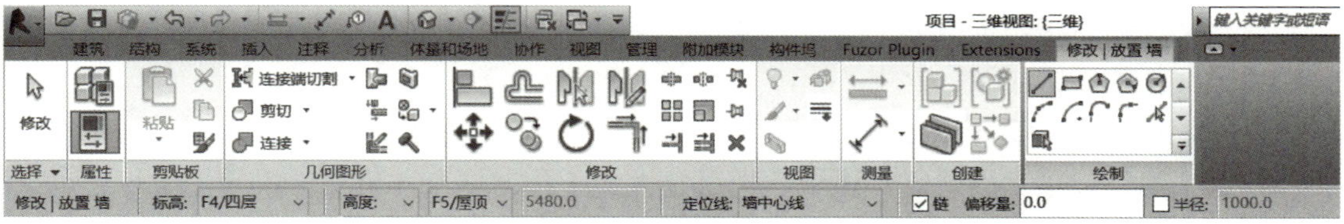

图 0.2-7

4. 视图控制栏

视图控制栏位于 Revit 窗口底部的状态栏上方，通过它可以快速访问影响绘图区域的功能，如图 0.2-8 所示。

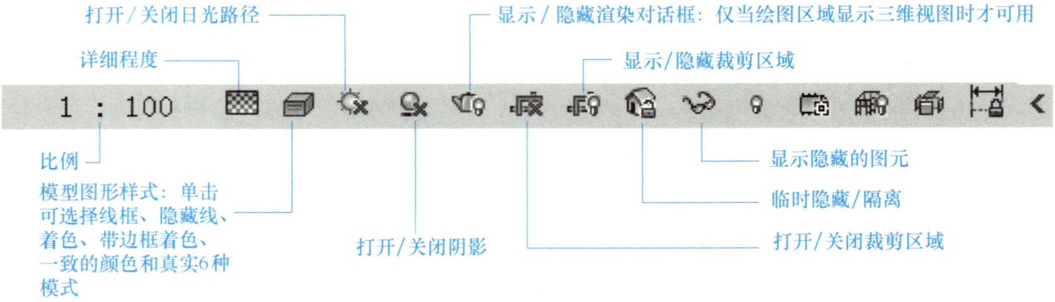

图 0.2-8

5. ViewCube

ViewCube 是一个三维导航工具，可指示模型的当前方向，并调整视点，如图 0.2-9 所示。

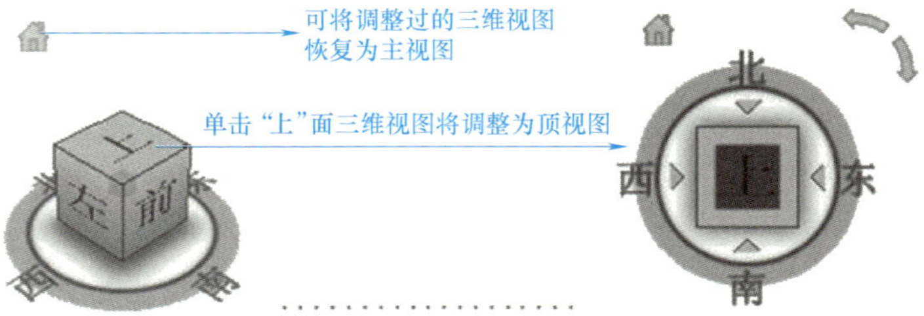

图 0.2-9

主视图是随模型一同存储的特殊视图，可以方便地返回已知视图或熟悉的视图，可将模型的任何视图定义为主视图。

在 ViewCube 上单击鼠标右键，然后单击“将当前视图设定为主视图”。

0.3 设置 Revit 的项目样板

0.3.1 为何要设置项目样板

（1）使二维图纸符合规范

默认样板文件的标高样式、尺寸标注样式、文字样式、线型线宽线样式、对象样式等，不能满足国家标准制图规范要求，故要设置项目样板。

样板文件的后缀：*.rte。

项目文件的后缀：*.rvt。

（2）标准化工作可以大大减少重复工作量，提高设计质量和设计效率

根据不同设计项目的特点和要求，把重复性的工作在项目样板文件里预先做好，可以避免在每个项目设计中重复工作，从而提高设计质量和设计效率。

0.3.2　设置方法

“应用菜单”下拉菜单—“选项”命令，打开“选项”对话框。单击“文件位置”，如图 0.3-1 所示，替换第一行默认样板文件。

0.3.3　新建、保存 Revit 项目

1. 新建项目：打开“应用菜单”—“新建”—“项目”。
2. 保存项目：打开“应用菜单”—“另存为”—“项目”，如图 0.3-2 所示。

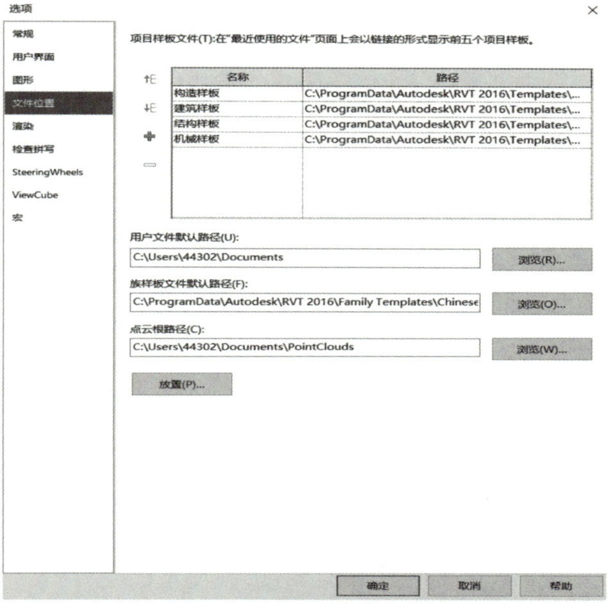

图 0.3-1

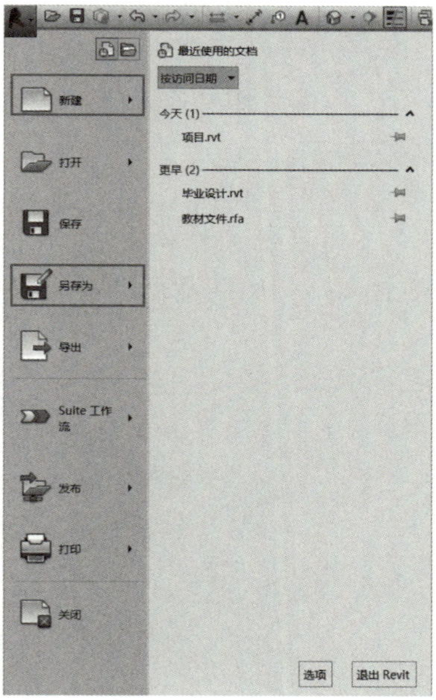

图 0.3-2

> **课堂训练**
>
> 1. 打开 Revit 软件，熟悉界面。
> 2. 练习在项目浏览器中打开各平面、各立面视图观察。
> 3. 练习使用立面符号打开各立面图。
> 4. 练习新建一个项目且保存。

0.4　案例项目——创建 A 别墅项目

【项目介绍】

一、项目情况介绍

工程名称：A 别墅。

建筑面积：513.06m^2。

建筑层数：4 层。

建筑高度：14.13m。

建筑的耐火等级为二级，设计使用年限为 50 年。

建筑结构为钢筋混凝土框架结构，抗震设防烈度为七度，结构安全等级为二级。

本建筑室内±0.000 标高相对于绝对标高为 533.80m。

二、模型创建要求

1. 外墙采用 200mm 厚的普通砖，外墙的外部采用 10mm 厚的水泥砂浆找平、15mm 厚棕色外墙面，外墙的内部采用 10mm 厚的水泥砂浆找平、10mm 厚的白色抹灰。

2. 内墙采用 200mm 厚的普通砖，墙身内部采用 10mm 厚的水泥砂浆找平、10mm 厚的白色抹灰。

3. 楼板层采用 100mm 厚的现浇混凝土。

4. 门窗均采用塑钢节能门窗。

图 0.4-1 为该项目模型的整体建筑造型。

图 0.4-1

【项目实施】

本教材后续项目即为该项目的具体实施细节。

项目1

创建建筑和结构的标高及轴网

教学目标

通过本项目的学习，你将能够：

1. 理解标高和轴网的作用。
2. 掌握标高和轴网的创建方式。
3. 掌握轴网的尺寸标注方式。
4. 能够运用轴网和标高标头的显示控制。
5. 能够运用如何生成对应标高的平面视图。

BIM 小谈

匠心传承，明辨笃行奋斗青年路

以世界技能大赛冠军建筑信息模型作品漫游视频引入新课，启发学生意识到：如此优秀精确的建筑信息模型搭建，同样是需要先建立标高与轴网，万丈高楼平地起，伟大的事业都需要从无到有逐步实现。培养学生正确的方法论，一丝不苟、严肃认真、踏实坚毅的学习态度，切实提高责任意识，标高与轴网关乎工程定位，尺寸错误将直接导致工程返工重建，对工程造成巨大经济损失，因而需要学生明辨笃行、精益求精。

思维导图

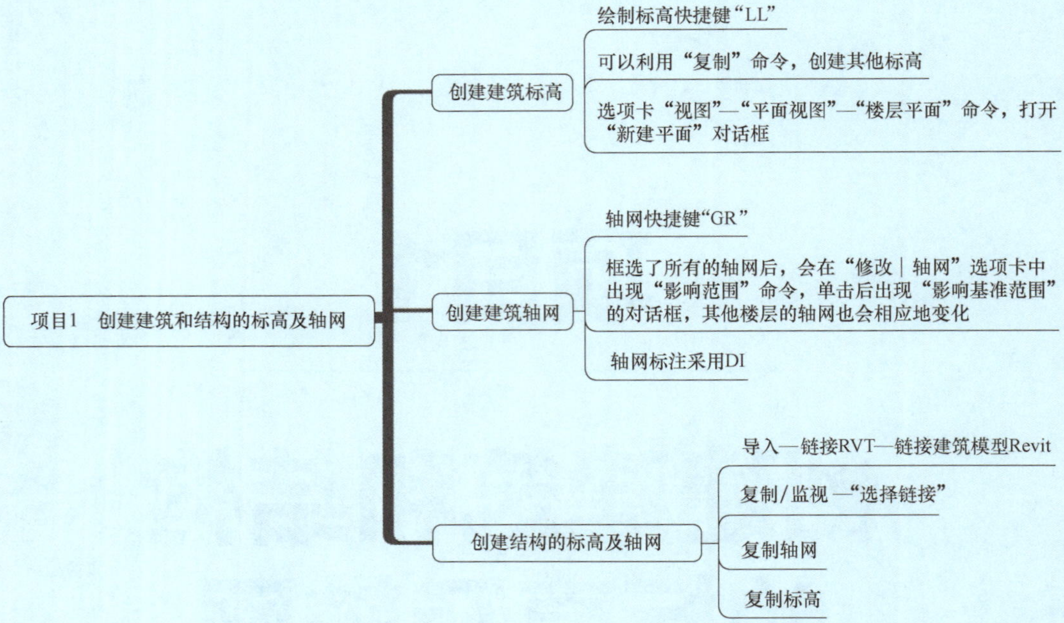

任务 1.1　创建与编辑标高

1.1.1　工作任务

创建 A 别墅标高，如图 1.1-1 所示。

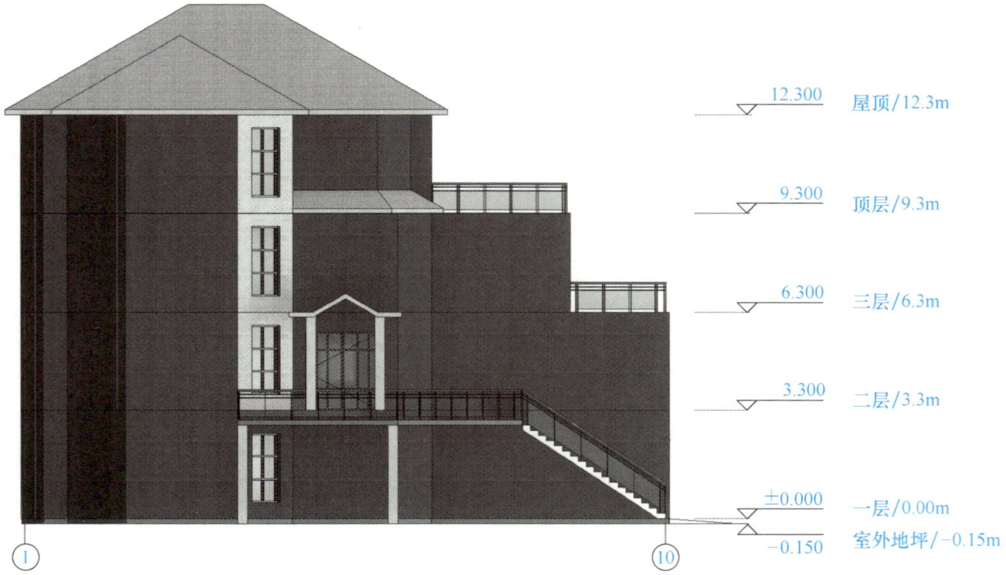

图 1.1-1　南立面图

1.1.2　任务分析

标高和轴网是建筑设计中重要的定位信息，标高用来定义楼层层高及生成平面视图，反映建筑物构件在竖向的定位情况，标高不是必须作为楼层层高。

1.1.3　教师演示

1-1 标高创建

［步骤-01］　启动 Revit，点击“新建…”，在弹出的“新建项目”对话框中选择下载好的“教材样板文件”，确认新建类型为“项目”，如图 1.1-2 所示。单击“确定”完成新项目的创建。

［步骤-02］　默认将打开“标高 1”楼层平面视图，双击“南立面”，切换至南立面视图，如图 1.1-3 所示。在立面视图中一般会有样板中的默认标高“标高 1”和“标高 2”，且“标高 1”的标高为±0.000m，“标高 2”的标高为 4.000m，如图 1.1-4 所示。

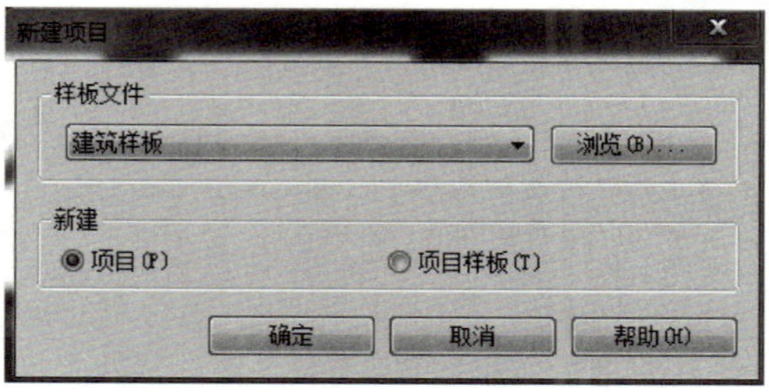

图 1.1-2

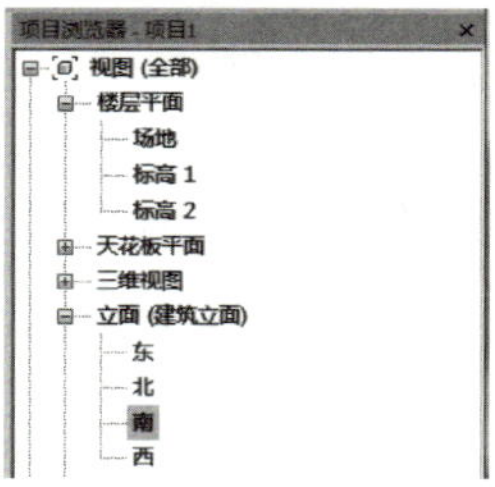

图 1.1-3

图 1.1-4

［步骤-03］　单击标高符号中的高度值，可输入“3.3”，则二层的楼层高度改为 3.3m，如图 1.1-5 所示。注意：只有标高以“m”为单位，其他都以“mm”为单位。不勾选隐藏编号，则标头、标高值以及标高名称将隐藏。

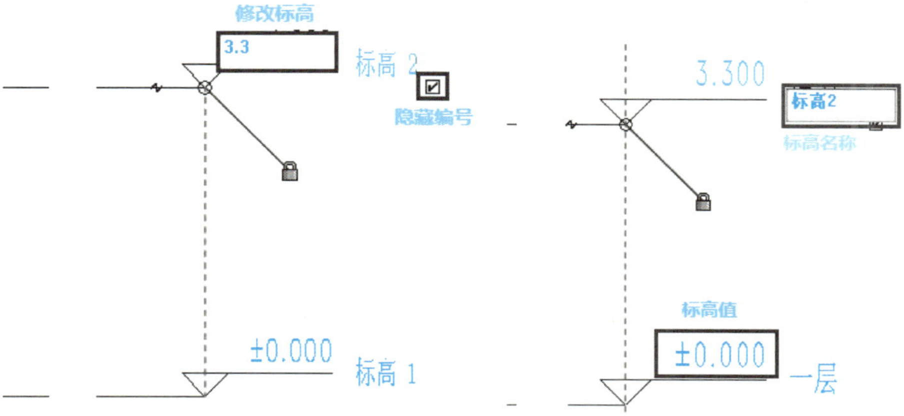

图 1.1-5

除了直接修改标高值，还可通过临时尺寸标注修改两标高间的距离。单击“二层”，在一层与二层之间会出现一条蓝色临时尺寸标注，此时直接单击临时尺寸上的标注值，即可重新输入新的数值，该值单位为“mm”，与标高值的单位“m”不同，要注意区别，如图 1.1-6 所示。

图 1.1-6

[步骤-04] 绘制标高“三层”：单击选项卡“建筑”-“标高”面板命令，移动光标到视图中“标高 2”左端标头上方，当出现绿色标头对齐虚线时，单击鼠标左键捕捉标高起点。向右拖动鼠标，直到再次出现绿色标头对齐虚线，单击鼠标，修改标高名称。

绘制标高的快捷键：LL。

[步骤-05] 也可以利用“复制”命令，创建其他标高。选择“三层”标高线，单击“修改标高”选项卡下“修改”面板中的“复制”(CC/CO) 命令，选项栏勾选选项“约束”和“多个” ☑约束 □分开 ☑多个。移动光标在“三层标高”线上单击捕捉一点作为复制参考点，然后垂直向上（下）移动光标，输入间距值后按 Enter 键确认后复制新的标高。完成后的标高如图 1.1-7 所示。

图 1.1-7

还可利用“阵列”命令，创建其他标高。“阵列”(AR) 适用于一次绘制多个等距的标高，选择后在选项卡中会出现，勾选成组并关联，则阵列的标高为一个模型组，如果要编辑标高名称，需要解组后才可编辑；项目数为包含原有标高在内的数量，如项目数为 3，则为“标高 3”“标高 4”与“标高 5”；选择移动到“第二个”则在输入标高间距“3300”，按回车后，“标高 3”“标高 4”与“标高 5”间的距离均为 3300mm，若选择移动到“最后一个”，则“标高 3”与“标高 5”间的距离共 3300mm。

注意：标高命名一般为软件自动命名，按最后一个字母或数字排序，如标高 1、标高 2、标高 3 或 F1、F2、F3，汉字不能自动排序。采用复制方式创建的标高，Revit 不会为该标高生成楼层平面视图。

[步骤-06]　单击选项卡“视图”-“平面视图”-“楼层平面”命令，打开“新建平面”对话框，如图 1.1-8 所示。从下面列表中选择“四层”（按 Shift 键可全选），单击“确定”后，在项目浏览器中创建了新的楼层平面“四层”，并自动打开“四层”作为当前视图。

绘制−0.15m 的标高，但复制出来的标高显示的却还是“±0.00”，这是因为此时的标高属性为“正负零标高”，需要选中该标高，在“属性”框中将其族类型由“正负零标高”修改为下标高，如图 1.1-9 所示。

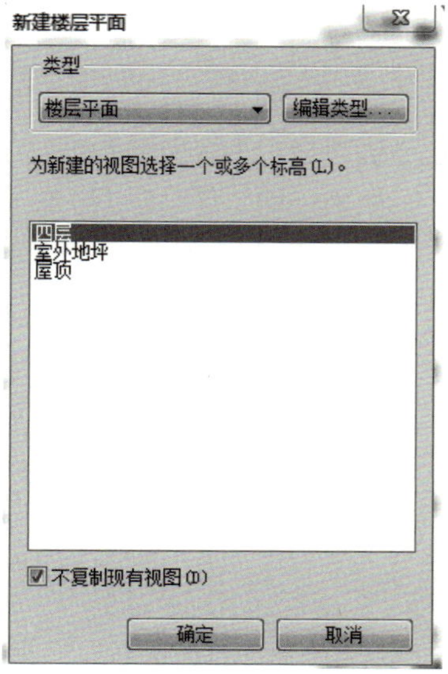

图 1.1-8

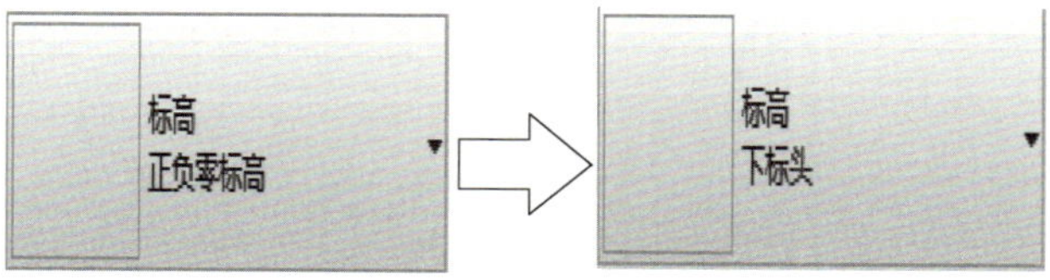

图 1.1-9

1.1.4　实践操作

请同学们根据“1.1.3 教师演示”中的步骤创建××别墅标高。达到的效果如图 1.1-10 所示。

图 1.1-10

1.1.5 拓展训练

根据结构楼层表（表 1.1-1），建立结构标高，并保存好。

结构楼层表 表 1.1-1

楼层	标高	结构层高	单位	备注
首层	±0.000	3.3	m	室外地坪−0.15m
二层	3.300	3	m	—
三层	6.300	3	m	—
四层	9.300	—	m	—
坡屋顶标高	11.600	—	m	11.6m屋檐处结构标高

任务 1.2 创建与编辑轴网

1.2.1 工作任务

创建 A 别墅轴网，如图 1.2-1 所示。

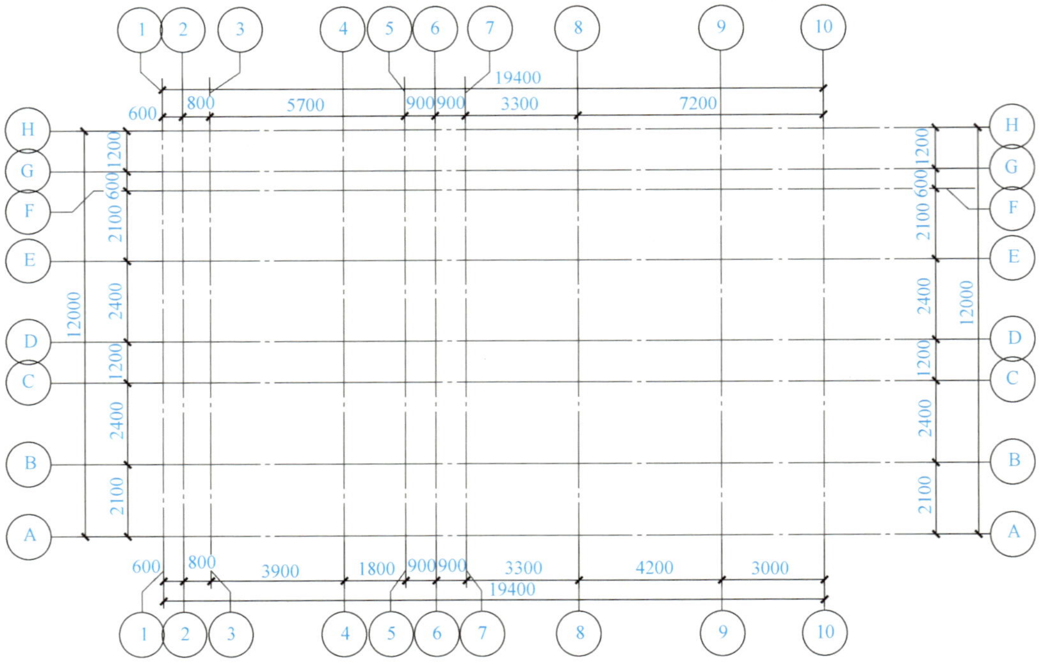

图 1.2-1

1.2.2 任务分析

轴网用于构件定位，在 Revit 中轴网确定了一个不可见的工作平面，轴网编号以及标高符号样式均可定制修改。

1.2.3　教师演示

在 Revit 中轴网只需要在任意一个平面视图中绘制一次，其他平面和立面、剖面视图中都将自动显示。

[步骤-01]　在项目浏览器中双击“楼层平面”选项下的“F1”视图，打开“楼层平面：F1”视图。选择“建筑”选项卡→“基准”面板→“轴网”命令或快捷键 GR 进行绘制。

1-2 轴网创建

[步骤-02]　在视图范围内单击一点后，垂直向上移动光标到合适距离再次单击，绘制第一条垂直轴线，轴号为 1。选择①轴线，单击“修改”面板的“复制”命令，在①轴线上单击捕捉一点作为复制参考点，然后水平向右移动光标，输入间距值“600”后，单击一次鼠标复制生成②轴线。保持光标位于新复制的轴线右侧，分别输入“800、3900、1800、900、900、3300、4200、3000”后依次单击“确认”，绘制③～⑩轴线，完成结果如图 1.2-2 所示。

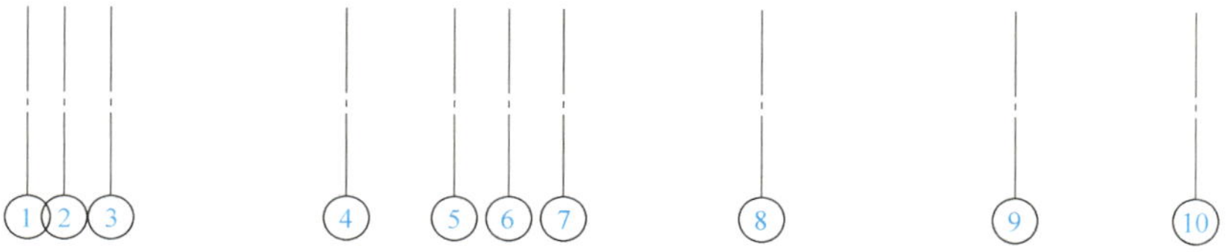

图 1.2-2

[步骤-03]　使用复制功能时，勾选选项栏中的“约束”，可使得轴网垂直复制，勾选“多个”，可使得轴网单次连续复制，如图 1.2-3 所示。

图 1.2-3

[步骤-04]　继续使用“轴网”命令绘制水平轴线，移动光标到视图中①轴线标头左上方位置，单击鼠标左键捕捉一点作为轴线起点，然后从左向右水平移动光标到⑦轴线右侧一段距离后，再次单击鼠标左键捕捉轴线终点，创建第一条水平轴线。

[步骤-05]　选择刚创建的水平轴线，修改标头文字为“A”，创建Ⓐ轴线。

[步骤-06]　同上绘制水平轴线步骤，利用“复制”命令，创建Ⓑ～Ⓗ轴线。移动光标在Ⓐ轴线上，单击捕捉一点作为复制参考点，然后垂直向上移动光标，保持光标位于新复制的轴线上侧，分别输入“2100、2400、1200、2400、2100、600、1200”后依次单击“确认”，完成复制。

如有附加定位轴线，选择轴线进行复制，垂直向上移动光标，输入移动值，单击鼠标绘制轴线，选择新建的轴线，修改标头文字。

完成后的轴网如图 1.2-4 所示。

[步骤-07]　绘制完轴网后，需要在平面视图和立面视图中手动调整轴线标头位置，解决①和②轴线、③和Ⓕ轴线、Ⓖ轴线等的标头干涉问题。

选择①轴线，单击靠近轴号位置的“添加弯头”标志，出现弯头，拖动蓝色圆点，则可以调整偏移的程度。同理，调整③、Ⓕ轴线标头的位置，如图 1.2-5 所示。

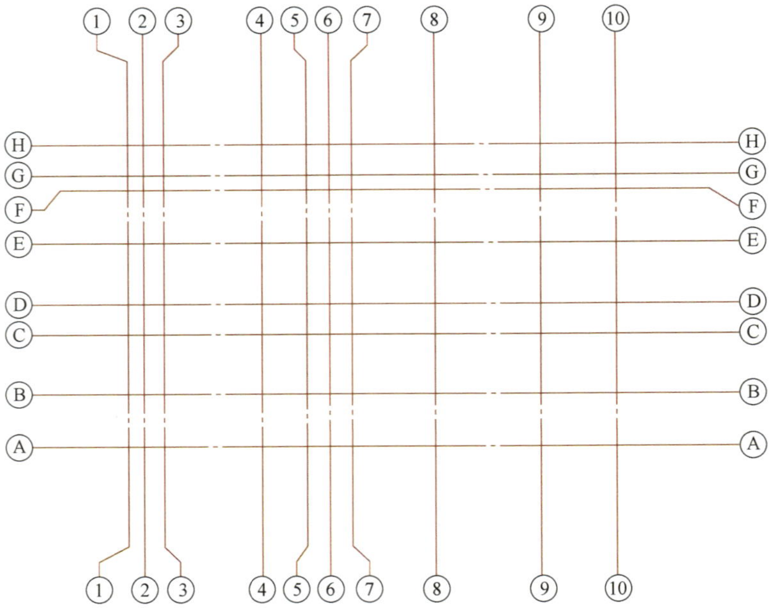

图 1.2-4

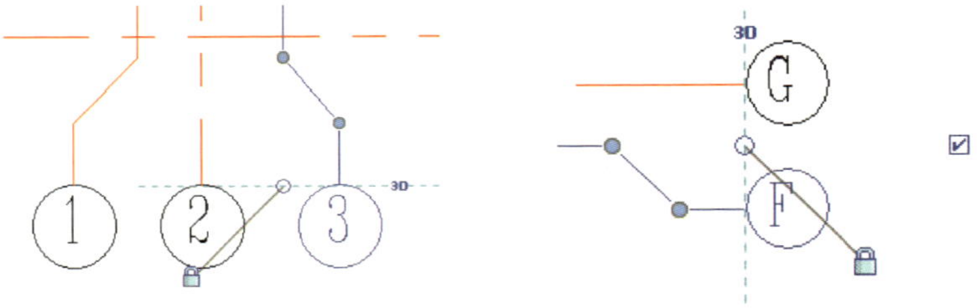

图 1.2-5

［步骤-08］ 标头位置调整。选中某根轴网，在“标头位置调整”符号（空心圆点）上按住鼠标左键，拖拽可整体调整所有标头的位置。若先单击打开“标头对齐锁”，再拖拽即可单独移动一根标头的位置。

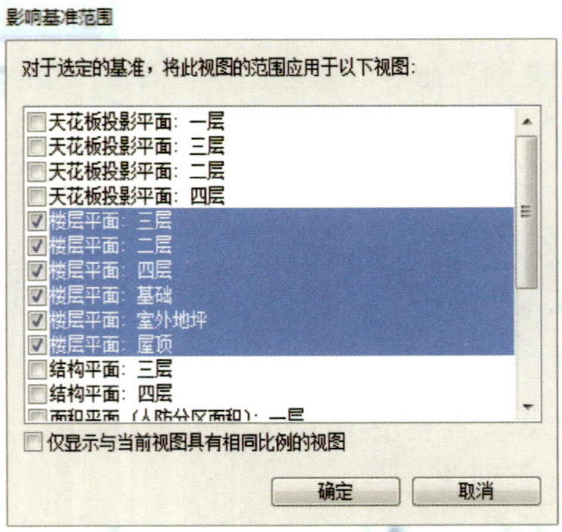

图 1.2-6

在项目浏览器中双击“立面（建筑立面）”选项下的“南立面”，进入南立面视图，使用前述编辑标高和轴网的方法，调整标头位置、添加弯头。同样方法调整东立面或西立面视图标高和轴网。

［步骤-09］ 在框选了所有的轴网后，会在“修改｜轴网”选项卡中出现“影响范围”命令，单击后出现“影响基准范围”对话框，按住 Shift 键选中各楼层平面，单击“确定”后，其他楼层的轴网也会相应地变化，如图 1.2-6 所示。

轴网可分为 2D 和 3D 状态，单击 2D 或

3D 可直接替换状态。3D 状态下，轴网端点显示为空心圆；2D 状态下，轴网端点修改为实心点，如图 1.2-7 所示。2D 与 3D 状态的区别在于：2D 状态下，所做的修改仅影响本视图；3D 状态下，所做的修改将影响所有平行视图。在 3D 状态下，若修改轴线的长度，其他视图的轴线长度相应修改，但是其他的修改均需通过“影响范围”工具实现。仅在 2D 状态下，通过“影响范围”工具能将所有的修改传递给与当前视图平行的视图。

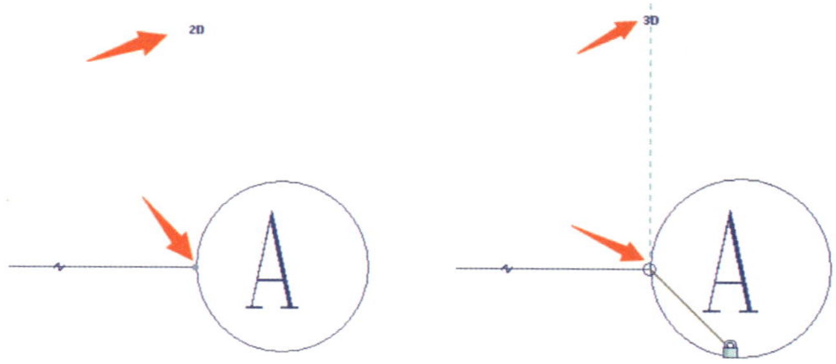

图 1.2-7

［步骤-10］ 标高和轴网创建完成，回到任一平面视图，框选所有轴线，在“修改”面板中单击图标，锁定绘制好的轴网（锁定的目的是使得整个的轴网间的距离在后面的绘图过程中不会偏移）。

1.2.4 实践操作

同学们根据“1.2.3 教师演示”中的步骤创建 A 别墅标高。达到的效果如图 1.2-8 所示。

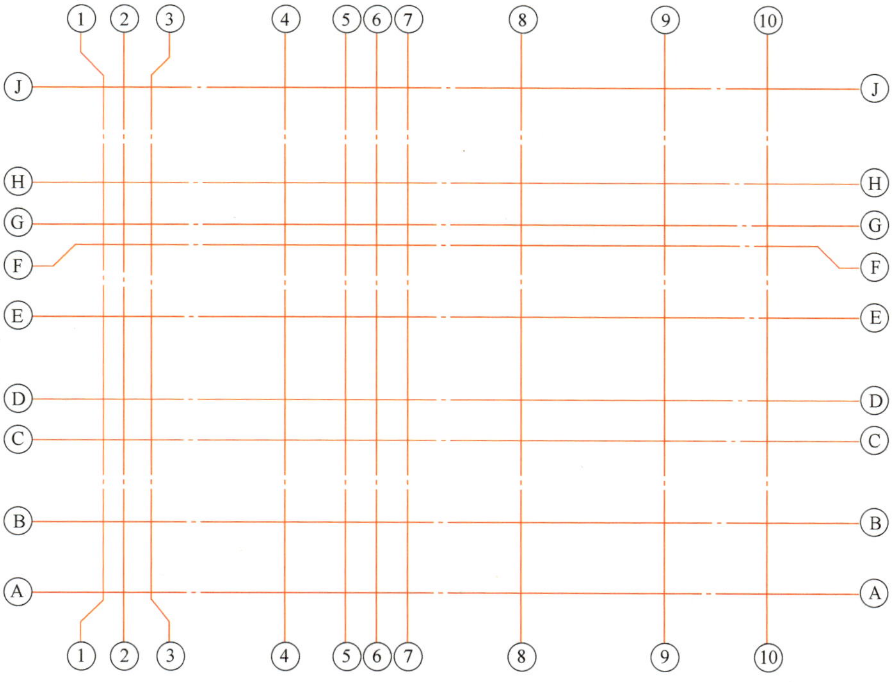

图 1.2-8

1.2.5 拓展训练

根据图 1.2-9 中给定的尺寸绘制标高轴网。某建筑共三层，首层地面标高为±0.000，层高为 3m，要求两侧标头都显示，将轴网颜色设置为红色。

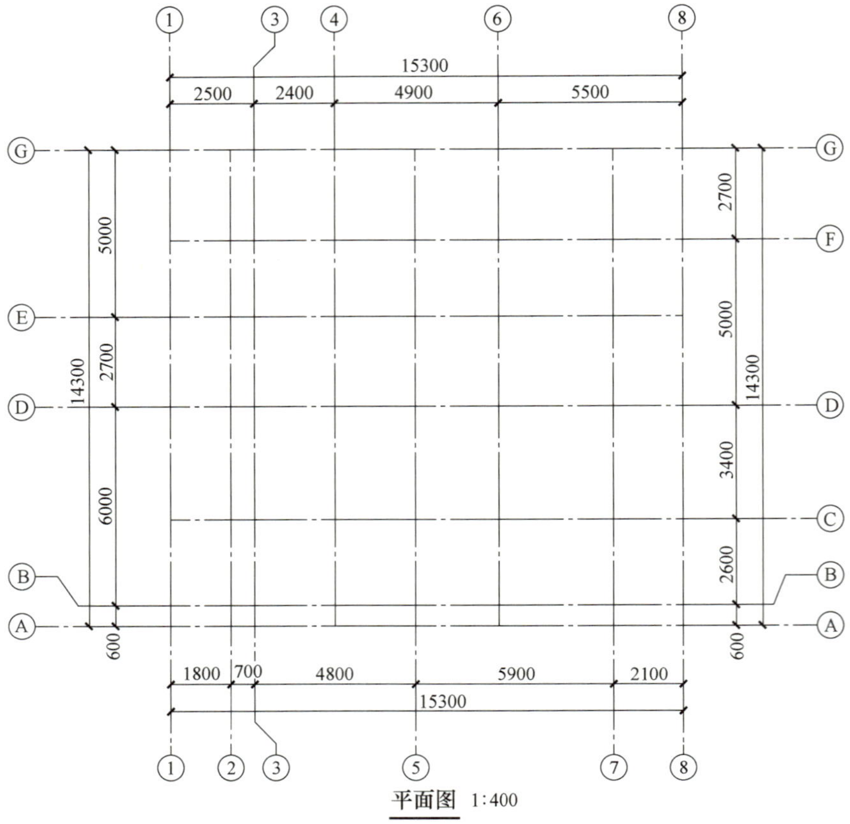

图 1.2-9

任务 1.3 标高轴网的应用

1.3.1 工作任务

1. 创建 A 别墅轴网标注。
2. 采用“复制/监视”功能创建其他专业标高轴网。

1-3 标高轴网的应用

1.3.2 任务分析

1. 轴网用于构件定位，在 Revit 中轴网确定了一个不可见的工作平面，轴网编号以及标高符号样式均可定制修改。

2. 在实际工程项目中，虽然 BIM 建模技术员会建立各自专业的模型，但项目基准必须保持统一。我们常采用“协作”功能，将前面建立好的标高轴网链接进来，以它为参照，则不需要另行创建项目基准，这时就可以通过“复制/监视”功能，将之前创建的项目文件转化为自己所用，同时还能确保两个专业模型的项目基准一致。

1.3.3　教师演示

1. 为轴网添加尺寸标注

使用“注释”选项卡中的“对齐尺寸标注”功能，如图 1.3-1 所示为各楼层平面视图中的轴网添加尺寸标注。为了保持美观，在标注之前，应对轴网的长度进行适当修改。

[步骤-01]　单击轴网 1，选择该轴网图元，自动进入“修改 1 轴网”上下文选项卡。移动光标至①轴线标头与轴线连接处圆圈位置，按住鼠标左键不放，垂直向下移动鼠标，拖动该位置至图 1.3-2 所示位置后松开鼠标左键，Revit 将修改已有轴线长度。

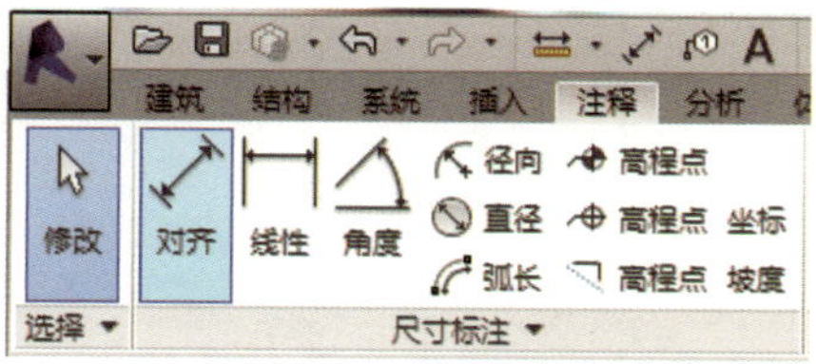

图 1.3-1

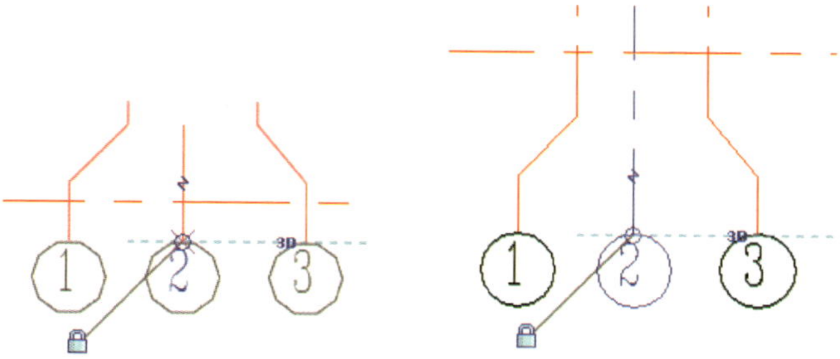

图 1.3-2

注意：由于 Revit 默认会使所有同侧同方向轴线保持标头对齐状态，因此修改任意轴网后，同侧同方向的轴线标头位置将同时被修改。单击打开“标头对齐锁”，再拖拽即可单独移动一根标头的位置。

使用相同的方式，适当修改水平方向轴线长度。切换至其他楼层平面视图，会发现在其他视图中，轴网长度已同时被修改。

[步骤-02]　单击“注释”选项卡“尺寸标注”面板中“对齐尺寸标注”工具，Revit 进入放置尺寸标注模式。

[步骤-03]　在“属性”面板类型选择器中，选择当前标注类型为“对角线－3mm RomanD”。移动鼠标光标至①轴线任意一点，单击鼠标左键作为对齐尺寸标注的起点，向右移动光标至②轴线上任一点并单击鼠标左键。依此类推，分别拾取并单击③～⑩轴线，完成后向下移动鼠标至轴线下适当位置，单击空白处，即完成垂直轴线的尺寸标注。

[步骤-04]　确认仍处于对齐尺寸标注状态。依次拾取①～⑩轴线，在上一步骤中创建尺寸线下方单击放置，生成总尺寸线。结果如图 1.3-3 所示。

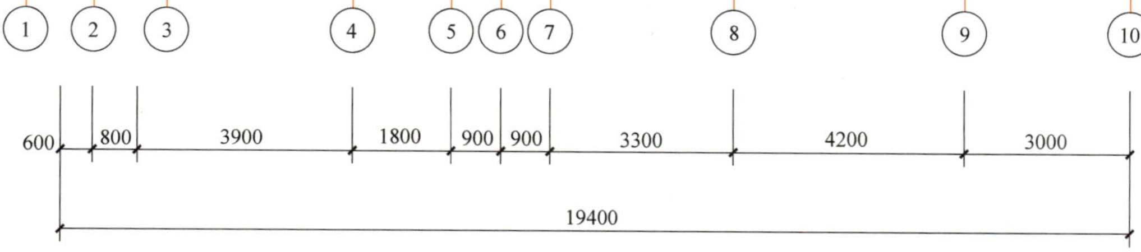

图 1.3-3

［步骤-05］ 重复上一步骤，使用相同的方式完成项目水平轴线的尺寸标注，结果如图 1. 3-4 所示。

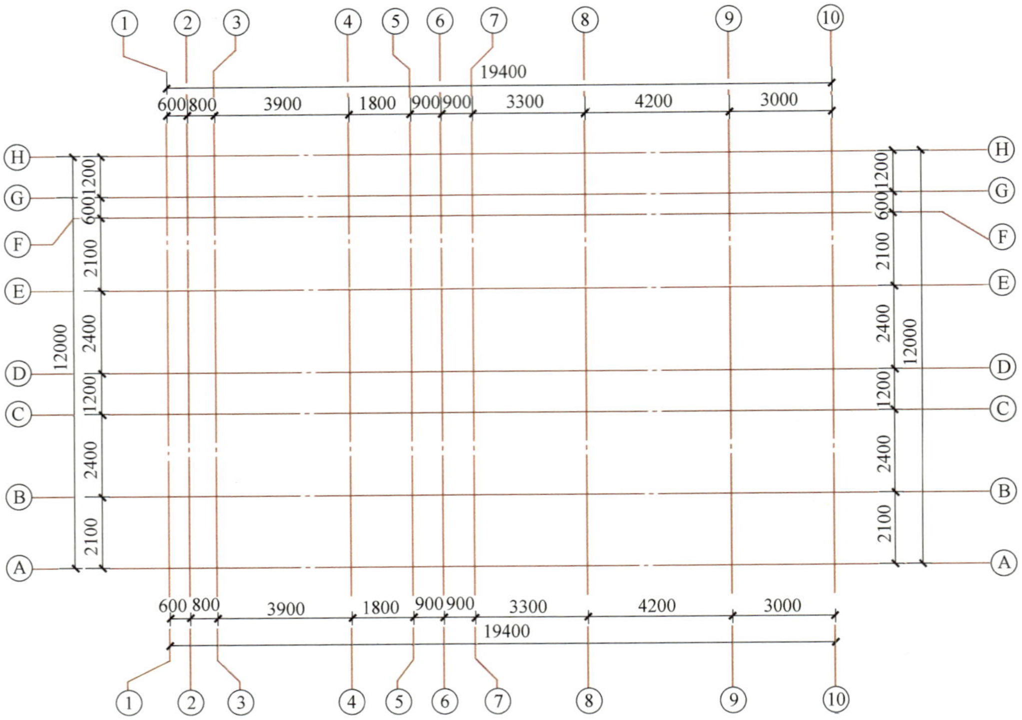

图 1. 3-4

［步骤-06］ 切换至“二层”平面视图，注意该视图中并未生成尺寸标注。再次切换回“一层”平面视图，配合 Ctrl 键，选择已添加的尺寸标注，自动切换至“修改尺寸标注”上下文选项卡。如图 1. 3-5 所示，单击“剪贴板”面板中“复制到剪贴板”按钮，配合使用“粘贴”下拉列表中“与选定的视图对齐”选项，将弹出“选择视图”对话框。

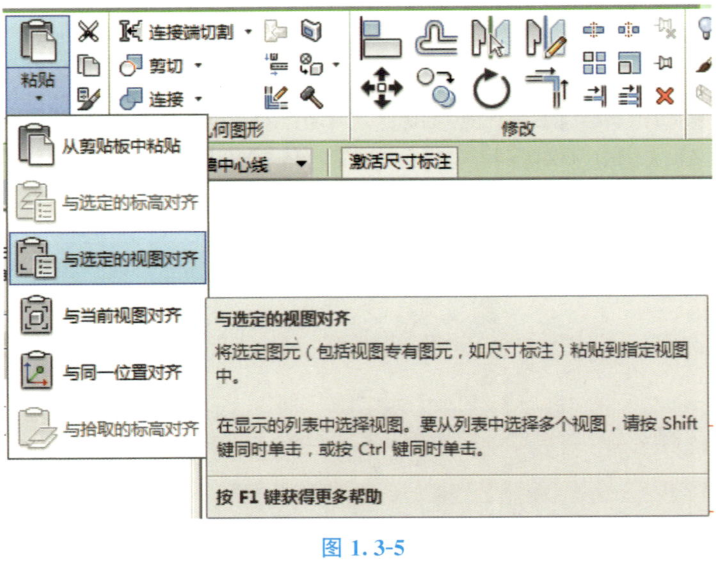

图 1. 3-5

［步骤-07］　如图 1.3-6 所示，在“选择视图”对话框中，配合使用 Ctrl 键，依次单击选择所要复制到的楼层平面，单击“确定”按钮，退出“选择视图”对话框。

［步骤-08］　切换至“二层”平面视图。注意所选择尺寸标注已经出现在当前视图中。使用相同的方式查看其他视图中的轴网尺寸标注。

［步骤-09］　保存该项目文件，或打开“A 别墅.rvt”项目文件，查看最终操作结果。

2. 创建结构标高轴网

［步骤-01］　链接 Revit。“插入”选项卡，点击“链接 Revit”，如图 1.3-7 所示。查找已经完成的建筑标高轴网项目文件，并点击“打开”，如图 1.3-8 所示。

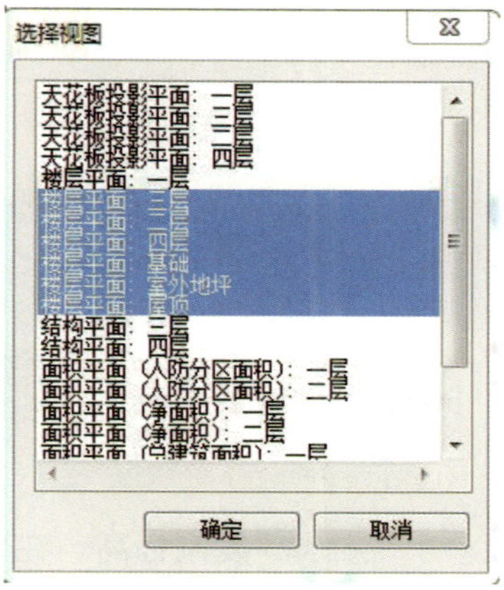

图 1.3-6

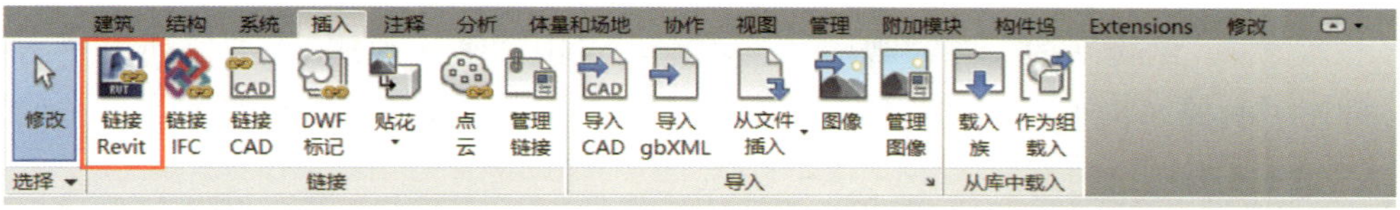

图 1.3-7

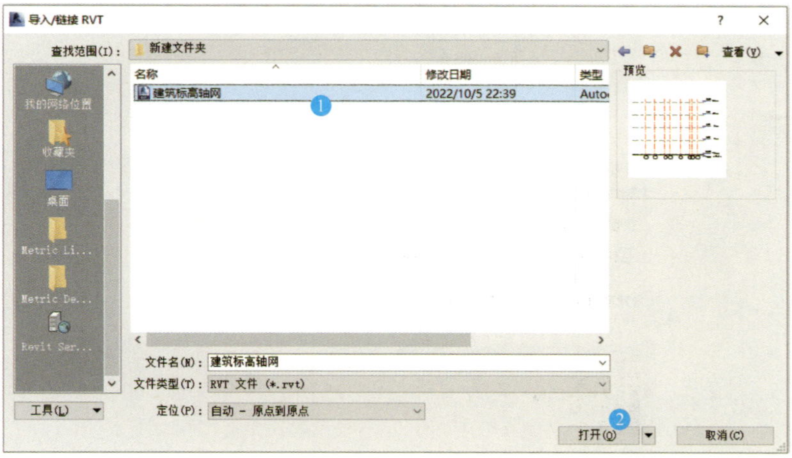

图 1.3-8

［步骤-02］　复制/监视。在“协作”选项卡找到“复制/监视”下拉列表，点击“选择链接”，如图 1.3-9 所示。

图 1.3-9

[步骤-03] 点击轴网图形，弹出“工具”面板，先点击“复制”，再勾选选项栏“多个”，框选所有轴线，当轴网出现监视图标时，表明轴网成功选中，最后点击选项栏“完成”，如图 1.3-10 所示。

图 1.3-10

[步骤-04] 复制标高。在项目浏览器上切换“南立面”，在“协作”选项卡找到“复制/监视”下拉列表，点击“选择链接”，点击图形，弹出“工具”面板，点击“复制”，勾选选项栏“多个”，框选所有标高，最后点击选项栏“完成”。

注意：对于有多个图元，大家可以通过使用“过滤器”来筛选。

[步骤-05] 结构平面。在“视图”选项卡，点击“平面视图”，下拉列表“结构平面”，弹出“新建结构平面”对话框，按住 Ctrl 键，添加需要的所有标高，点击“确定”，如图 1.3-11 所示。

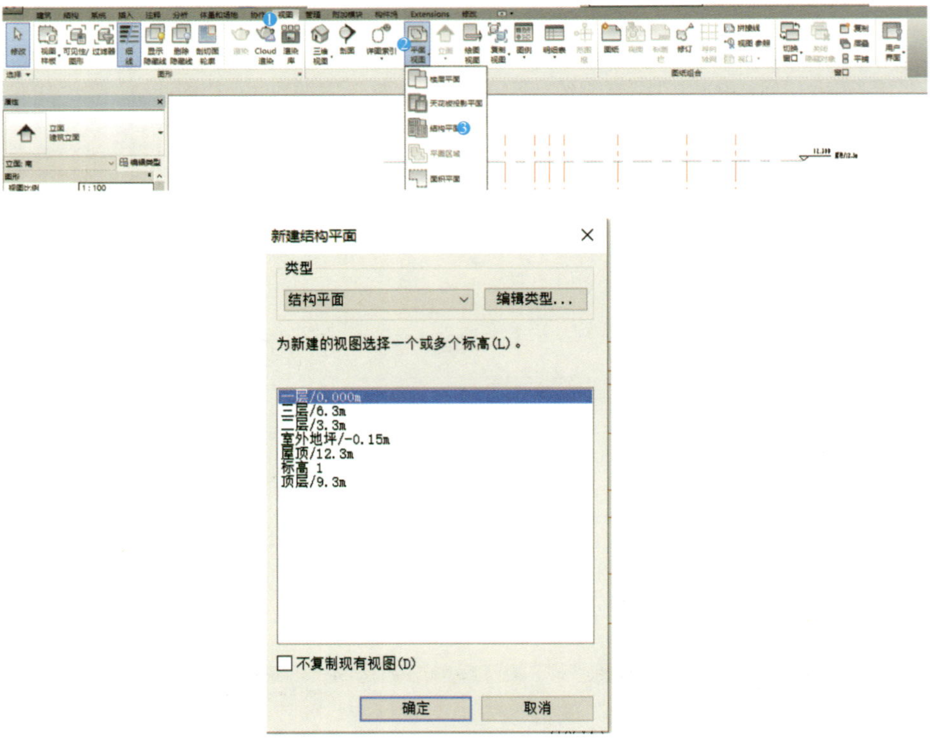

图 1.3-11

[步骤-06] 修改结构标高。把软件自带的标高 1 和标高 2 删掉，修改为正确的标高及名称，如图 1.3-12 所示。

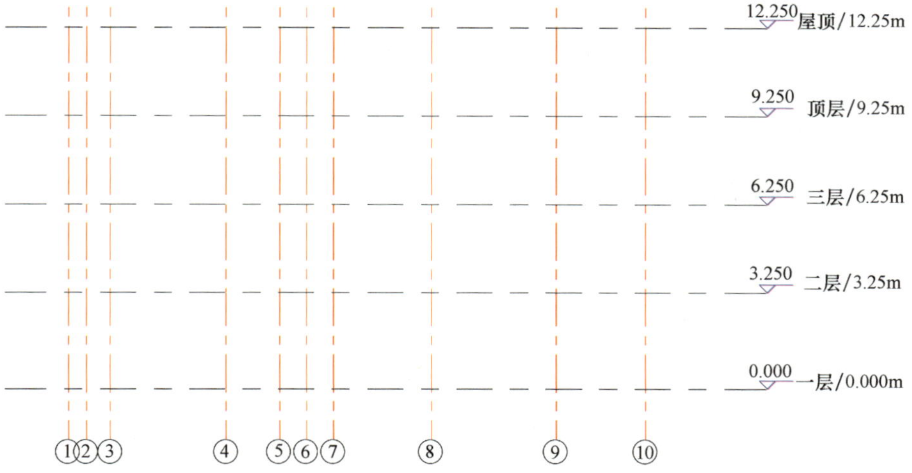

图 1.3-12

1.3.4 实践操作

同学们根据“1.3.3 教师演示”对创建的 A 别墅轴网进行标注，达到的效果如图 1.3-4 所示。

1.3.5 拓展训练

根据图 1.3-13 中给定的尺寸绘制标高轴网。某建筑共三层，首层地面标高为±0.000，层高为 3m，要求两侧标头都显示，将轴网颜色设置为红色并进行尺寸标注。

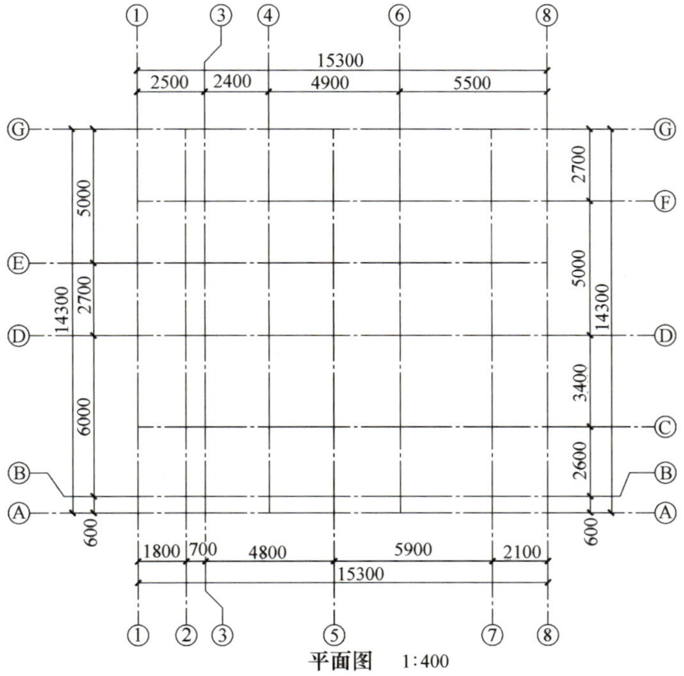

1-4 拓展训练

图 1.3-13

项目小结

在 Revit 中，标高对象实质为一组平行的水平面，该标高平面会投影显示在所有的立面或剖面视图中。因此在任意立面视图中绘制标高后，会在其余相关视图中生成与当前视图完全相同的标高。与标高类似，在 Revit 中轴网为一组垂直于标高平面的垂直平面，且由于轴网具备楼层平面视图中的长度及立面视图中的高度属性，因此会在所有相关视图中生成轴网投影。

我们已完成了“A 别墅”项目标高和项目轴网的创建，以及轴网的尺寸标注，这些内容是一个新建项目的基础。在下一项目中，我们将按照“A 别墅”项目的创建流程介绍 Revit 中关于建筑结构柱的布置方法。

“1＋X”技能提升

1. 根据给定的数据创建标高与轴网，显示方式参考如图 1. 3-14 所示。

1-5 “1＋X”
技能提升：第一题

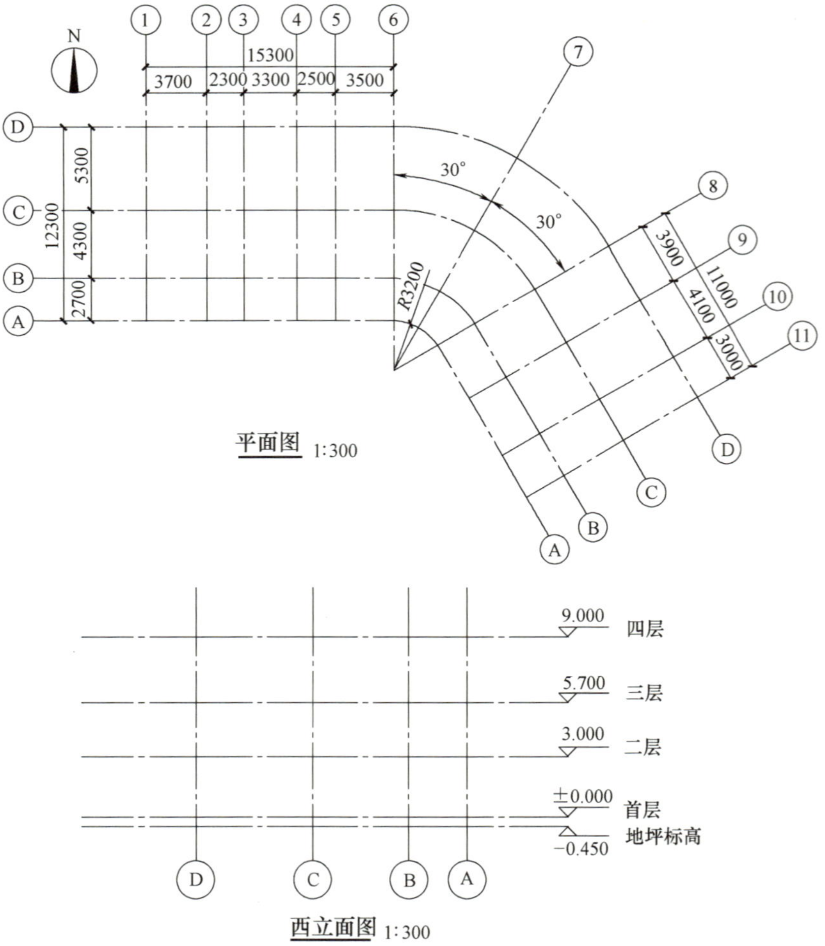

图 1. 3-14

2. 某建筑共 50 层，其中首层地面标高为±0.000，首层层高 6.0m，第 2～4 层层高为 4.8m，第 5 层及以上层高均为 4.2m。请按要求建立项目标高和每个标高的楼层平面视图，并请按照图 1.3-15 中平面图的轴网要求绘制项目轴网。最终结果以“标高轴网”文件名保存为样板文件。

1-6 “1+X”
技能提升：第二题

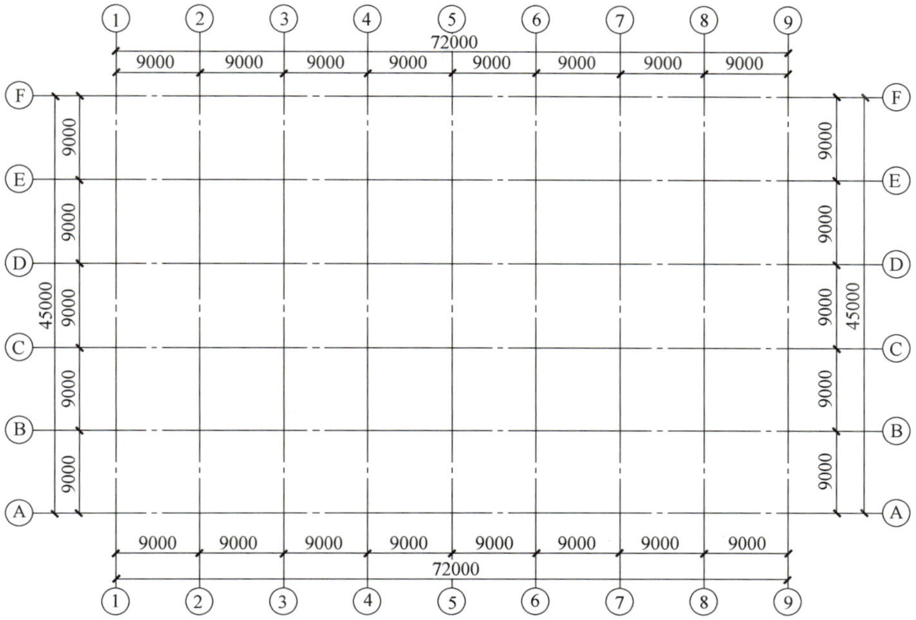

1-5层轴网布置图　1:500

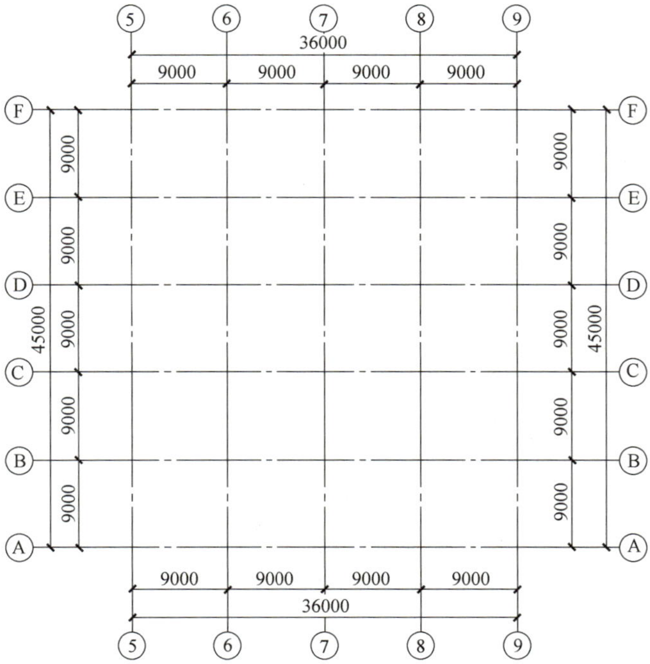

6层及以上轴网布置图　1:500

图 1.3-15

项目2

创建结构模型

教学目标

通过本项目的学习，你将能够：

1. 掌握独立基础、结构柱构件属性的定义、标高设置及绘制技巧。
2. 掌握结构梁属性的定义、标高设置及绘制技巧。
3. 掌握结构板属性的定义、标高设置及绘制技巧。

BIM小谈

深植自强弘毅，知行合一的理念

本项目主要讲授结构模型的搭建，主体结构是以基础、梁、板、柱各类构件共同协作承受各种荷载，起骨架作用的空间受力体系，各个构件各司其职，均为不可或缺的部分，学生要坚定职业岗位意识，自强弘毅，团结协作，把好工程质量关，做到知行合一。

思维导图

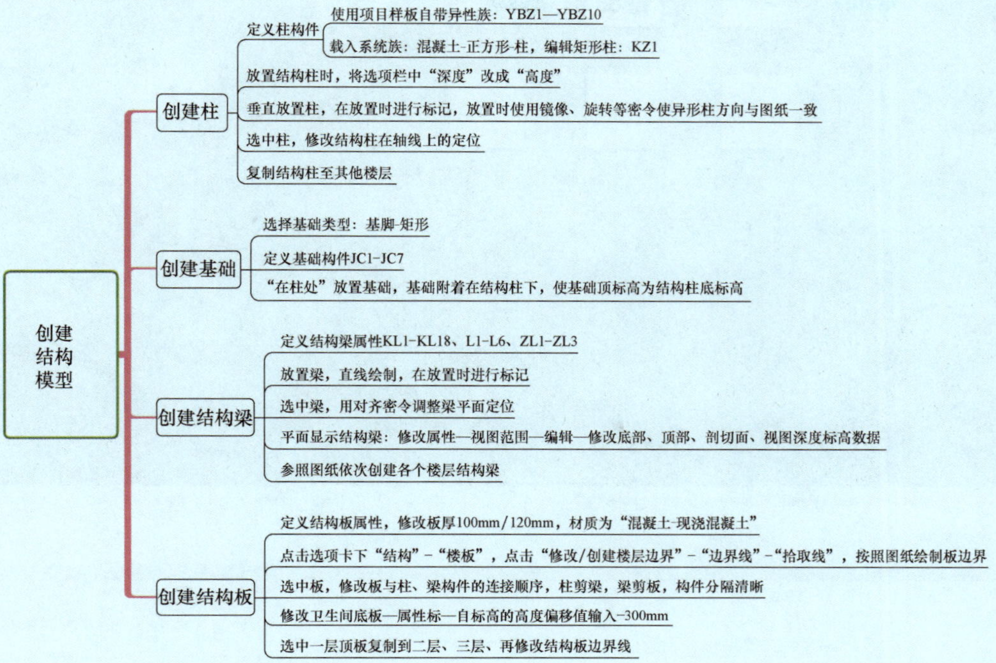

任务 2.1　创建和放置结构柱、基础

2.1.1　工作任务

创建结构基础、结构柱定义，布置本工程结构基础、结构柱构件。

2.1.2　任务分析

在 Revit 软件中如何搭建结构柱和结构基础。

本项目有异形柱，需要在样板文件基础上绘制。

2.1.3　教师演示

[步骤-01]　点击 Revit 软件，打开“结构标高轴网”文件，如图 2.1-1 所示。

[步骤-02]　打开“视图选项卡”-“用户界面”，勾选“项目浏览器”和“属性”，并将“属性栏”和“项目浏览器”拖拽至视图左右两侧，如图 2.1-2 所示。

[步骤-03]　找到“项目浏览器”结构平面，用鼠标左键双击“基础顶标高/—1.5m”，将绘图界面切换到结构平面基础顶标高。

[步骤-04]　单击选项卡中“结构”-“柱”，在属性列表中查看异形柱 YBZ1～YBZ10，找到异性族 YBZ1，放置结构柱，“深度”改为“高度”，“未连接”修改为“一层/—0.05m”，选择“垂直放置”，并选择“在放置时进行标记”，如图 2.1-3 所示。

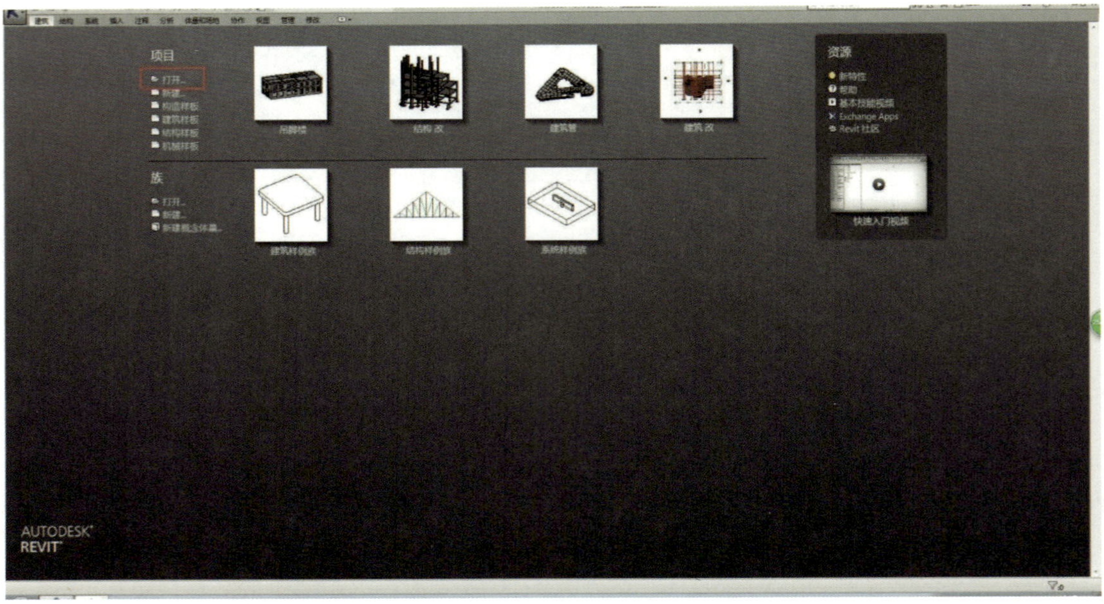
项目
打开...
新建...
构造样板
建筑样板
结构样板
机械样板
族
打开...
新建...
新建概念体量...
资源
新特性
帮助
基本技能视频
Exchange Apps
Revit 社区
快速入门视频
AUTODESK REVIT

图 2.1-1

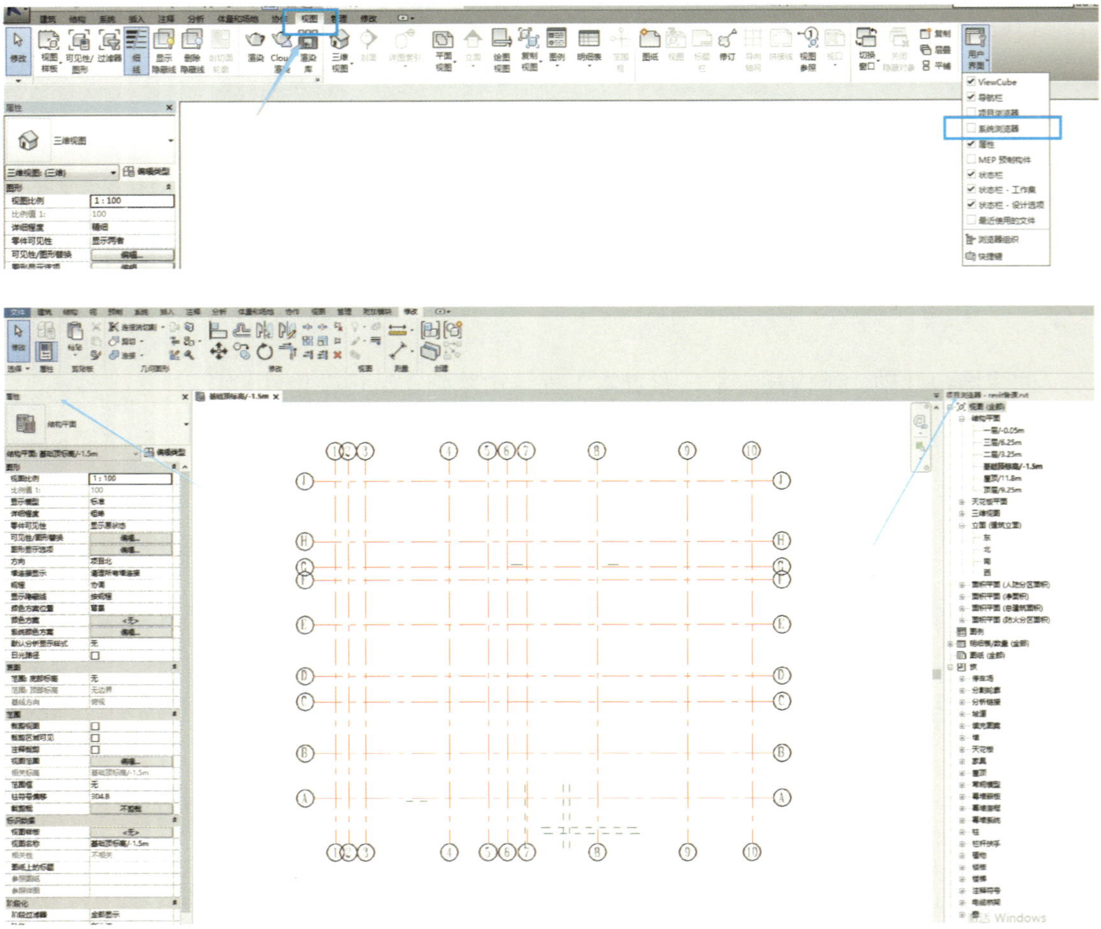
ViewCube
导航栏
项目浏览器
系统浏览器
属性
MEP 预制构件
状态栏
状态栏 - 工作集
状态栏 - 设计选项
最近使用的文件
浏览器组织
快捷键

图 2.1-2

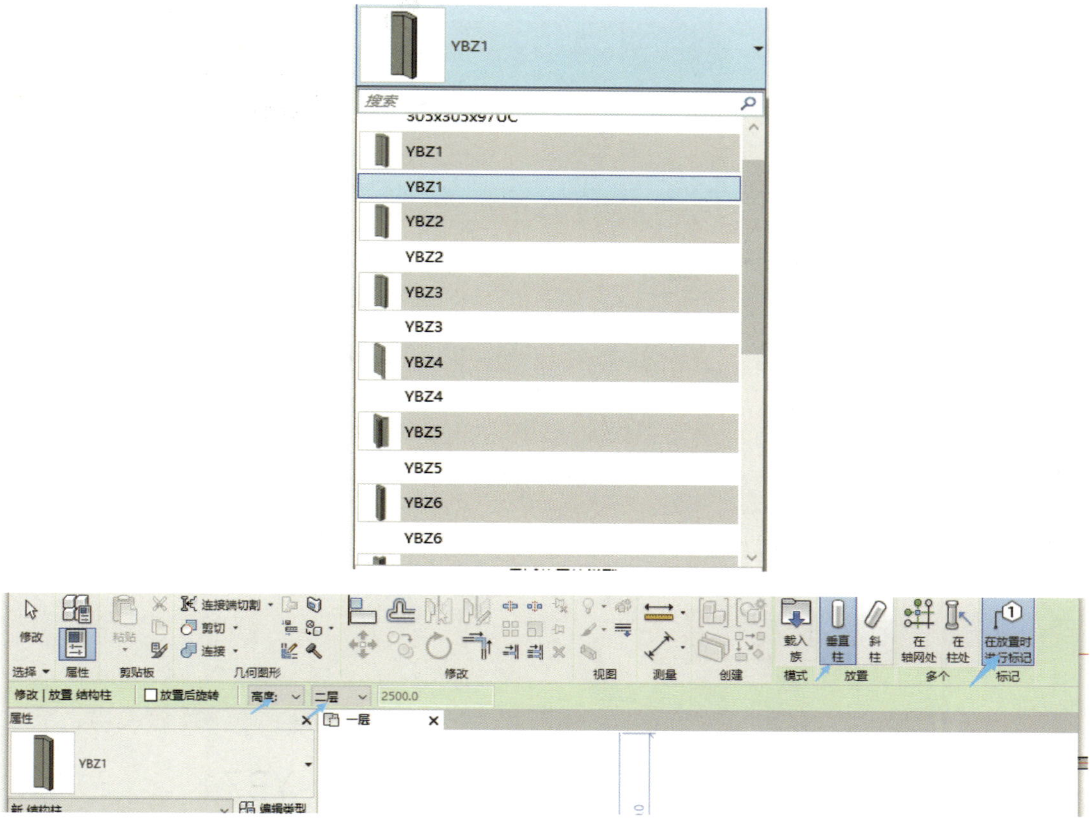

图 2.1-3

［步骤-05］　根据一层柱平面布置图找到③～④轴与Ⓐ轴位置交点处，点击键盘空格键改变柱旋转位置，使之与图纸位置相反，布置柱，按 Esc 键退出。鼠标左键选中柱，使用修改面板“镜像-绘制轴”绘制柱边为镜像轴，使柱镜像，YBZ1 标记按同样办法镜像，删除原图元，留下与图纸方向一致的结构柱，如图 2.1-4 所示。

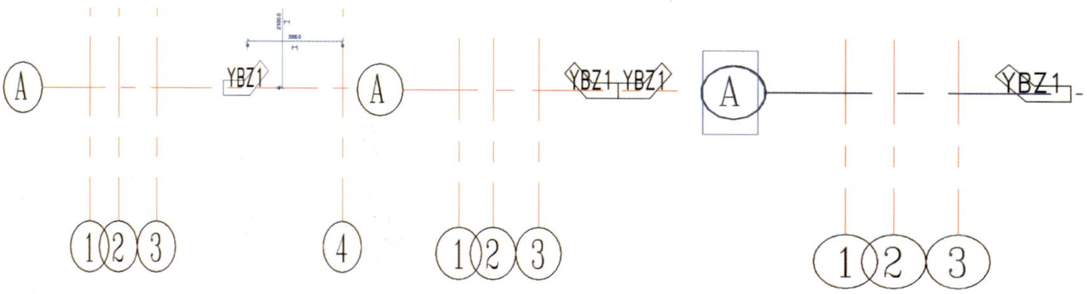

图 2.1-4

［步骤-06］　根据一层柱平面布置图找到③～④轴与Ⓐ轴位置交点处，测量图纸可知 YBZ1 距③轴为 1700mm，Revit 软件选中 YBZ1，拖动水平方向定位点至③轴，修改距离值为“1700”，如图 2.1-5 所示。

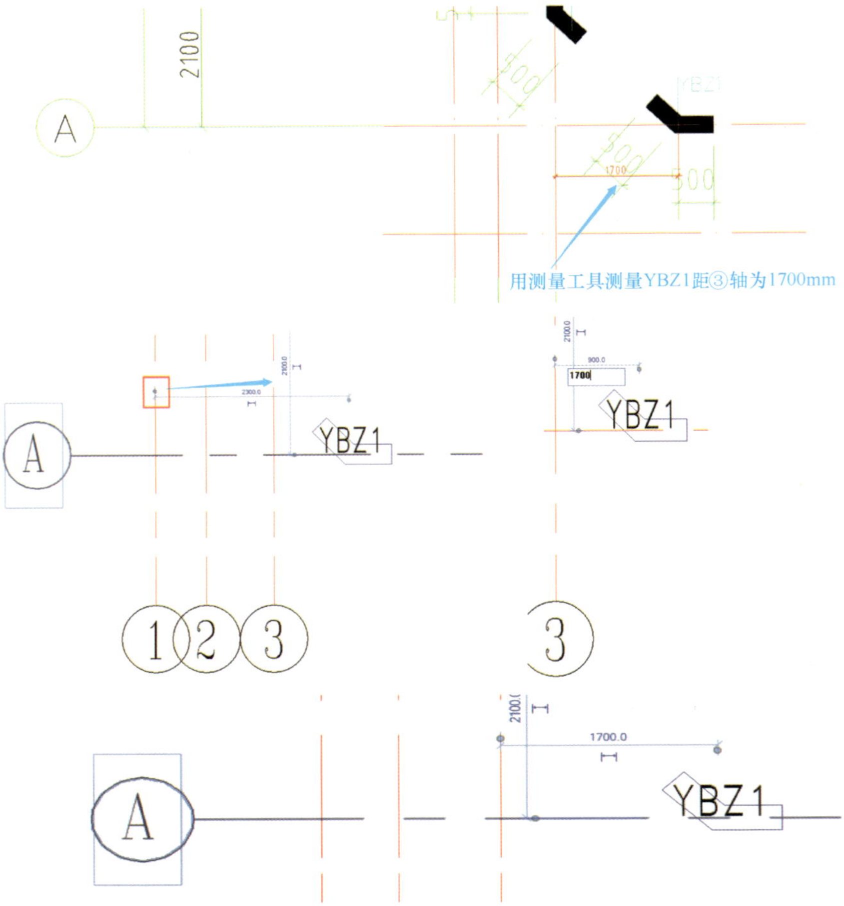

图 2.1-5

［步骤-07］ 参照以上步骤，将 YBZ1-10 按图纸定位布置至结构平面一层中，绘制界面下方换显示样式为“着色”，点击三维显示构件，如图 2.1-6 所示。

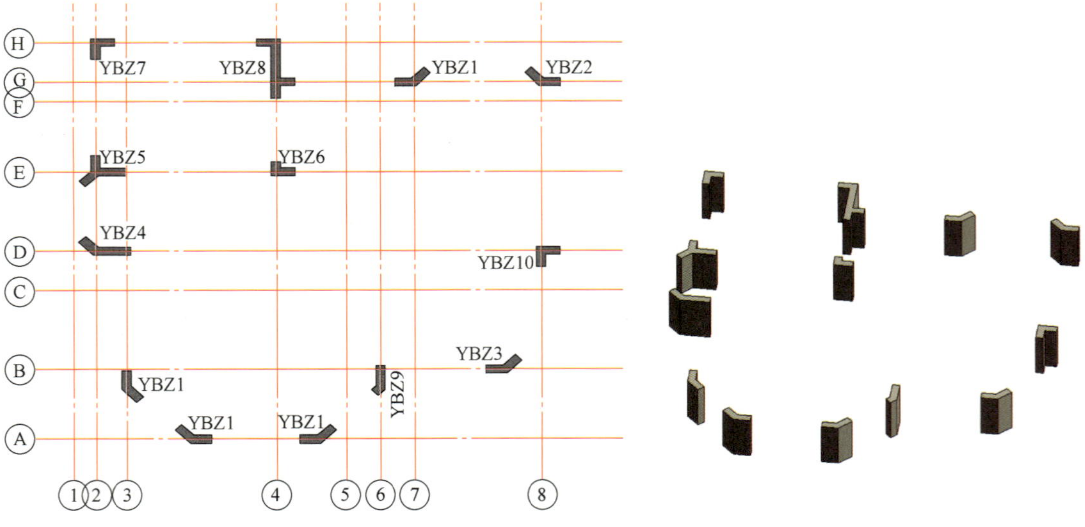

图 2.1-6

［步骤-08］　继续创建正方形柱构件，选项卡“结构”-“柱”，在属性栏中单击“编辑类型”，在弹出的对话框中选“载入”，在“China 文件夹”中找到结构-柱-混凝土，双击载入“混凝土-正方形-柱”，点击“确定”，如图 2.1-7 所示。

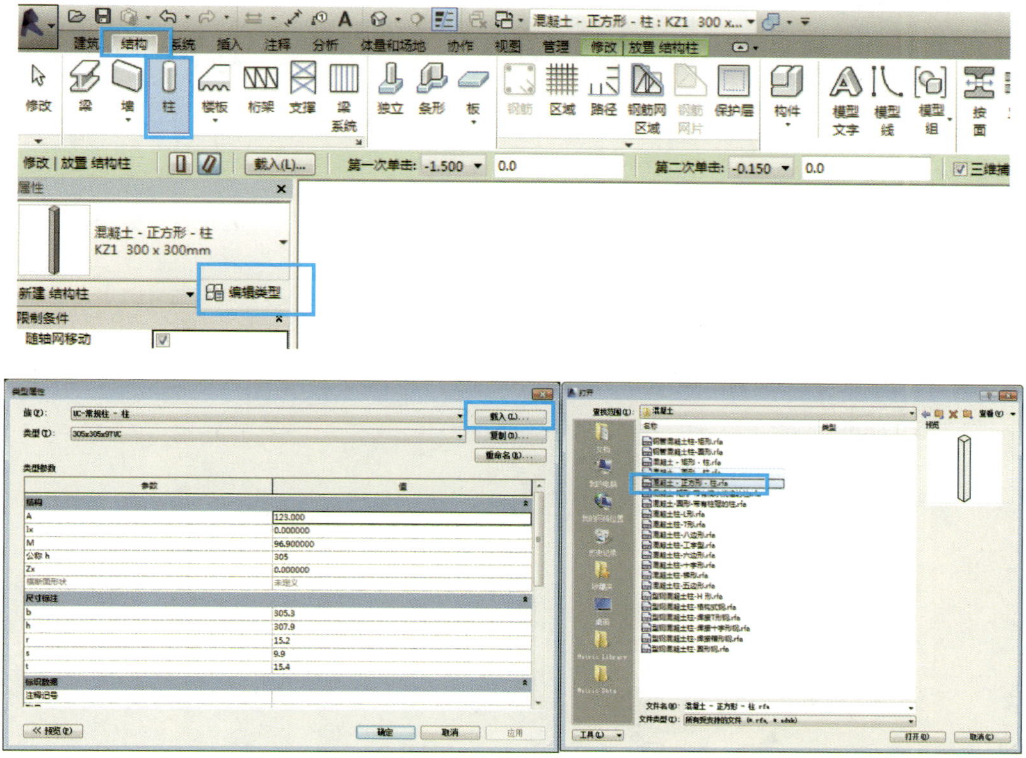

图 2.1-7

［步骤-09］　在类型编辑对话框中选择“复制”，将名称修改为“KZ1-300＊300”，修改“b、h”分别为“300、300”，点击“确定”，如图 2.1-8 所示。

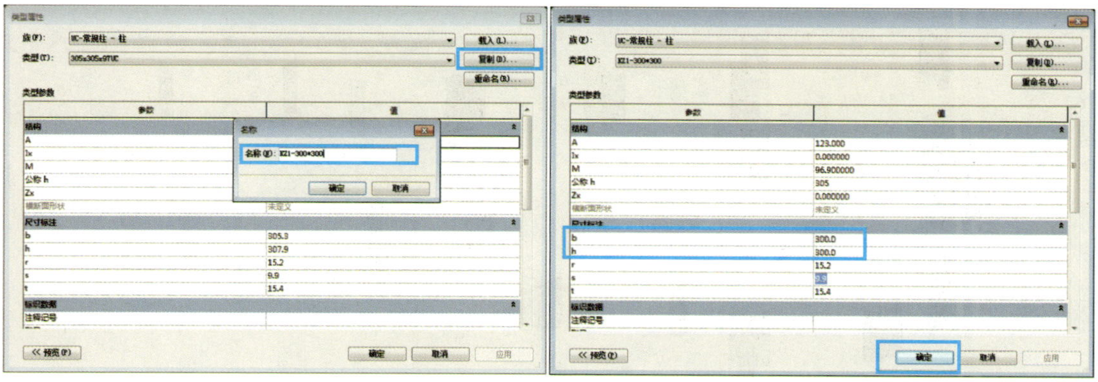

图 2.1-8

［步骤-10］　放置矩形柱时，“深度”改为“高度”，“未连接”修改为“一层/－0.05m”，选择“垂直放置”，并选择“在放置时进行标记”，根据图纸找到⑩轴与Ⓗ轴之间的交点，布置上结构柱，点击选项卡 使图形呈三维观察模式，同时按住键盘

Shift 和鼠标左键方便旋转查看三维模型，如图 2.1-9 所示。

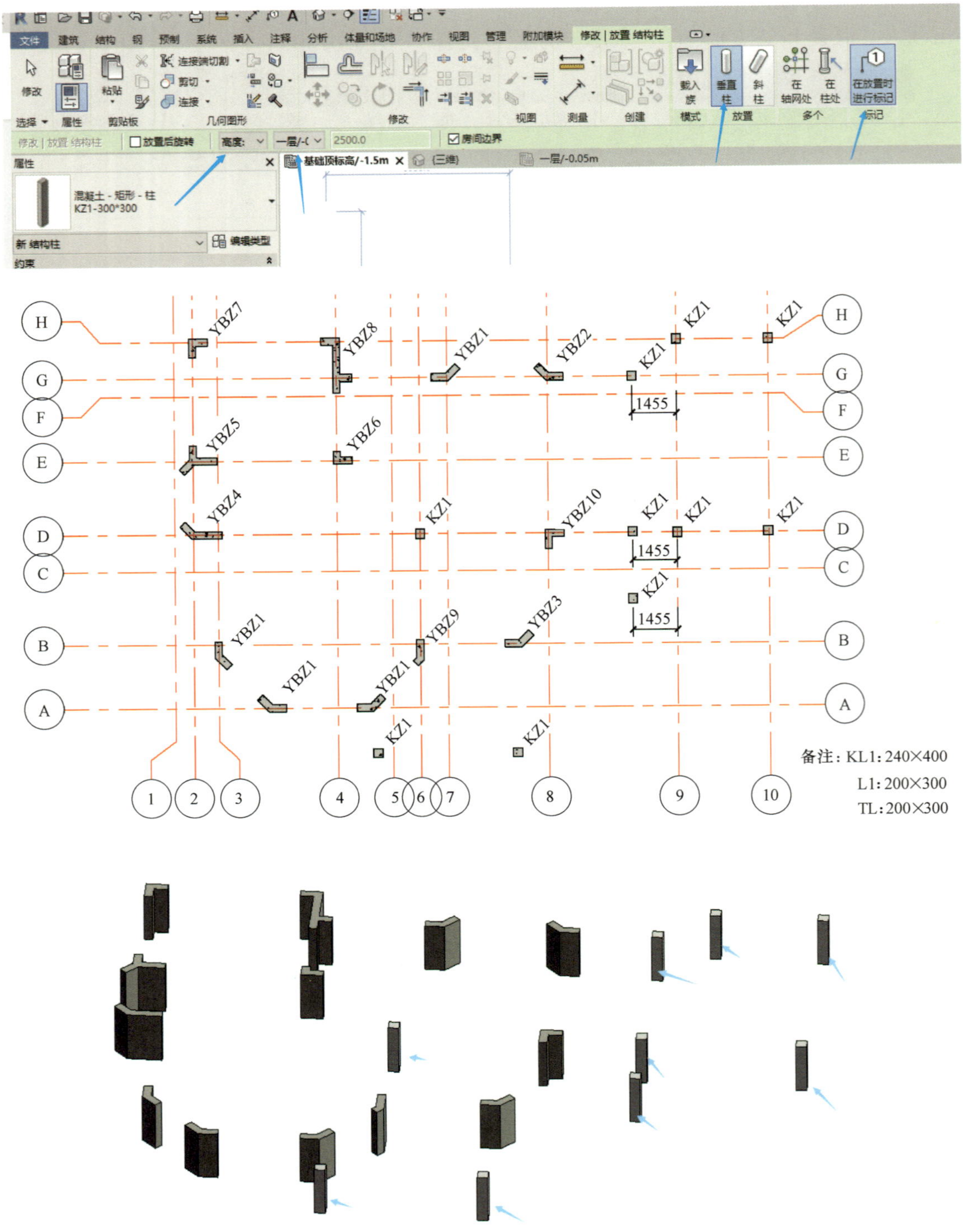

图 2.1-9

［步骤-11］ 在南立面，鼠标左键从下往上拉框选中结构柱，点击“修改/结构柱”命令下过滤器，结构柱勾选，点击“确定”，点击“修改/结构柱”下命令“复制”，点击

“粘贴”下拉符号中“与选定的标高对齐”，选择“二层、三层、顶层、屋顶”四个层高，如图 2.1-10 所示。

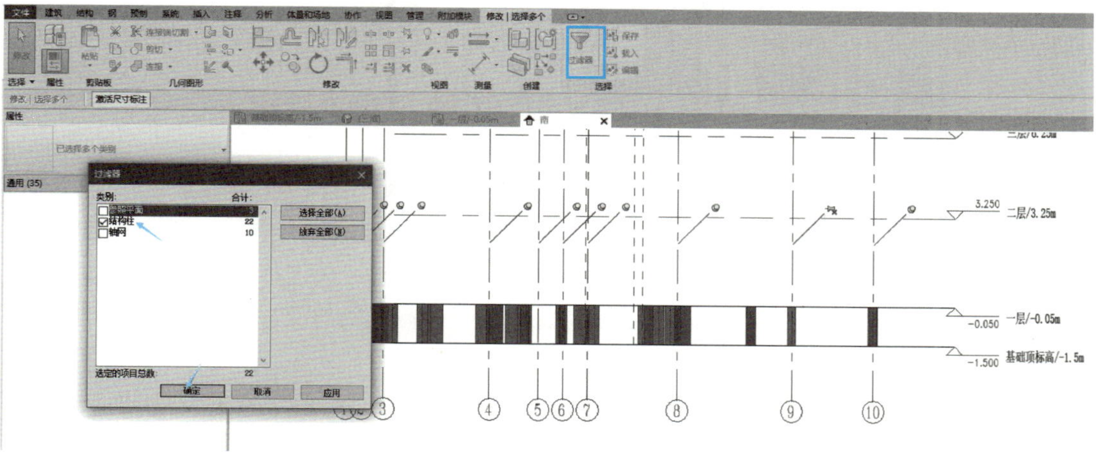

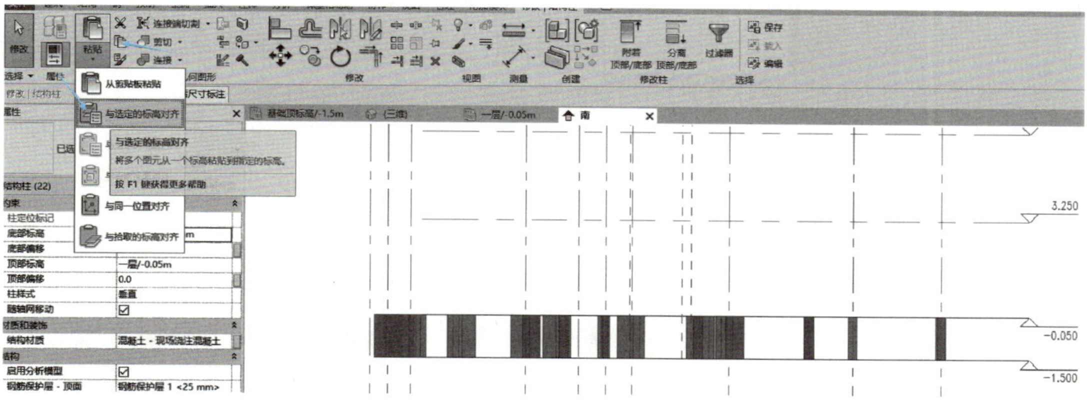

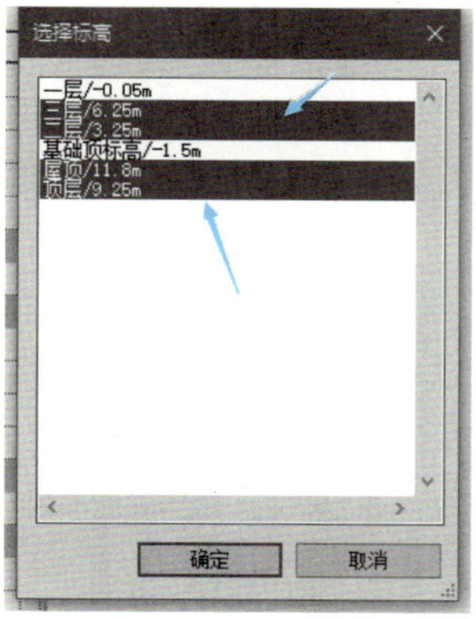

2-1 创建和放置结构柱

图 2.1-10（一）

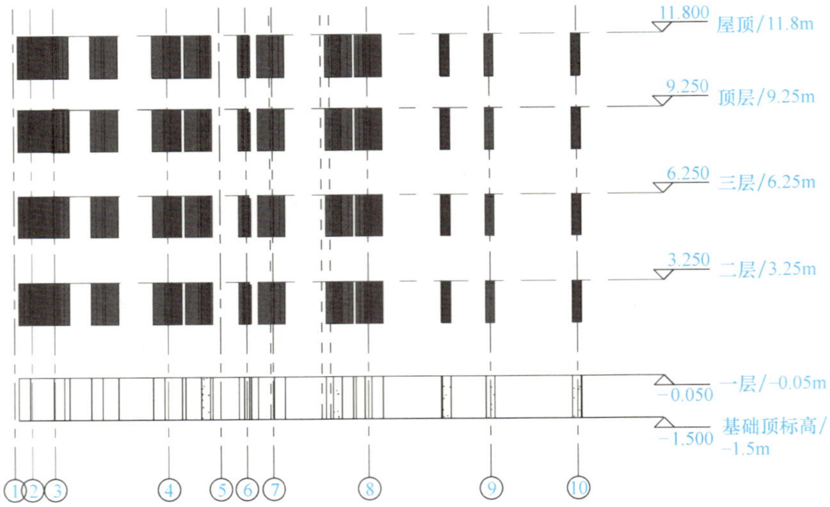

图 2.1-10（二）

［步骤-12］ 在南立面，鼠标左键从下往上拉框选中一层结构柱，点击“修改/结构柱”命令下过滤器，结构柱勾选，点击“确定”，将属性列表下底部标高修改为“一层/−0.05m”，底部偏移值为 0，顶部标高修改为“二层/3.25m”，底部偏移值为 0，点击属性列表底部的“应用”，如图 2.1-11 所示。

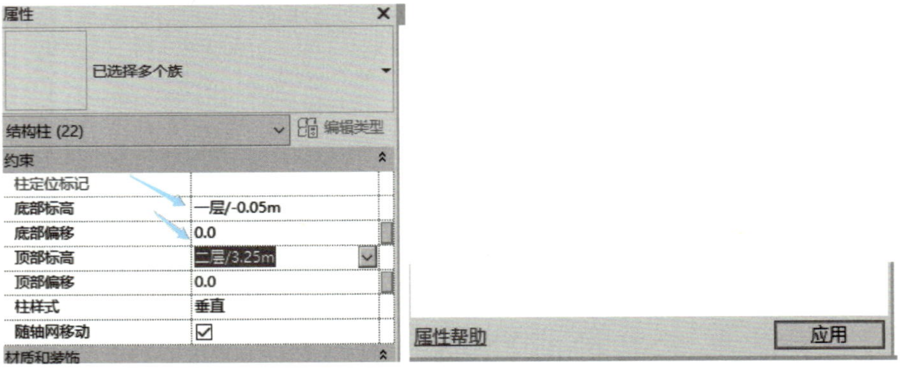

图 2.1-11

［步骤-13］ 根据图纸信息④～⑧轴与Ⓐ～Ⓒ轴相交区域 KZ1 顶标高为 3000mm，故软件选中 KZ1，修改属性列表中顶部偏移为“−250”，如图 2.1-12 所示。

图 2.1-12

［步骤-14］　按步骤 12、13 的方法修改二层、三层、屋顶层的结构柱，拉框选中结构柱，点击“修改/结构柱”命令下过滤器，结构柱勾选，点击“确定”，将属性列表下“底标高和顶标高”修改为“当前层的标高”，偏移值均为 0，并根据每层柱平面图增加或删除柱，如图 2.1-13 所示。

图 2.1-13

［步骤-15］　切换成基础层，单击选项卡中“结构”-“独立”，在属性栏中左键点选“编辑类型”，复制修改名称为“JC1-800＊800＊500”，点击“确定”，再修改尺寸标注“宽度”“长度”“厚度”分别为“800”“800”“500”，参照基础平面布置图，依此类推，复制修改独立基础 JC2～JC6，如图 2.1-14 所示。

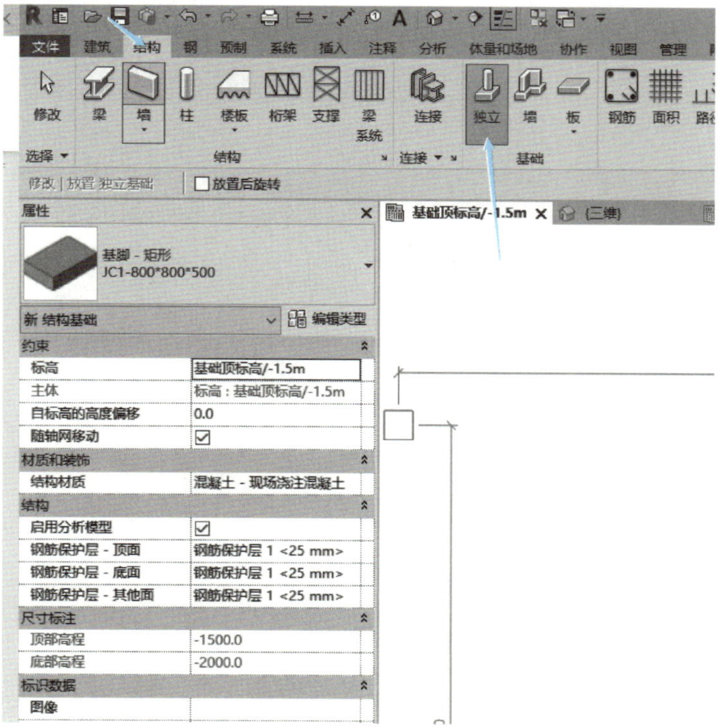

图 2.1-14（一）

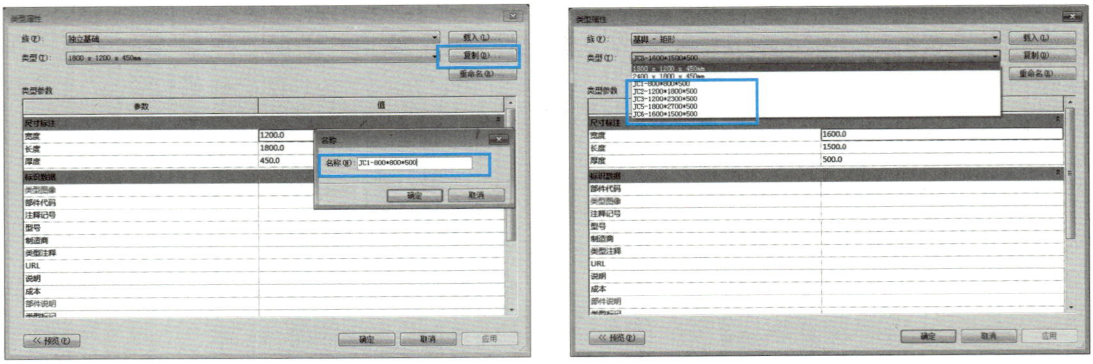

图 2.1-14（二）

［步骤-16］ 单击属性栏，将独立基础切换到 JC4，如图，按照图纸位置选“在柱处”布置方式，将基础布置在③轴与Ⓑ轴相交处，点击“完成”。当提示警告字样时，需调整视图范围，剖切面、底部、视图深度均为 0，使平面显示独立基础，如图 2.1-15 所示。

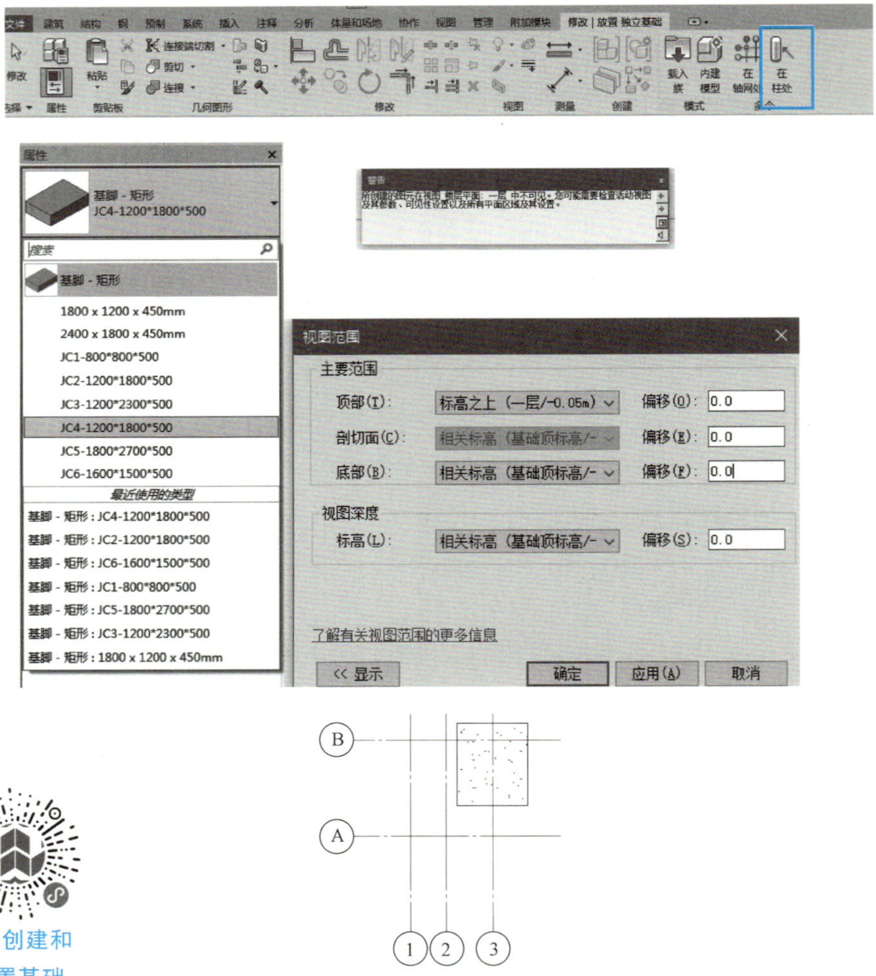

图 2.1-15

2-2 创建和放置基础

［步骤-17］　选中 JC4，拉动标注点的位置，将独立基础下边线距Ⓑ轴距离修改为“1250”，将独立基础左边线距③轴距离修改为“500”，如图 2.1-16 所示。

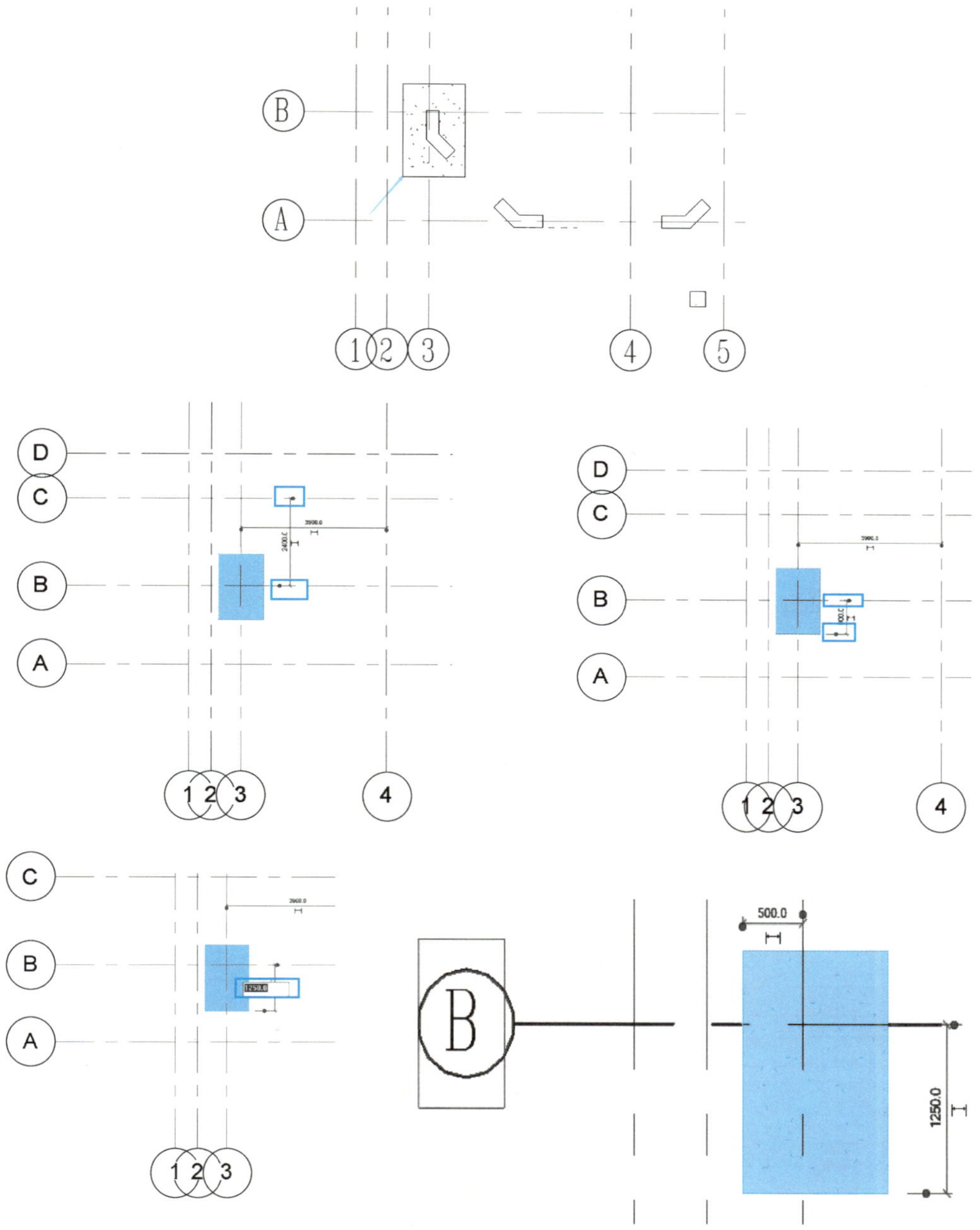

图 2.1-16

［步骤-18］　继续创建独立基础，创建③～④轴与Ⓐ轴交线上独立基础 JC2，放置时使用“在柱处”布置。观察基础平面布置图，JC2 左边线距离③轴为 850mm，选中独立基础，修改与三轴定位点，拖动定位点，修改距离为“850”，如图 2.1-17 所示。

［步骤-19］　按照以上方法，布置独立基础 JC1～JC7，绘图界面下显示图元“精细”

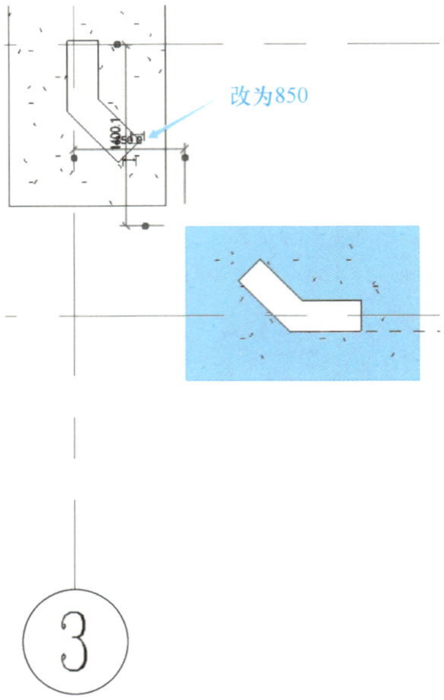

图 2.1-17

“着色”模式，为点击选项卡 使图形呈三维观察模式，同时按住键盘 Shift 键和鼠标左键方便旋转查看三维模型，如图 2.1-18 所示。

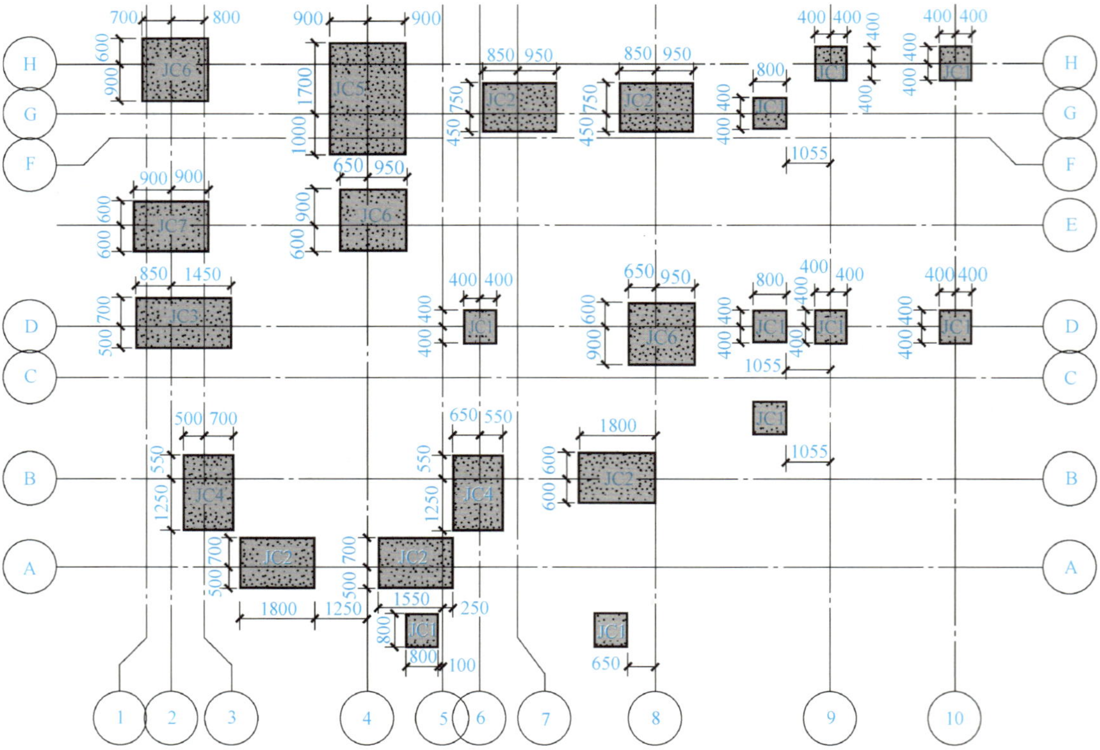

图 2.1-18（一）

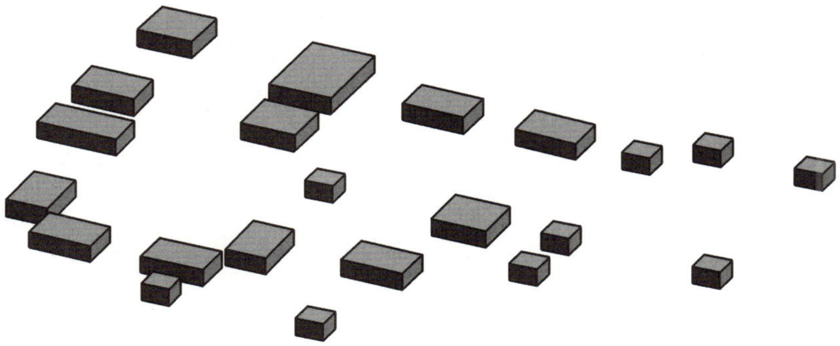

图 2.1-18（二）

2.1.4 实践操作

同学们根据“2.1.3 教师演示”中的步骤依次完成基础层独立基础及整层柱构件的建模，达到的效果如图 2.1-19 所示。

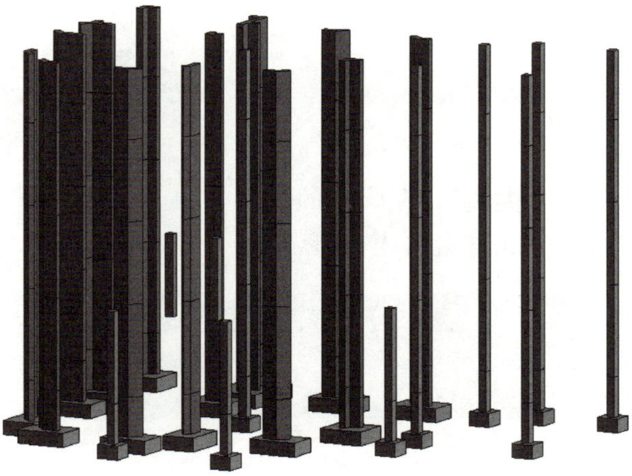

图 2.1-19

2.1.5 任务小结

在 Revit 软件中定义结构柱、结构基础，布置结构柱、结构基础构件。首先进行独立柱的载入族、复制、定义，其次按照图纸进行独立柱的布置，接着再进行框架基础的载入族、复制、定义，最后进行框架基础的布置。

2.1.6 拓展训练

通过内建模型的方式建立结构柱。

[步骤-01] 单击选项卡中“结构”-“构件”，选择“内建模型”-“结构柱”。

[步骤-02] 单击选项卡中“创建”-“拉伸”，选择“直线绘制”-“一层柱截面轮廓”-拉伸终点输入“层高”。

[步骤-03] 单击“属性”-“材质和装饰”-“材质”-“按类别”-选择“混凝土-现浇混凝土”。

任务 2.2 创建结构梁

2.2.1 工作任务

定义结构梁，布置本工程结构梁构件。

2-3 创建结构梁

2.2.2 任务分析

在 Revit 软件中如何搭建结构梁。

2.2.3 教师演示

［步骤-01］ 打开上一任务的项目文件，找到“项目浏览器”中的结构平面，用鼠标左键双击“－1.5”层，将绘图界面切换到结构平面“－1.5”层。点击选项卡下“结构”-“梁”，如图 2.2-1 所示。

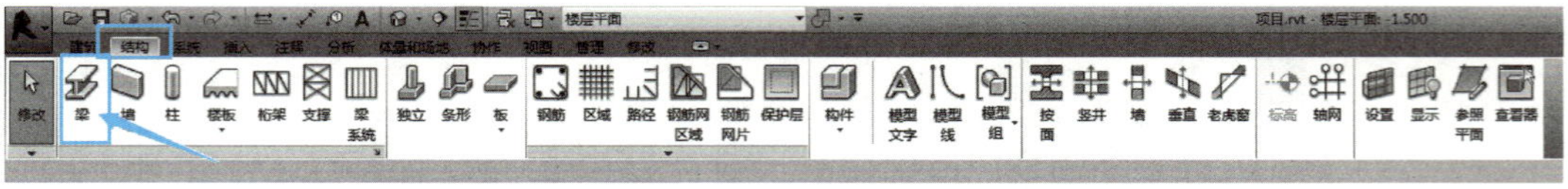

图 2.2-1

［步骤-02］ 点击“编辑类型”，在弹出的对话框中，选择“载入”，在“China 文件夹”中结构-框架-混凝土，双击“混凝土-矩形梁”，如图 2.2-2 所示。

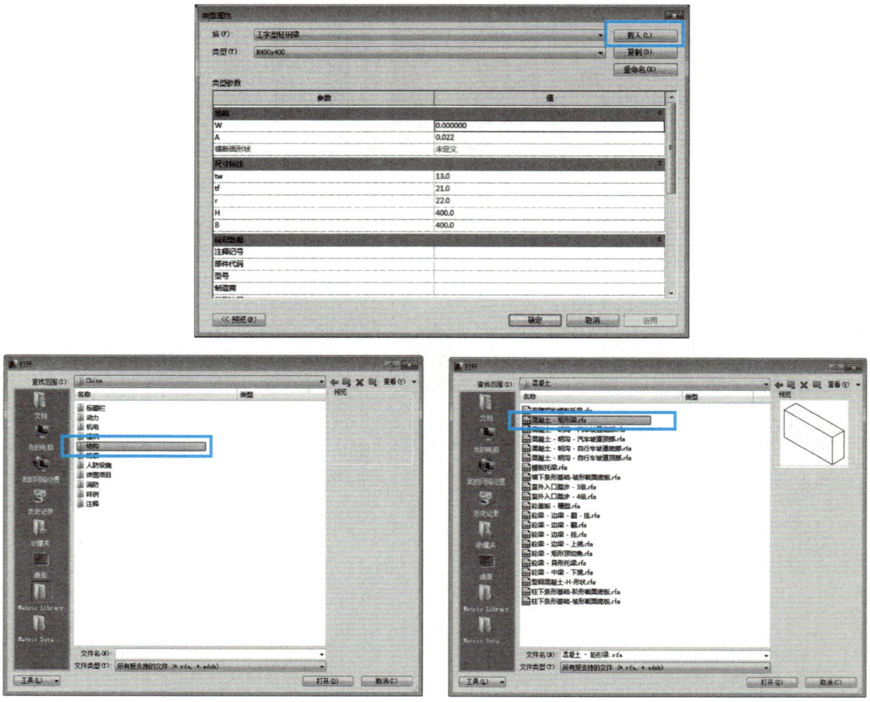

图 2.2-2

［步骤-03］　在“类型属性”对话框中，点击“复制”，将名称修改为“KL9（1）-240＊400”，单击“确定”，将尺寸标注中“h、b”修改为“240、400”，单击“确定”，重复操作以上步骤新建一层所有梁定义，如图 2.2-3 所示。

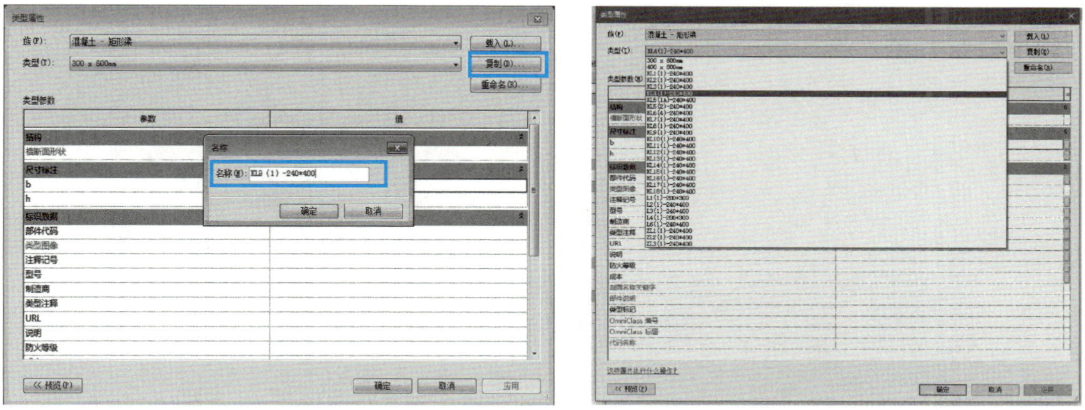

图 2.2-3

［步骤-04］　观察图纸，找到“KL9（1）-240＊400”放置位置于③轴与Ⓑ～Ⓓ轴交汇处，将选项卡中“放置平面”修改为“一层/－0.05m”，在放置时进行标记，点击直线布置，用鼠标左键点取结构梁起点及终点，如图 2.2-4 所示。

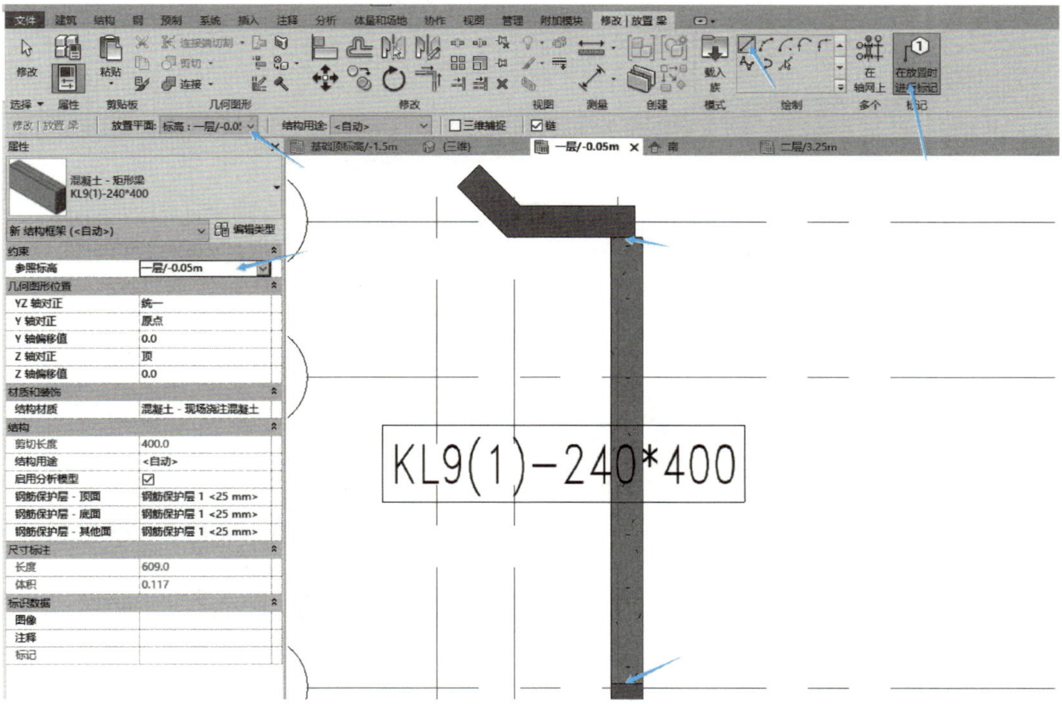

图 2.2-4

［步骤-05］　当软件弹出视图范围提示框，可忽略，点击“属性”-“范围”-“视图范围”-“编辑”，在弹出的对话框中修改底部、视图深度偏移量均为“－200”，点击“应用”，点击“确定”，如图 2.2-5 所示。

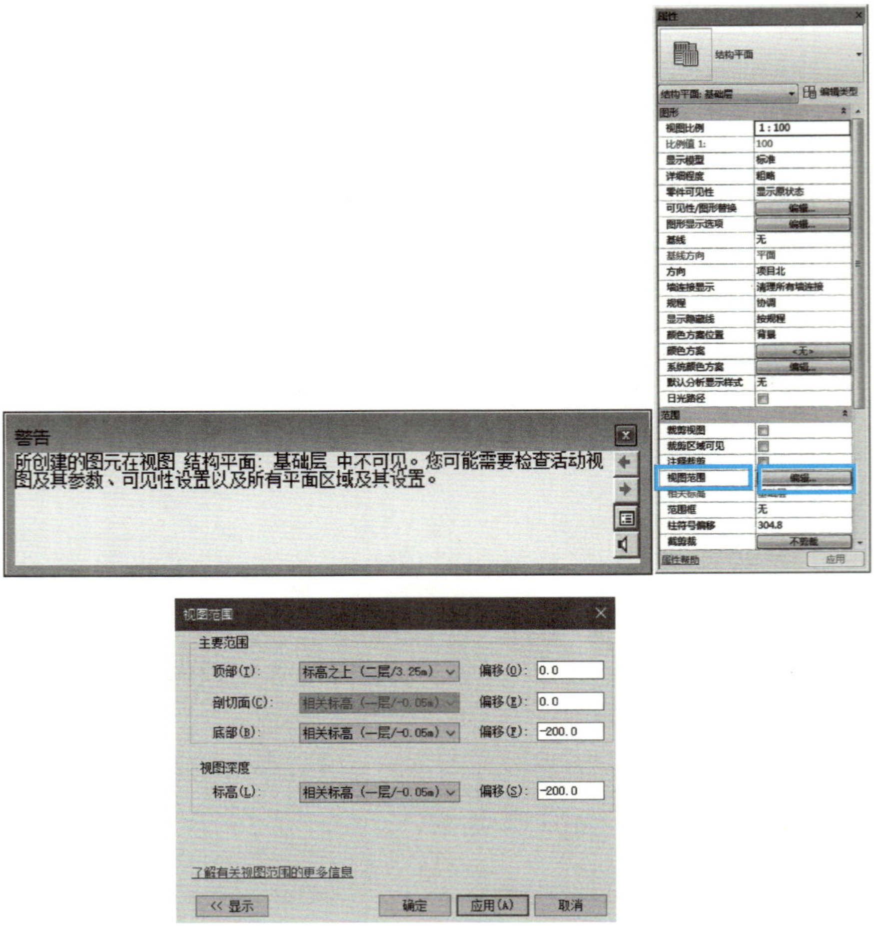

图 2.2-5

［步骤-06］ 三维显示梁构件，发现梁与柱之间有空隙，选中梁端点右键选中“不允许连接”，再选中梁点击“修改”选项卡“连接”-“连接几何图形”，先选择柱体再选择梁体，使柱梁无缝搭接，如图 2.2-6 所示。

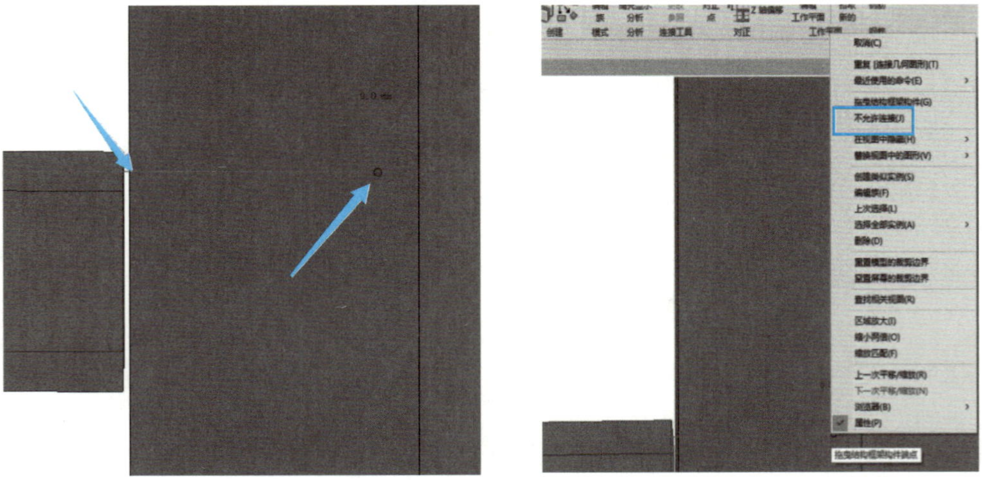

图 2.2-6（一）

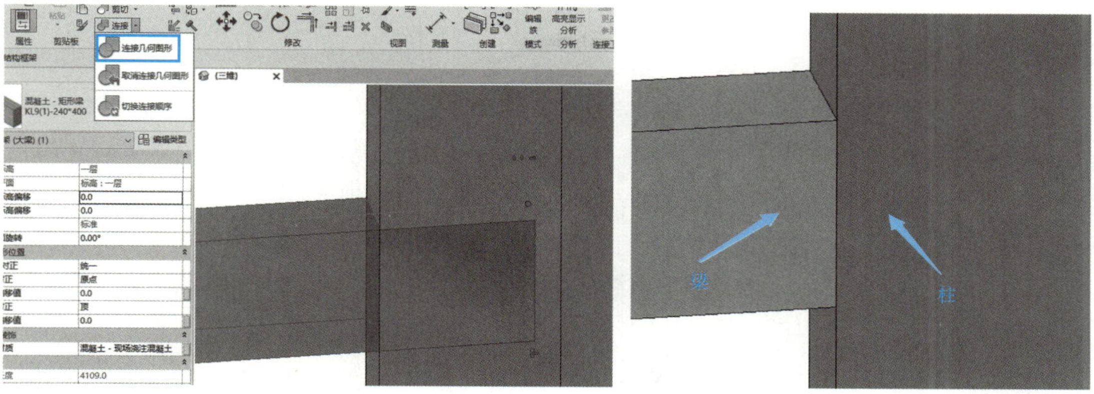

图 2.2-6（二）

［步骤-07］　按以上步骤，绘制一层其余梁体。部分梁定位可使用图纸测量得出，如图 2.2-7 所示。

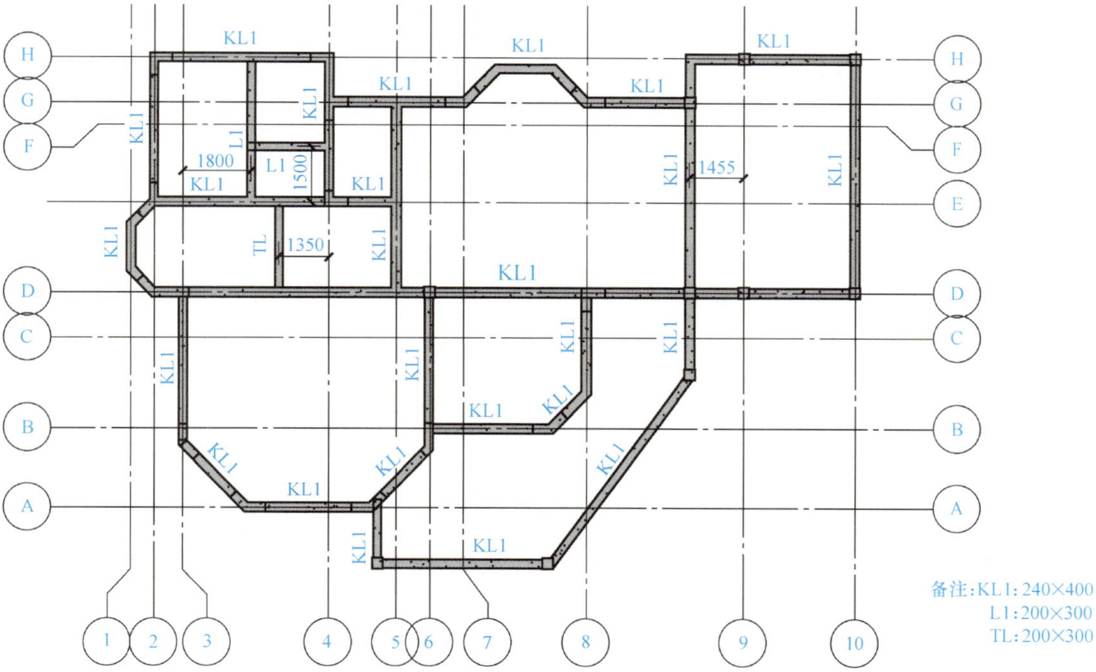

图 2.2-7

［步骤-08］　观察图纸，二层以上梁与一层梁大致相同，故可使用复制操作，在南立面，按住鼠标左键从下往上拉框选中一层结构梁，点击“修改/选择多个”命令下过滤器，勾选“结构框架（其他）、结构框架（大梁）”，点击“确定”，如图 2.2-8 所示。

［步骤-09］　点击“修改/结构框架”下命令“复制”，点击“粘贴”下拉符号中“与

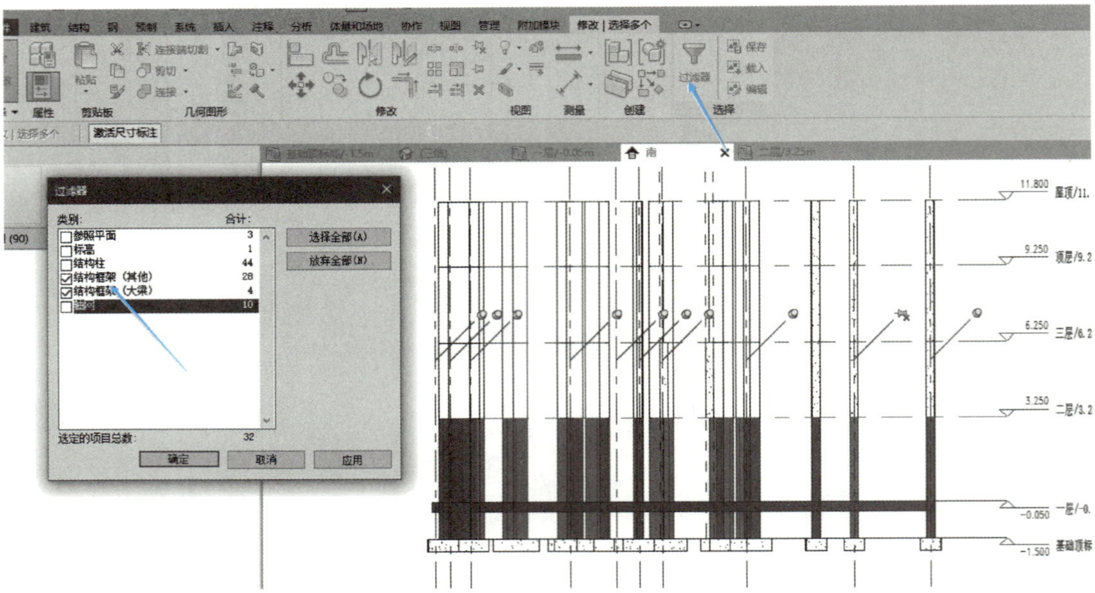

图 2.2-8

选定的标高对齐”，选择“二层、三层、顶层、屋顶”四个层高，再根据各自楼层结构梁平面图增加或删减结构梁图元，如图 2.2-9 所示。

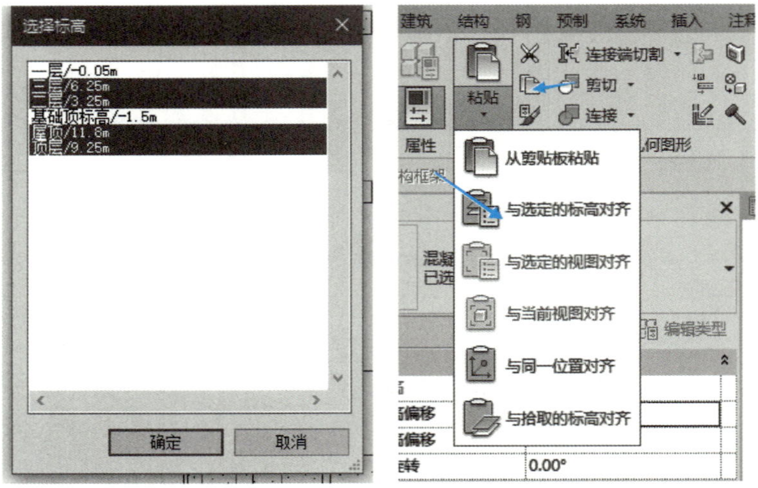

图 2.2-9

2.2.4 实践操作

同学们根据“4.1.3 教师演示”中的步骤，依次完成基础层独立基础及整层梁构件的建模，达到的效果如图 2.2-10 所示。

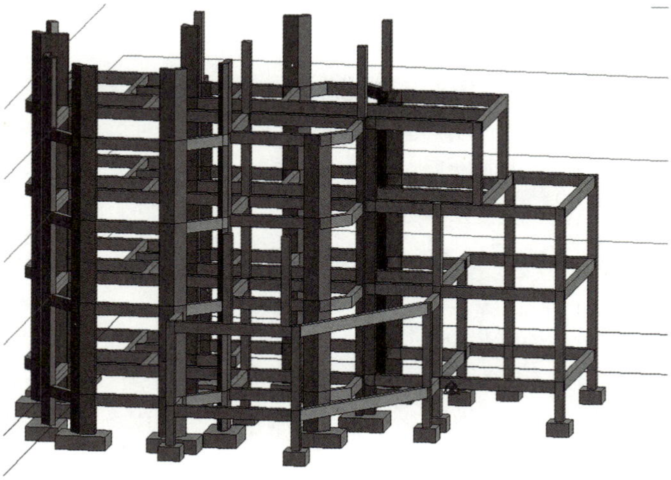

图 2.2-10

2.2.5　任务小结

在 Revit 软件中定义结构梁，布置结构梁构件。首先进行结构梁的载入族、复制、定义，其次对照图纸进行结构梁的布置。

2.2.6　拓展训练

1. 在 Revit 软件中，创建结构柱时不可以与（　　）图元进行连接。

A. 梁　　B. 屋顶　　C. 支撑　　D. 基础

2. 在 Revit 软件立面视图中，对结构梁的编辑操作可以实现的是（　　）。

A. 通过“移动”命令实现沿 Z 轴方向移动

B. 通过“镜像”命令实现关于任意轴线的镜像

C. 通过“旋转”命令实现绕指定基点旋转

D. 通过“偏移”命令实现沿其长度垂直方向上的偏移

3. 在 Revit 软件中，下列有关采用拾取支座方式创建结构楼板的叙述不正确的是（　　）。

A. 结构梁可以作为结构楼板的支座

B. 结构墙可以作为结构楼板的支座

C. 结构柱可以作为结构楼板的支座

D. 建筑墙不可以作为结构楼板的支座

4. 以下关于现浇混凝土梁和柱的工程量计算规则的叙述中，正确的是（　　）。

A. 计算梁的长度时，与柱连接的梁应从柱的侧面算起

B. 计算梁的体积时，伸入墙内的梁头、梁垫的体积应予以扣除

C. 计算构造柱的体积时，应扣除构造柱与砖墙嵌接部分的体积

D. 计算柱高时，无梁板的柱高应自柱基上表面或楼板上表面算至上一层楼板的上表面

5. 如设计无要求，预应力钢筋混凝土悬臂盖梁拆除底模的时间应在（　　）。

A. 盖梁混凝土强度达到75%设计强度后

B. 盖梁混凝土强度达到设计强度后

C. 预应力张拉完成后

D. 孔道压浆强度达到设计强度后

6. 钢梁临时搁置在钢柱牛腿上不做任何处理，其支座可简化为（　　）。

A. 固定铰支座　　B. 可动铰支座

C. 固定支座　　D. 弹性支座

7. 悬臂梁跨度2.1m，当强度达到（　　）%时可以拆模。

A. 25　　B. 50　　C. 75　　D. 100

8. 某房屋外墙窗洞口上设计为圈梁代替过梁，当设计图纸无规定时，过梁的计算长度取（　　）。

A. 窗洞口宽度　　B. 窗洞口宽度+1.2m

C. 窗洞口宽度+1m　　D. 窗洞口宽度+0.5m

9. 在2层（标高为4000mm）平面图中，创建600mm高的结构梁，将梁属性栏中的Z轴对正设置为底，将Z轴偏移设置为－200mm，那么该结构梁的顶标高为（　　）mm。

A. 4600　　B. 3400　　C. 4400　　D. 4800

10. 在Revit软件中，创建结构梁的快捷键命令为（　　）。

A. AL　　B. BM　　C. WA　　D. BL

任务2.3 创建结构板

2.3.1 工作任务

创建结构板定义，布置本工程结构板构件。

2.3.2 任务分析

在Revit软件中如何搭建结构板。

2.3.3 教师演示

［步骤-01］ 打开上一节项目软件，找到“项目浏览器”结构平面，左键双击“二层/3.2m”，将绘图界面切换到结构平面“二层/3.2m”。点击选项卡下“结构”-“楼板：结构”，如图2.3-1所示。

2-4 创建结构板

图2.3-1

［步骤-02］　点击“编辑类型”-“复制”，根据图纸修改名称为“常规－100mm”后单击“确定”，点击“结构”-“编辑”，将结构厚度修改为100mm，点击“确定”，再点击材质为“按类别”，选择“混凝土-现场浇筑混凝土”点击“确定”，如图2.3-2和图2.3-3所示。

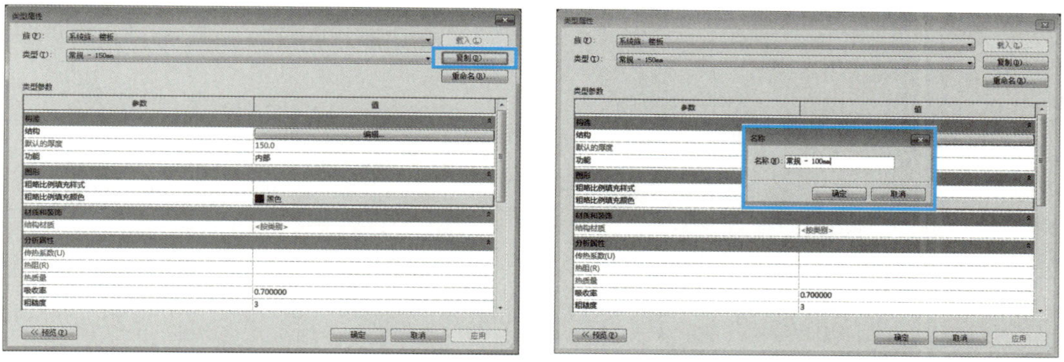

图 2.3-2

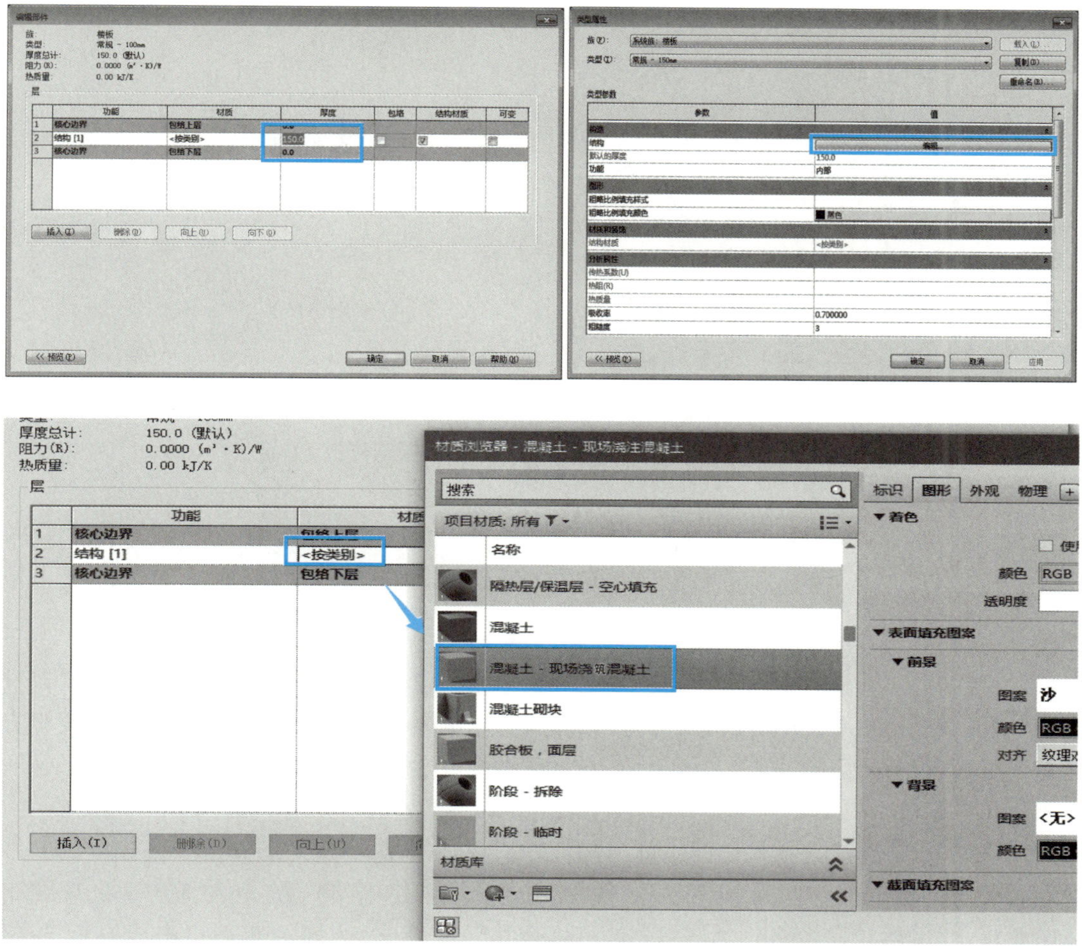

图 2.3-3

［步骤-03］ 重复步骤 2，复制定义结构板“常规－100mm”，材质相同，板厚为 100mm。

［步骤-04］ “属性栏”修改标高为“二层/3.2m”，点击“修改/创建楼层边界”-“边界线”-“拾取线”，依次点选外侧梁的内边线。卫生间部位、入户平台部位因标高不同需留空，楼梯位置无现浇板需留空，如图 2.3-4 所示。

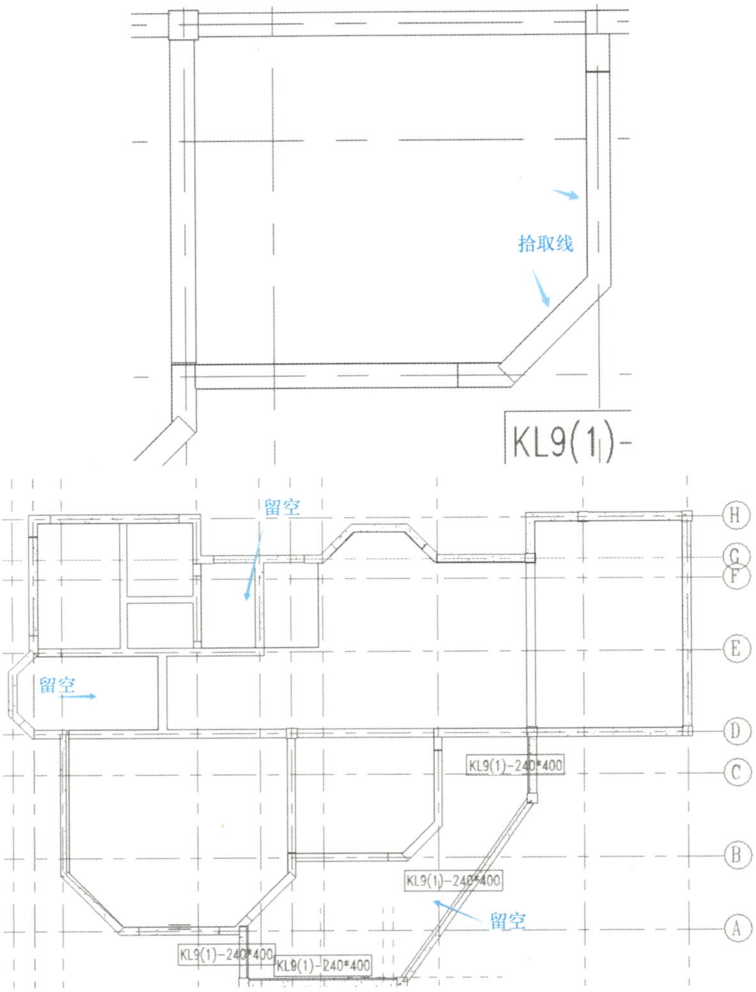

图 2.3-4

［步骤-05］ 使用“修剪/延伸为角”，左键依次选择需要相交的 2 条线，处理线相交形成角，再点击选项卡“√”命令，弹出对话框“是否要现在载入?”，左键单击“否”，如图 2.3-5 所示。

［步骤-06］ 继续绘制入户门位置结构板，相对当层楼板降低 250mm，点击“结构”-“楼板：结构”-界面线-选择“拾取线”，拾取完成后，再使用“修剪/延伸为角”处理线相交形成角，“属性”栏中修改“自标高的高度偏移”为“－250.0”，最后点击选项卡“√”命令，弹出对话框“是否要现在载入?”，左键单击“否”，如图 2.3-6 所示。

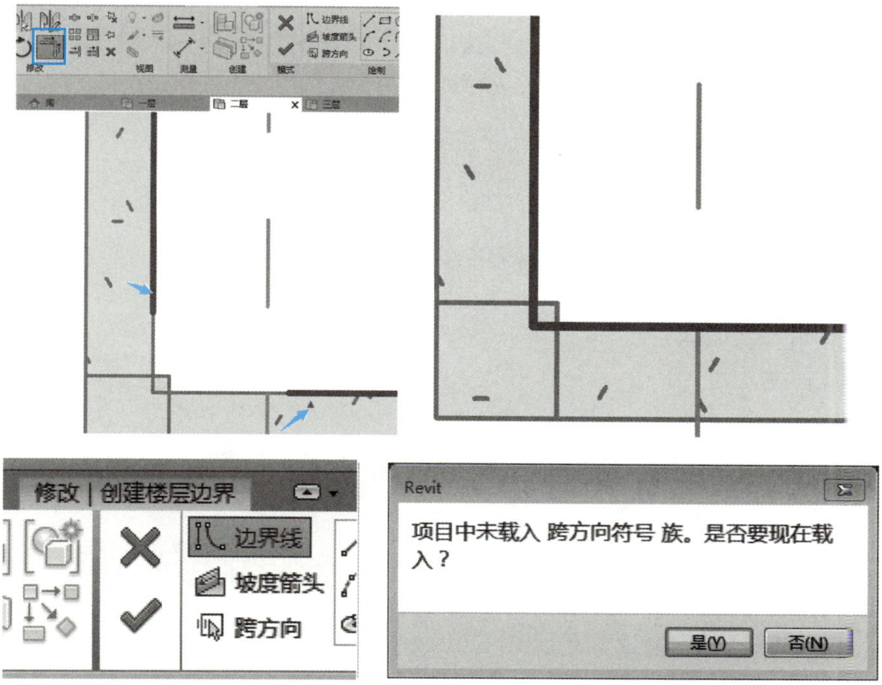

图 2.3-5

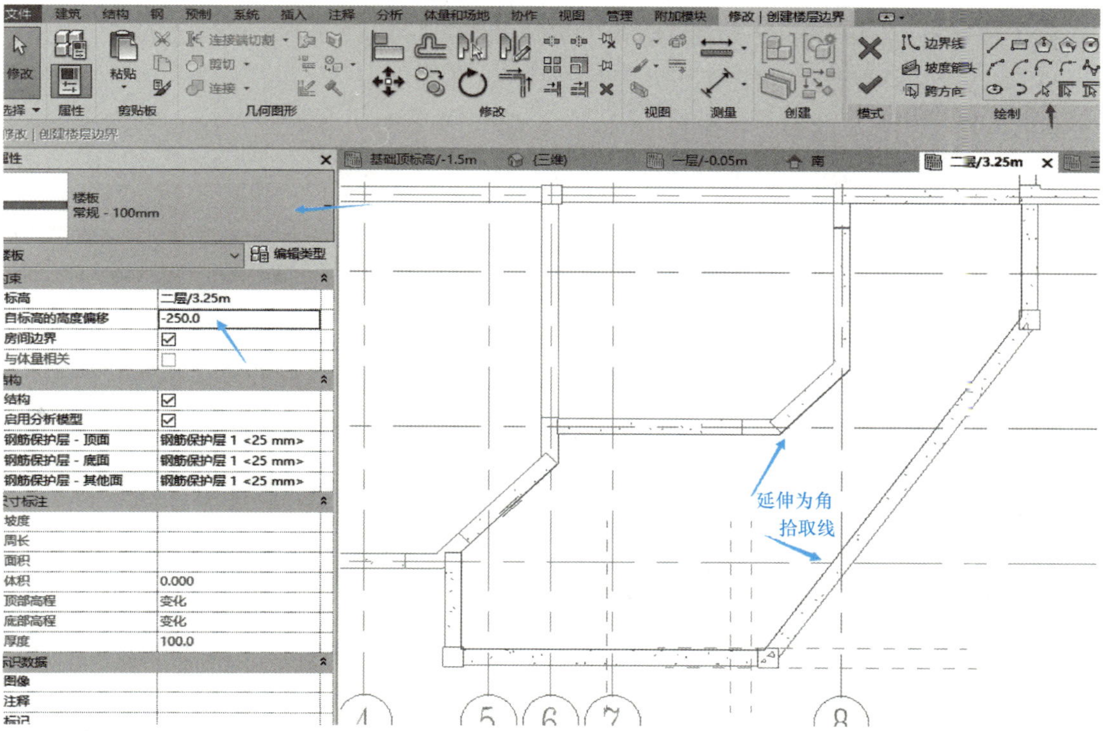

图 2.3-6

[步骤-07] 继续绘制④～⑦轴与Ⓔ～Ⓖ轴卫生间结构板，相对当层楼板降低 300mm，

点击“结构”-“楼板：结构”-界面线-选择“矩形”，拉对角点形成矩形，先选择起点再选择终点，绘制完成后，在“属性”栏中修改“自标高的高度偏移”为“－300.0”，再点击选项卡“√”命令，弹出对话框“是否要现在载入?”，单击“否”，如图 2.3-7 所示。

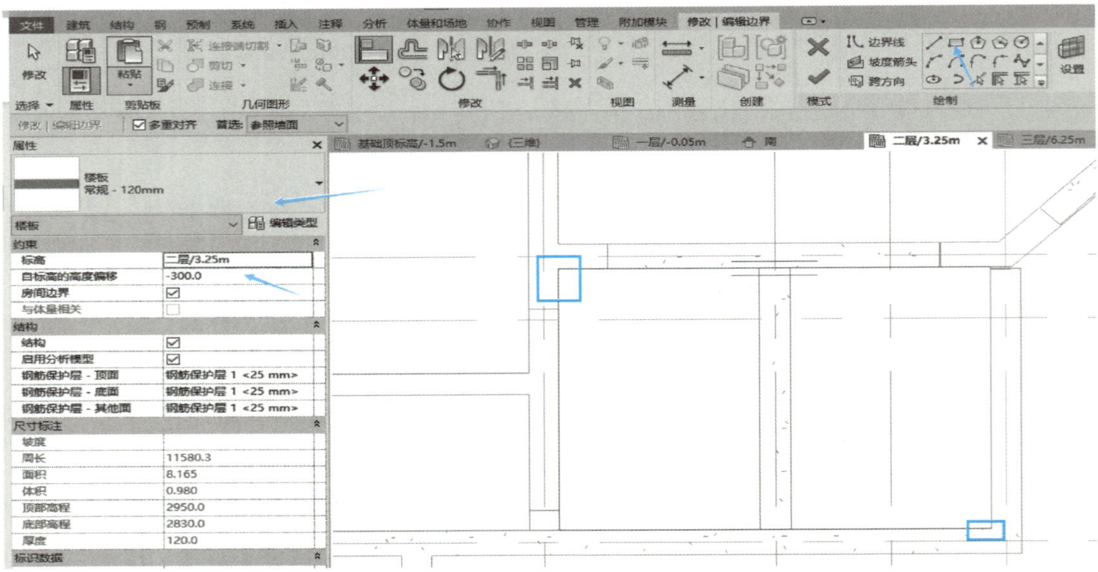

图 2.3-7

［步骤-08］　点击三维显示图标，选中结构板，在“修改/楼板”选项卡下点击“连接”-“连接几何图形”，点击多个开关，首先拾取板，其次从下往上拉框拾取与板相交的梁构件，“柱剪梁，梁剪板”，构件分隔清晰，如图 2.3-8 所示。

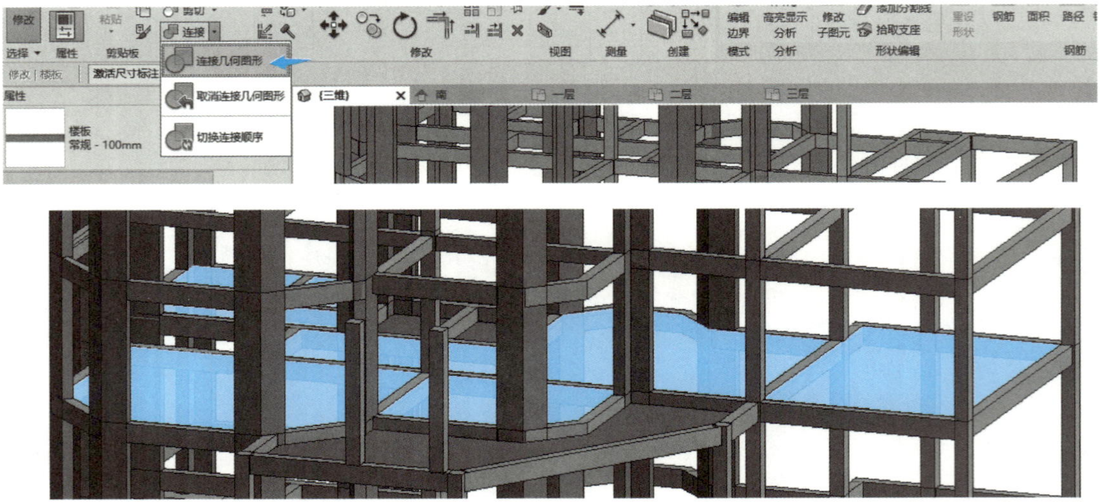

图 2.3-8

［步骤-09］　通过图纸观察，发现三层和顶层顶板大致相同，可以在南立面图拉框选择构件，过滤器过滤出结构板，点击“修改”-“复制”-“粘贴”-“与选定的标高对齐”，选择三层、顶层标高，再根据图纸调整、修改相应楼层结构板，如图 2.3-9 所示。

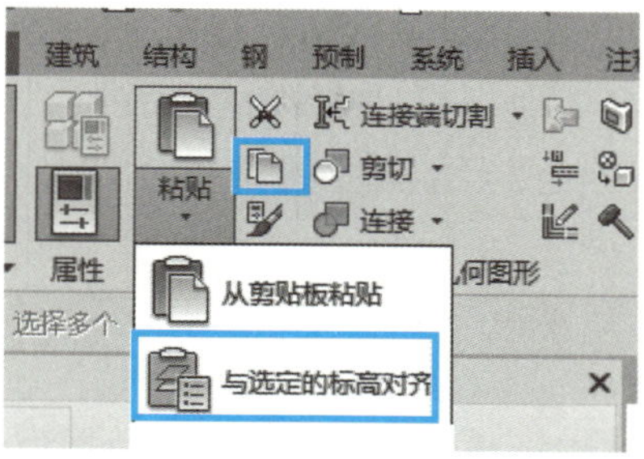

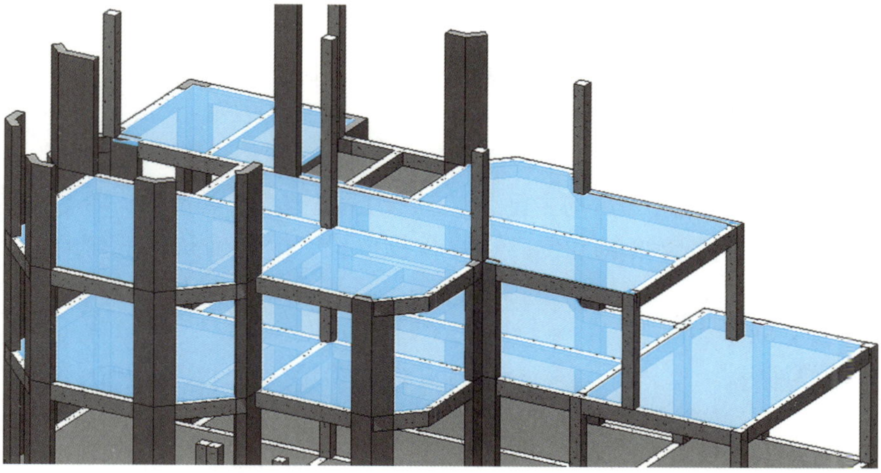

图 2.3-9

2.3.4　实践操作

同学们根据“2.3.3 教师演示”中的步骤，依次完成结构板及整层结构板构件的建模，达到的效果如图 2.3-10 所示。

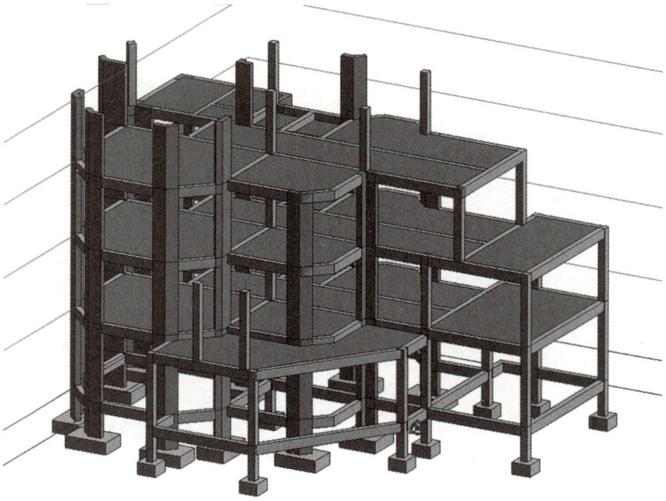

图 2.3-10

2.3.5 任务小结

在 Revit 软件中定义结构板，布置结构板构件。首先进行结构板的载入族、复制、定义，修改信息，其次进行结构板的布置、调整，板分为平板与斜板，操作各有不同。

2.3.6 拓展训练

1. 在 Revit 软件中，结构板基础不能进行的编辑操作是（　　）。

A. 填色　　B. 置换图元

C. 偏移　　D. 移动

2. 在 Revit 软件中，创建结构板快捷命令是（　　）。

A. AL　　B. SB

C. MV　　D. BM

3. 预制叠合板吊装工艺流程的主要工作有：①测量放线；②摘钩；③支撑架体调节；④支撑架体搭设；⑤叠合板起落位；⑥叠合板位置、标高确认。正确的吊装顺序是（　　）。

A. ①②③④⑤⑥　　B. ①②⑤⑥④③

C. ①④③⑤⑥②　　D. ①④③②⑤⑥

4. 创建一面墙，在属性栏中将其底部限制条件设置为 1 层（标高±0.000mm），底部偏移−1500mm，顶部约束到 2 层（标高 4000mm），顶部偏移 1000mm，将该墙附着顶部到 2 层标高位置的楼板上，那么该墙属性栏中的无连接高度为（　　）mm。

A. 4000　　B. 5000

C. 5500　　D. 6500

5. 现浇混凝土模板工程量计算按（　　）。

A. 模板与混凝土的接触面积　　B. 混凝土实际体积

C. 展开面积　　D. 建筑物的建筑面积

6. 创建楼板时，在修改栏中绘制楼板边界不包含的命令是（　　）。

A. 边界线　　B. 跨方向

C. 坡度箭头　　D. 默认厚度

7. 拆分关键复杂的墙板，解决钢筋绑扎、顺序问题等，并对该部分进行施工图深化。上述内容属于（　　）。

A. 土建深化　　B. 钢结构深化

C. 幕墙深化　　D. 机电深化

"1+X" 技能提升

1. 图 2.3-11 为某牛腿柱。请按图示尺寸要求建立该牛腿柱的常规模型。最终结果以"牛腿柱"为文件名称保存。

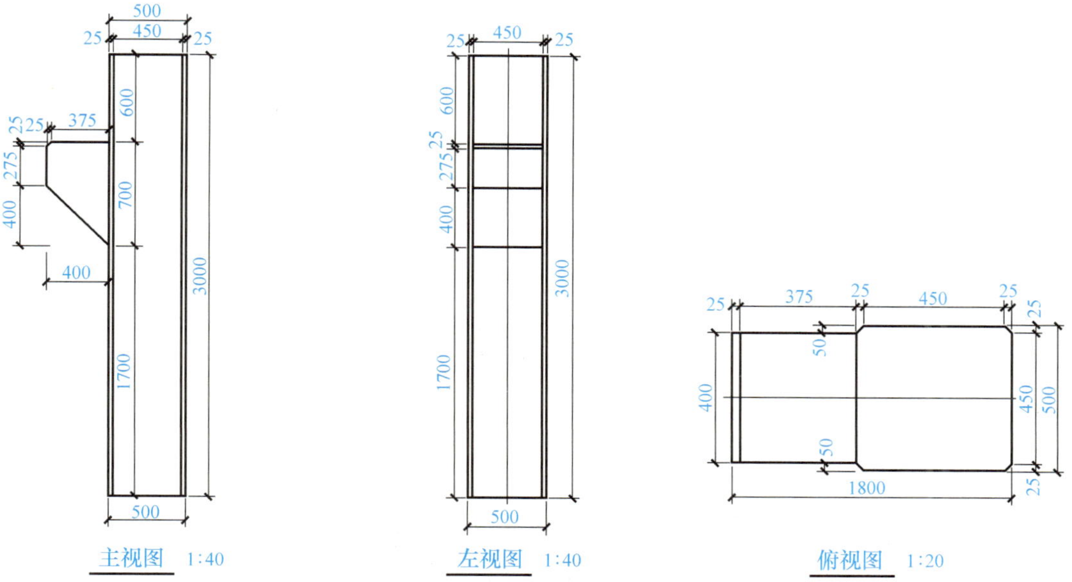

图 2.3-11

2. 根据图 2.3-12 给定尺寸，用构件集形式建立陶立克柱式的实体模型，并以“陶立克柱”为文件名保存。

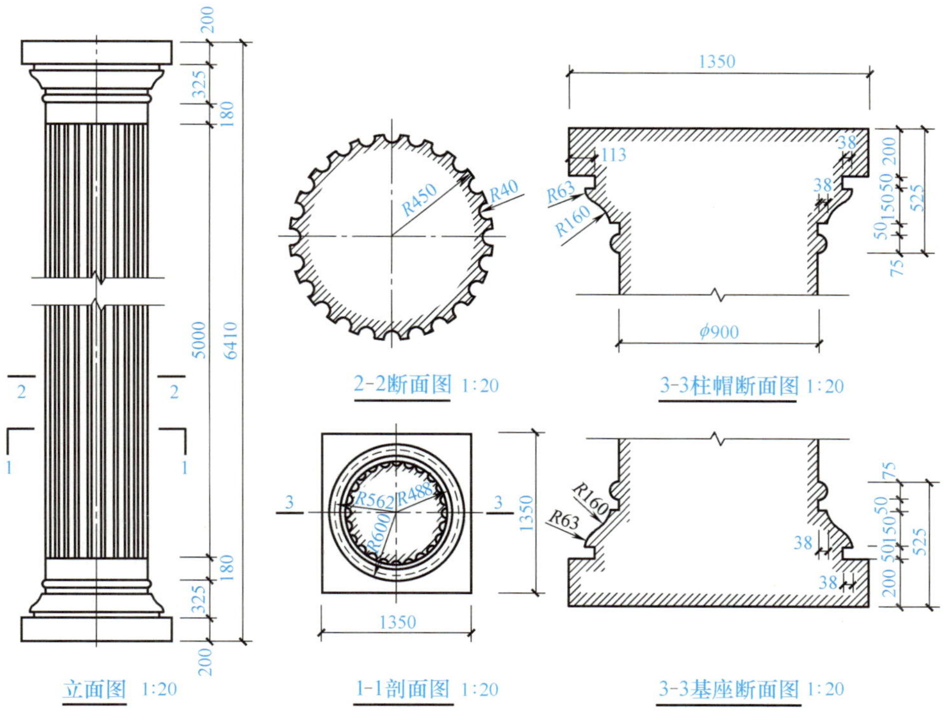

图 2.3-12

项目3

创建建筑模型

教学目标

通过本项目学习，你将能够：

1. 能够熟练掌握 Revit 建筑建模的基本操作步骤。
2. 能够熟练创建建筑模型。

BIM 小谈

培养严肃认真、精益求精的工作态度

本项目主要讲授建筑模型的搭建，在结构模型基础上添加墙体、门窗、幕墙、楼梯等细部构件，建筑工程图纸设计、绘制要准确，培养学生严肃认真、耐心细心、精益求精的工作态度。

思维导图

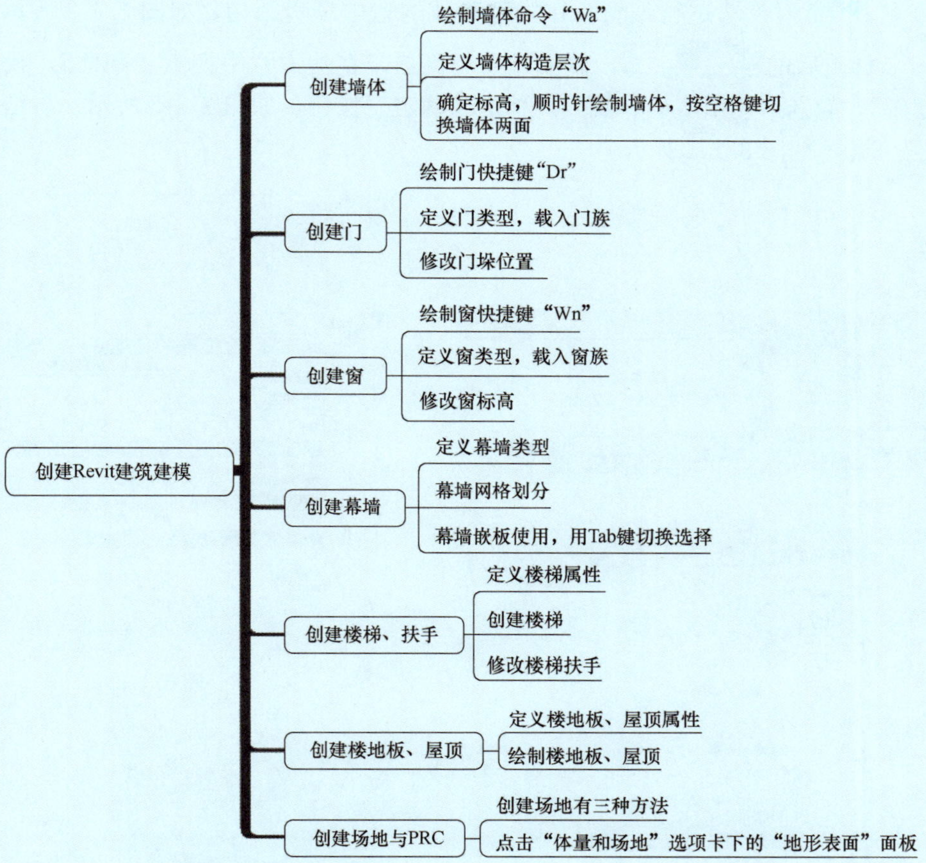

任务3.1　创建墙体

3.1.1　工作任务

创建各层房间的墙体，并确定墙体的各类参数。

3.1.2　任务分析

墙体可分为外墙和内墙，创建墙体的一般方法：

1. 先定义好墙体的类型、墙厚、做法、材质、功能等。
2. 再指定墙体的平面位置、高度等参数。

3-1 墙体的定义及绘制

3.1.3　教师演示

［步骤-01］　打开“建筑标高轴网”模型文件，切换至楼层平面一层。

［步骤-02］ 在建筑选项卡中找到墙体，在属性面板中选择“基本墙 常规－200mm”，点击“编辑类型”，进行复制，如图 3.1-1 所示，将名称改为“外墙”并单击“确定”按钮。

［步骤-03］ 对外墙进行编辑。在类型参数构造中编辑结构，如图 3.1-2 所示，点击结构［1］材质后的 <按类别> ，显示材质浏览器，在搜索栏中搜索“砌体”，找到“砌体-普通砖”，勾选“使用渲染外观”并单击“确定”按钮，如图 3.1-3 所示。将结构［1］厚度改为 240，如图 3.1-4 所示。

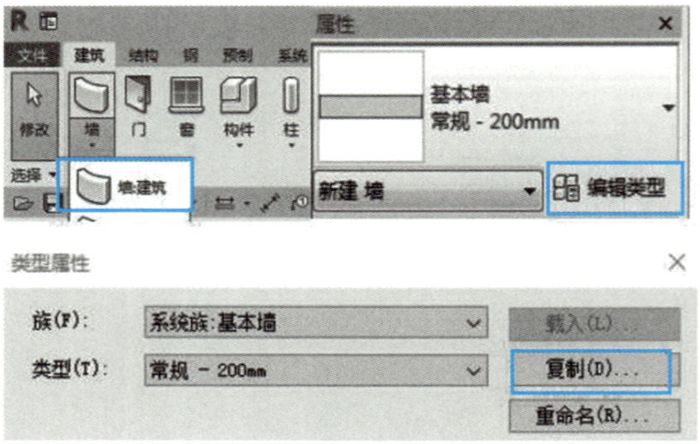

图 3.1-1

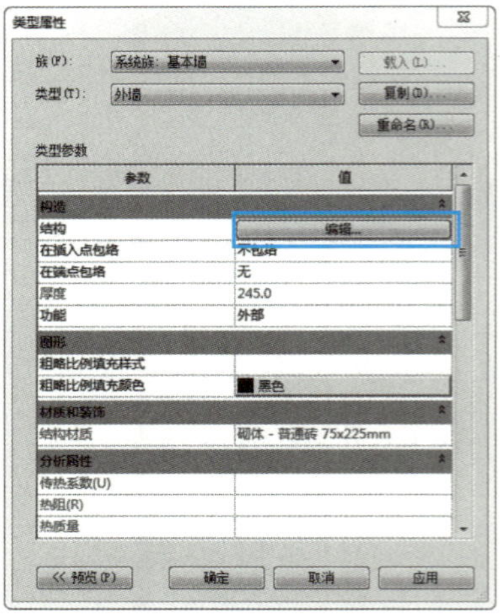

图 3.1-2

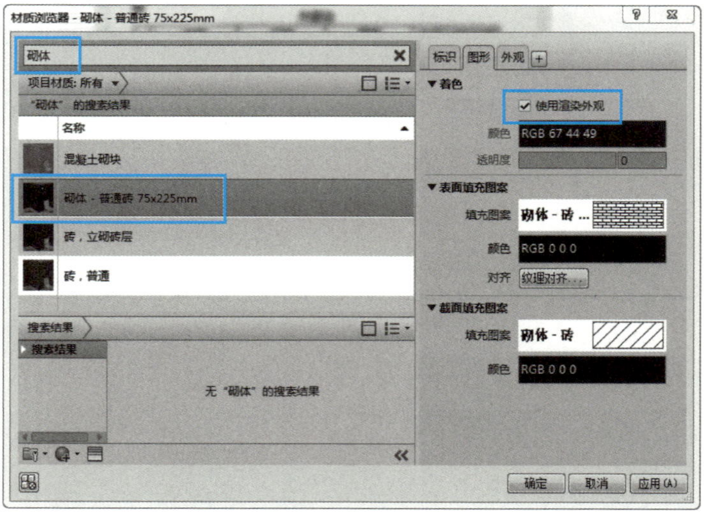

图 3.1-3

图 3.1-4

［步骤-04］ 点击下方 插入(I) ，在功能列选择“面层 1［4］”，厚度改为 15，做法同结构［1］，并向上移至外部边，如图 3.1-5 所示。点击“按类别”浏览按钮，点击材质

浏览器左下角的“新建材质”，如图 3.1-6 所示。点击鼠标右键，重命名“棕色外墙面”，点击左下角“资源浏览器”，在搜索框输入“均匀顺砌”，双击选择“均匀顺砌-紫红色”，如图 3.1-7 所示。修改渲染外观，如图 3.1-8 所示。点击“确定”按钮完成外墙的编辑，如图 3.1-9 所示，同理，定义其他功能层。

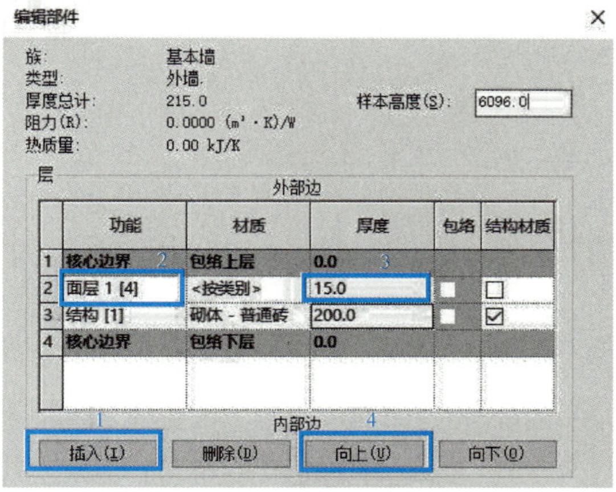

图 3.1-5

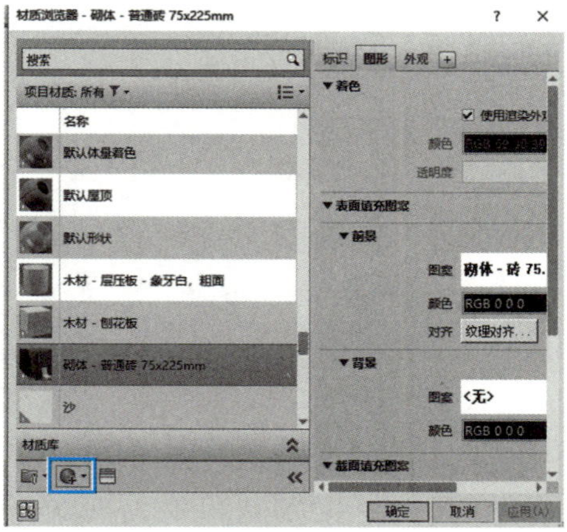

图 3.1-6

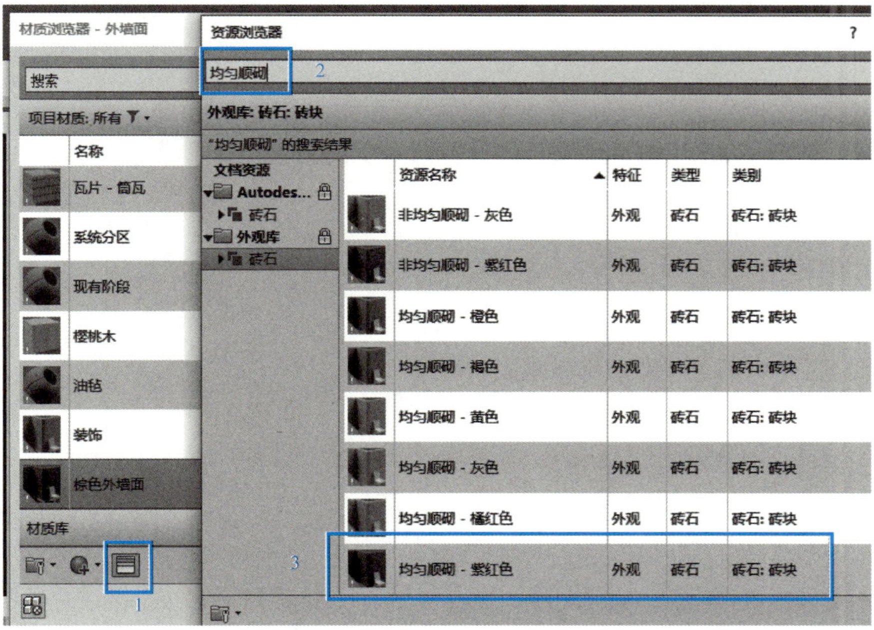

图 3.1-7

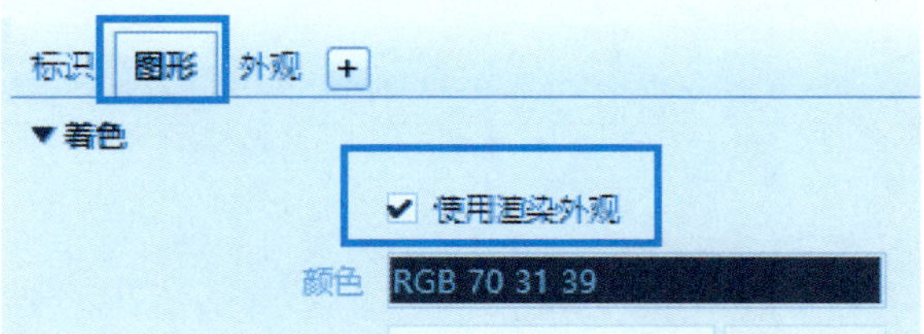

图 3.1-8

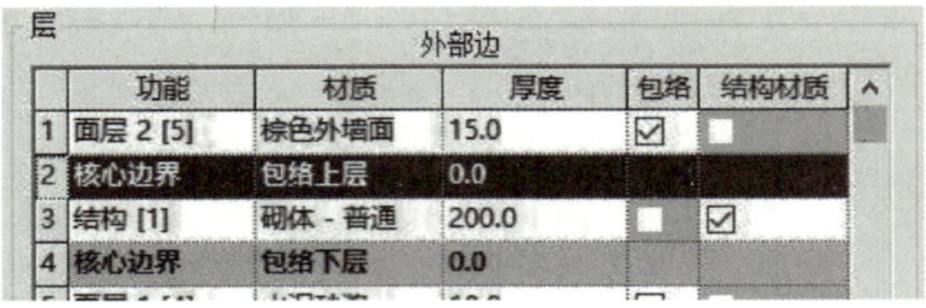

层

外部边

	功能	材质	厚度	包络	结构材质
1	面层 2 [5]	棕色外墙面	15.0	☑	☐
2	核心边界	包络上层	0.0		
3	结构 [1]	砌体 - 普通	200.0	☐	☑
4	核心边界	包络下层	0.0		

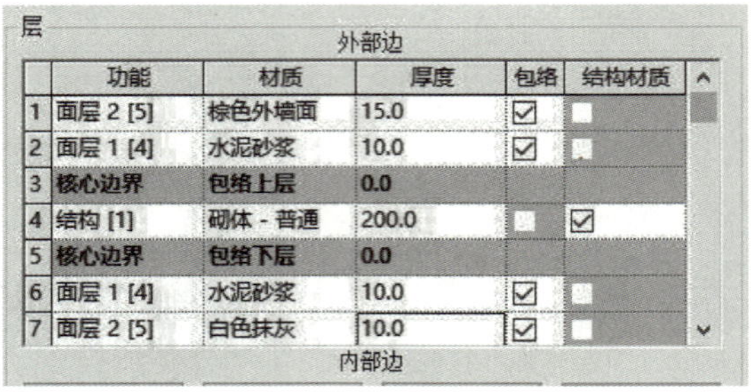

层

外部边

	功能	材质	厚度	包络	结构材质
1	面层 2 [5]	棕色外墙面	15.0	☑	☐
2	面层 1 [4]	水泥砂浆	10.0	☑	☐
3	核心边界	包络上层	0.0		
4	结构 [1]	砌体 - 普通	200.0	☐	☑
5	核心边界	包络下层	0.0		
6	面层 1 [4]	水泥砂浆	10.0	☑	☐
7	面层 2 [5]	白色抹灰	10.0	☑	☐

内部边

图 3.1-9

［步骤-05］ 为了便于绘制墙体，通过做“参照平面”来精确定位墙体，具体尺寸如图 3.1-10 所示。

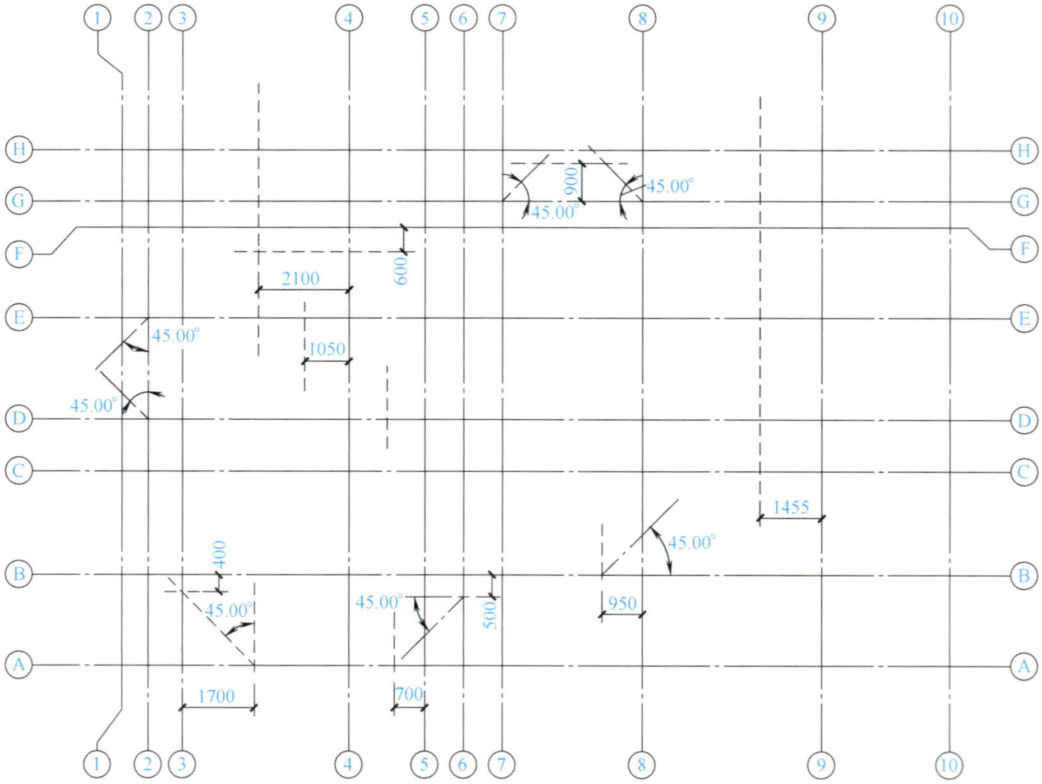

图 3.1-10

［步骤-06］　在建筑选项卡中选择“基本墙外墙”，并在属性面板中，将顶部约束改为“直到标高：二层/3.3m”，如图 3.1-11 所示。在“修改｜放置墙”中定位线选择“墙中心线”，勾选“链”，连接状态选择“允许”，如图 3.1-12 所示。选择直线绘制方式，如图 3.1-13 所示。

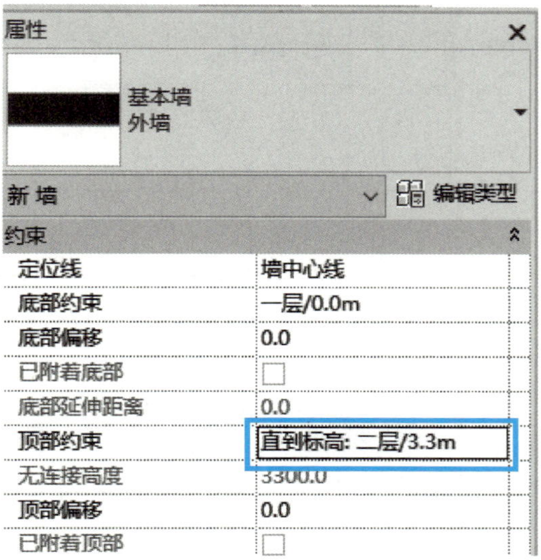

图 3.1-11

图 3.1-12

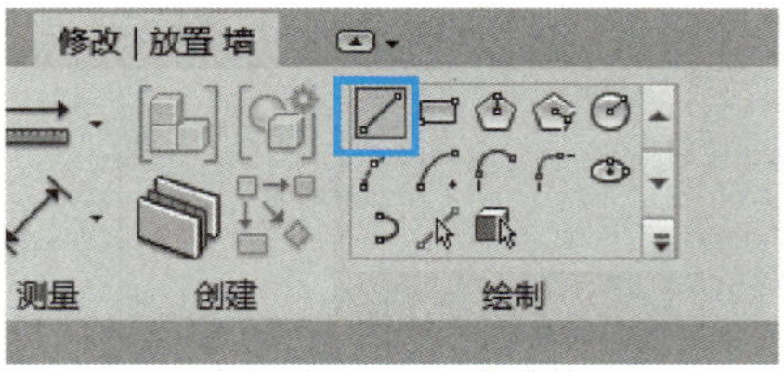

图 3.1-13

根据图纸，顺时针绘制外墙，结果如图 3.1-14 所示。

按照外墙的编辑方式创建内墙，在“外墙”的基础上定义内墙，在编辑类型对话框中点击“复制”，并命名“内墙”，点击“确定”，修改功能为“内部”，如图 3.1-15 所示。

点击“编辑”，进入部件编辑对话框，选中“面层［2］”修改为“白色抹灰”，再点击“确定”，如图 3.1-16 所示。根据图纸绘制内墙，其余设置同外墙，完成效果如图 3.1-17 所示。

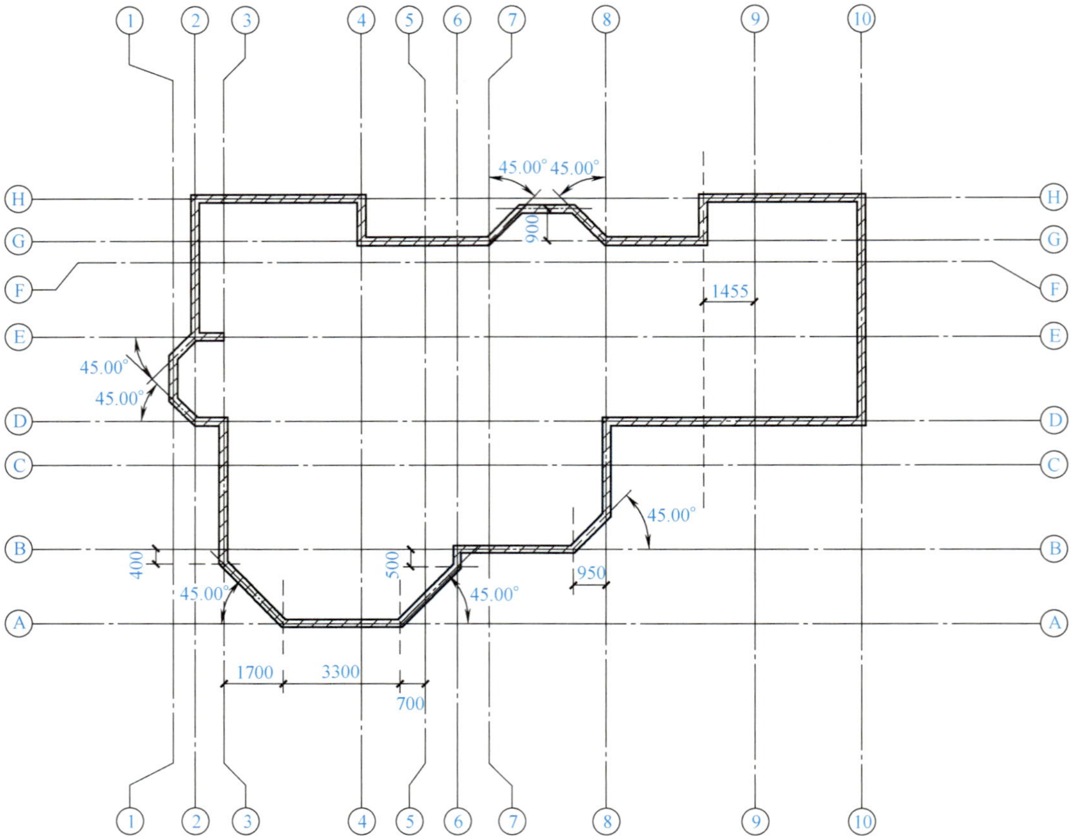
1
2
3
4
5
6
7
8
9
10
H
G
F
E
D
C
B
A
45.00°
45.00°
900
1455
45.00°
45.00°
45.00°
400
500
950
45.00°
45.00°
1700
3300
700

图 3.1-14

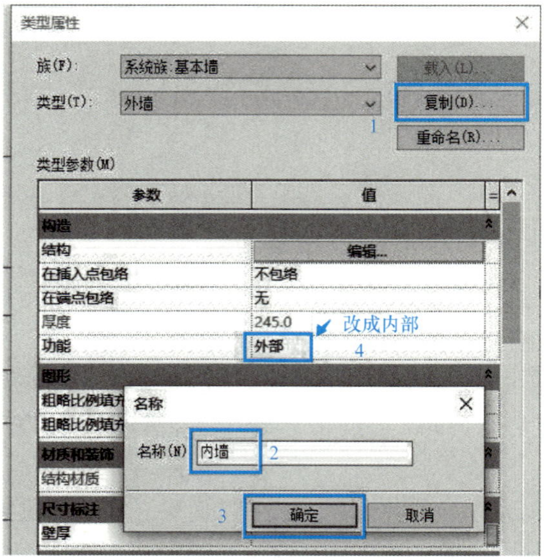
类型属性
族(F): 系统族:基本墙
载入(L)...
类型(T): 外墙
复制(D)...
1
重命名(R)...
类型参数(M)
参数
值
构造
结构
编辑...
在插入点包络
不包络
在端点包络
无
厚度
245.0
改成内部
功能
外部
4
图形
材质和装饰
结构材质
尺寸标注
壁厚
名称
名称(N)
内墙
2
3
确定
取消

图 3.1-15

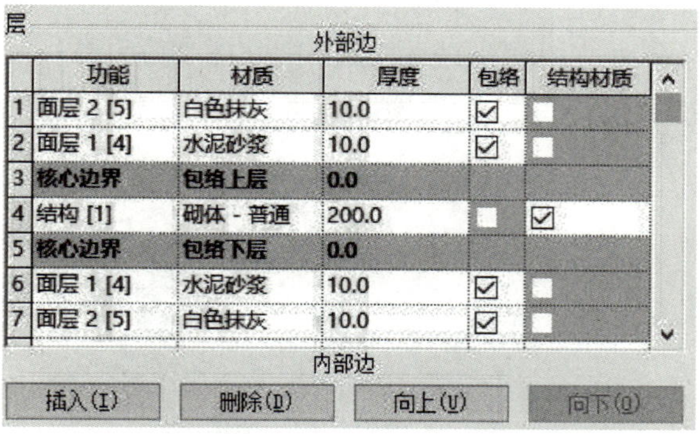

层

外部边

	功能	材质	厚度	包络	结构材质
1	面层 2 [5]	白色抹灰	10.0	☑	☐
2	面层 1 [4]	水泥砂浆	10.0	☑	☐
3	**核心边界**	**包络上层**	**0.0**		
4	结构 [1]	砌体 - 普通	200.0	☐	☑
5	**核心边界**	**包络下层**	**0.0**		
6	面层 1 [4]	水泥砂浆	10.0	☑	☐
7	面层 2 [5]	白色抹灰	10.0	☑	☐

内部边

插入(I)　删除(D)　向上(U)　向下(O)

图 3.1-16

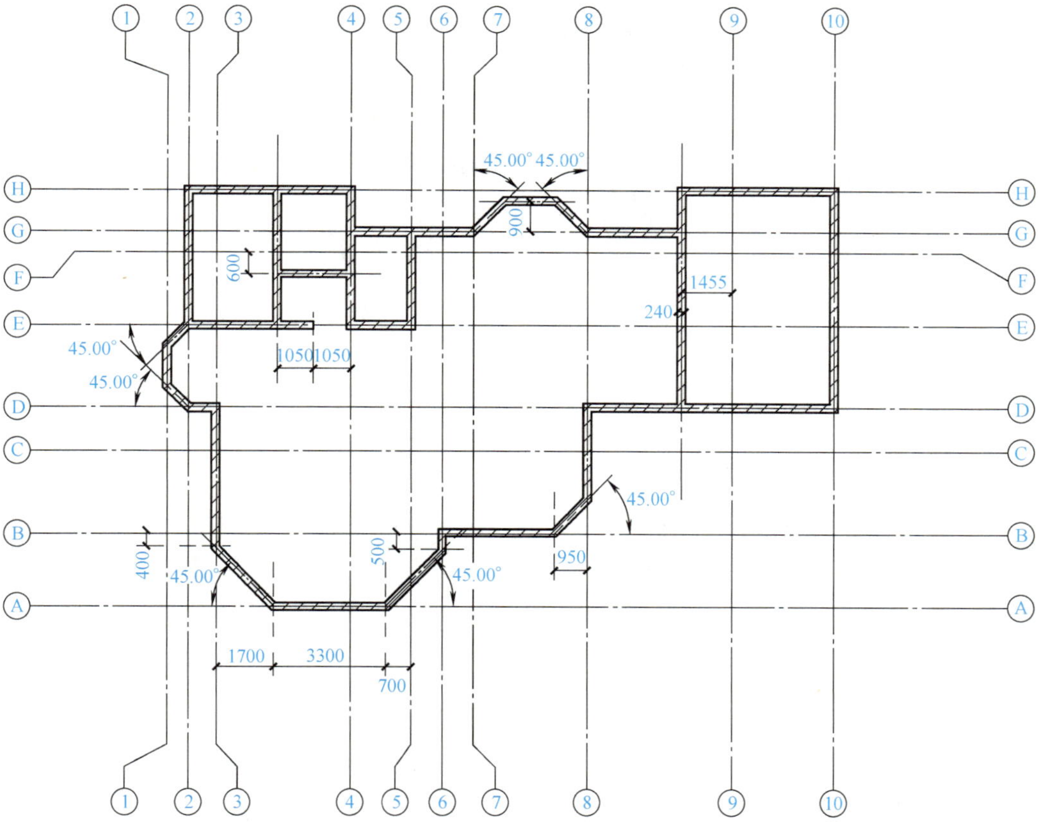

图 3.1-17

3.1.4　实践操作

同学们根据“3.1.3 教师演示”中的步骤，将一层中所用“外墙”在属性面板中点击编辑类型，将其复制并命名为“外墙 淡黄色”，如图 3.1-18 所示。将“面层 2 [5]”

材质改为“砖，普通，淡黄色”，在资源浏览器里面搜索“均匀顺砌”选择“均匀顺砌-黄色”，然后双击，勾选“使用渲染外观”，如图 3.1-19 所示。根据 CAD 图纸所需墙体依次编辑，并按顺时针方向绘制二层、三层、四层的墙体，成果如图 3.1-20～图 3.1-22 所示。

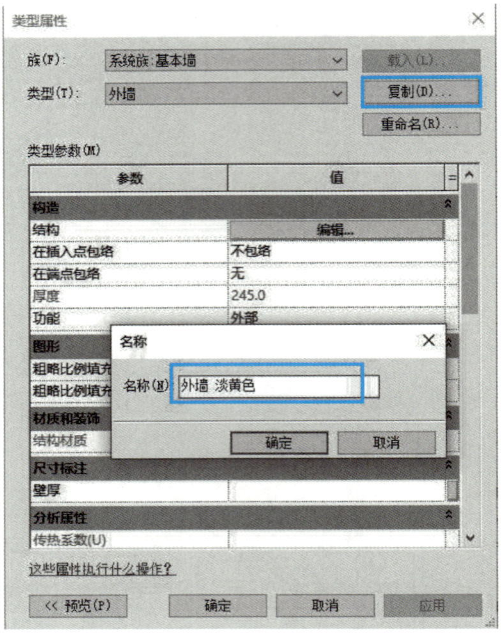

图 3.1-18

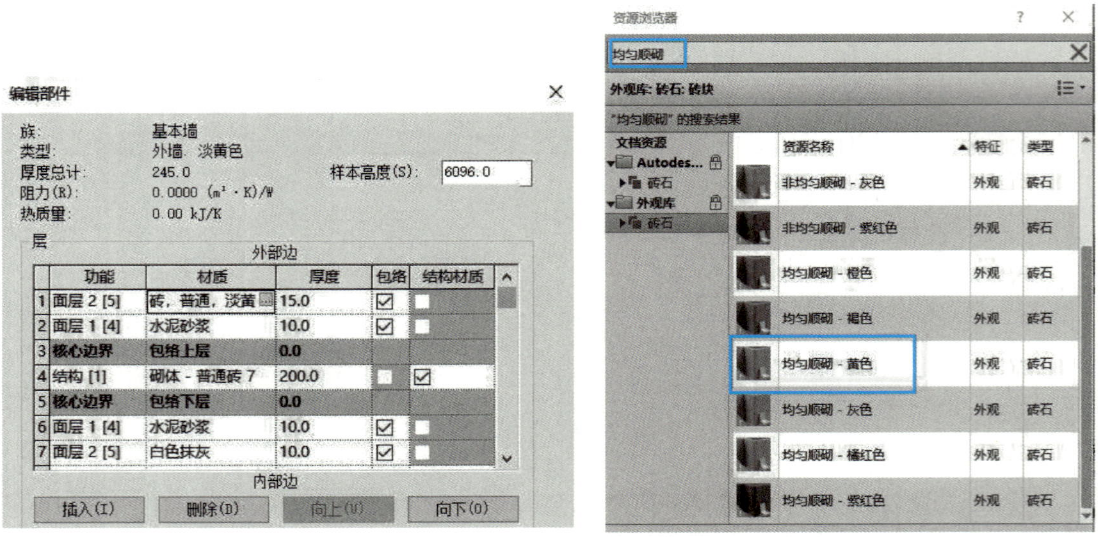

图 3.1-19

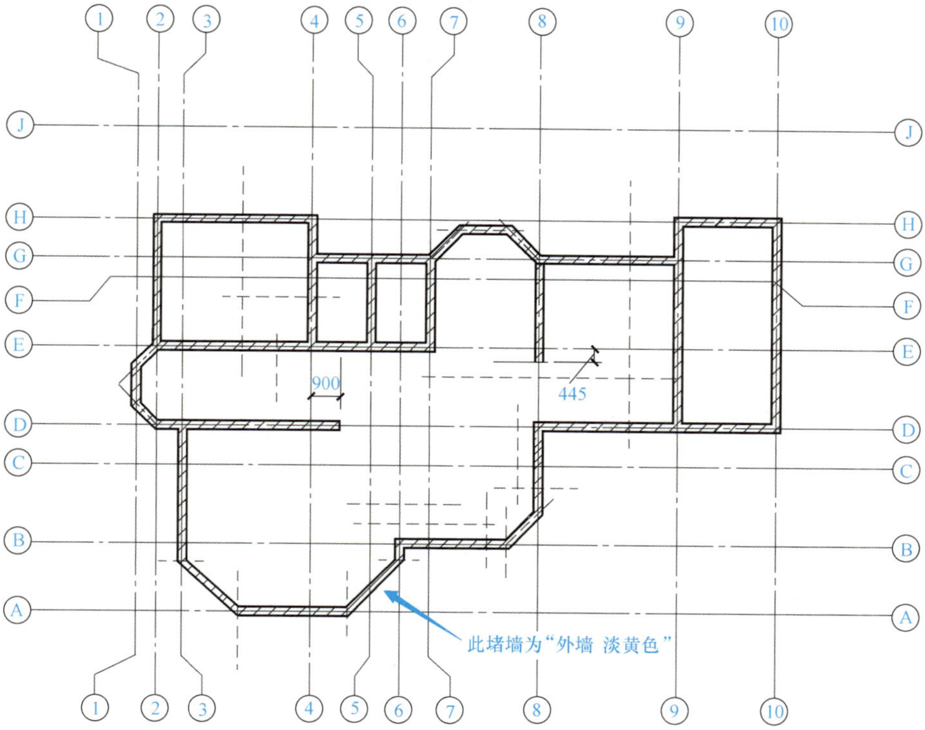

图 3.1-20

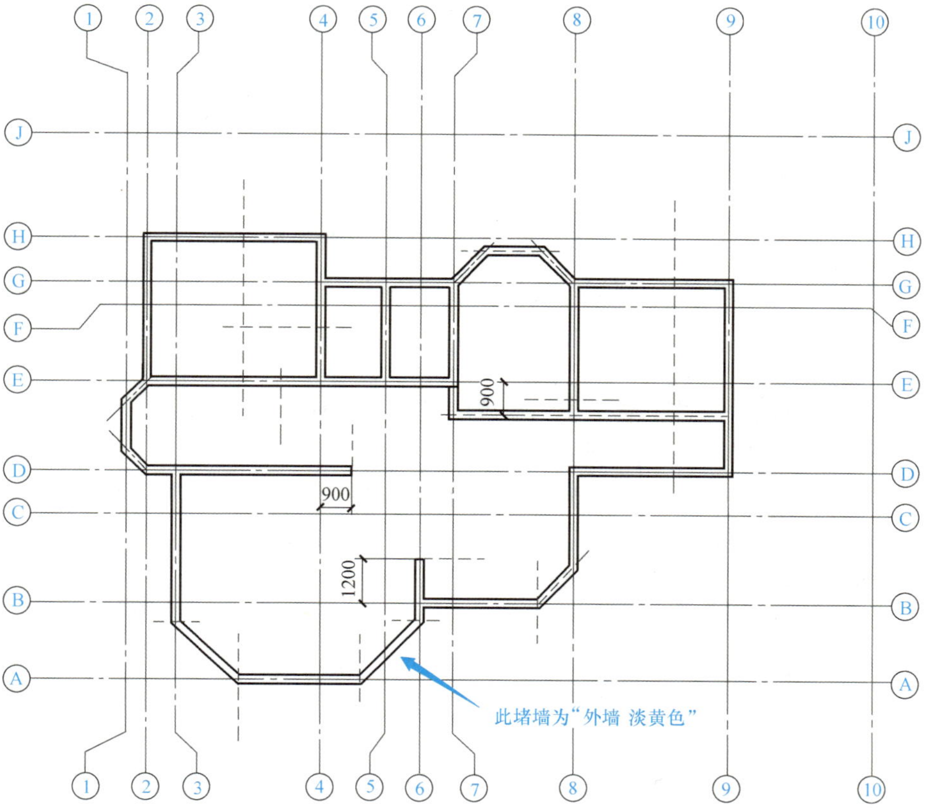

图 3.1-21

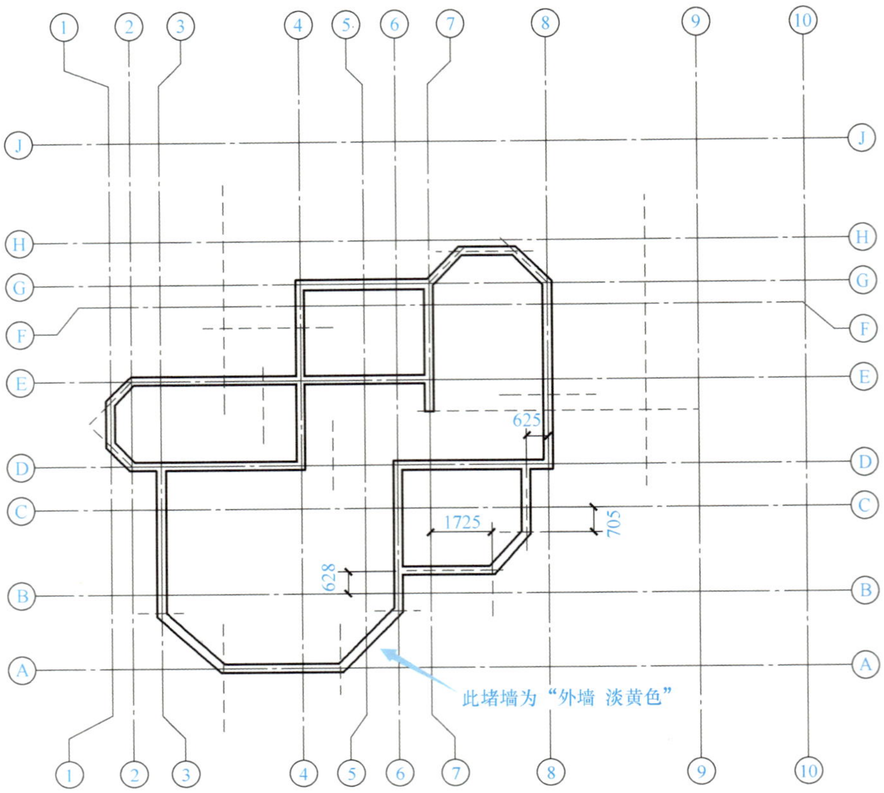

图 3.1-22

3.1.5 任务小结

在 Revit 中创建墙体，首先要根据 CAD 图纸编辑墙体的类型、厚度、材质等参数，再根据图纸中的位置和高度进行创建。

3.1.6 拓展训练

1. 关于重力式挡土墙施工要求说法正确的是（　　）。

A. 距墙背 2m 内不得使用重型振动压路机碾压

B. 基坑开挖宜分段跳槽进行，分段位置宜结合伸缩缝、沉降缝等

C. 应在基础砂浆强度达到设计强度的 70%后，及时回填夯实

D. 设计挡土墙基底为倾斜面，超挖深度不得超过基础厚度的 1/5

2. 计算墙身工程量时，应扣除（　　）。

A. 小于 $0.3m^2$ 的孔洞　　B. 梁头

C. 门窗洞口　　D. 砖墙内的加固筋

3. 多层建筑物二层以上楼层按其外墙结构外围水平面积计算，层高在 2.2m 及以上者计算其面积，其层高是指（　　）。

A. 上下两层楼面结构标高之间的垂直距离

B. 本层地面与屋面板底结构标高之间的垂直距离

C. 最上一层层高是其楼面至屋面板底结构标高之间的垂直距离

D. 最上层遇屋面板找坡的，以其楼面至屋面板最高处板面结构之间的垂直距离

4. 计算砖墙工程量时，以下哪项体积应该扣除？（ ）

A. 嵌入墙身的钢筋混凝土梁的体积

B. 墙体内钢管的体积

C. 单个面积为 0.3m^2 的孔洞所占体积

D. 梁头所占的体积

5. 系统族基本墙的类型属性对话框中的功能参数不包含哪项？（ ）

A. 内部　　B. 外部　　C. 基础墙　　D. 分隔墙

任务 3.2 创建门

3.2.1 工作任务

创建各房间的门，并确定门的各类参数。

3.2.2 任务分析

门是建筑设计中最常见的构件。Revit 提供了门工具，用于在项目中添加门图元。门必须放置于墙主体图元上，它可以自动识别墙体并且只能插入墙体构件上。Revit 样板中的名称和尺寸不一定和实际需要相同，特别是从库中载入的门类型需要手动修改。

3-2 门的定义及绘制

3.2.3 教师演示

[步骤-01] 打开已画好的模型文件，切换至楼层平面一层。

[步骤-02] 在“建筑”选项卡“构建”中找到“门”，或者采用快捷键 DR，如图 3.2-1 所示，点击“载入族”，将族“M1”载入项目中，在属性面板中对 M1 进行“编辑类型”，根据 CAD 图纸中门窗表，将“尺寸标注”中高度改为 2400、宽度改为 900，如图 3.2-2 所示，并将标识数据中“类型标记”改为“M1”，如图 3.2-3 所示，门类型 M1 即创建完毕，按照同样的步骤完成 M2、M3 的创建。

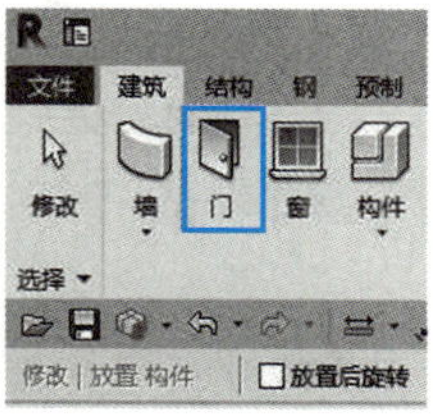

图 3.2-1

[步骤-03] 与族“M1”相同方法，将族“BLM2”“FDM”及“JLM1”载入项目中，根据图纸中门窗表将“BLM2”尺寸改为“3000 * 2400”，类型标记改为 BLM2，再将“BLM2”进行复制并命名为 BLM3，尺寸改为“1800 * 2400”，类型标记改为 BLM3。根据图纸中门窗表将“FDM”尺寸改为“2250 * 2400”，类型标记改为 FDM。根据图纸中门窗表将“JLM1”尺寸改为“3000 * 2400”，类型标记改为 JLM1。由此本模型中的门类型已全部建完。

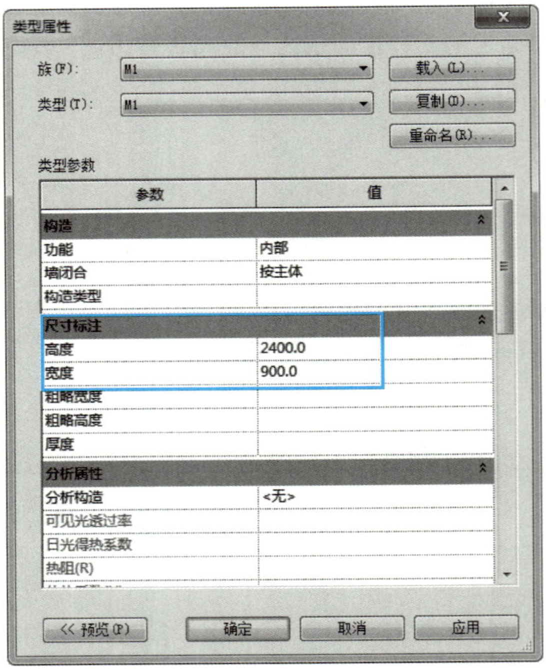

图 3.2-2

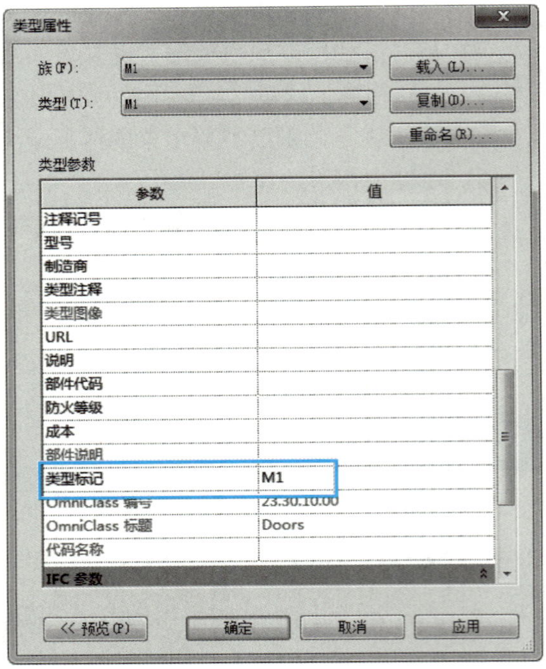

图 3.2-3

[步骤-04] 将相应门类型按照 CAD 图纸放置在墙体的指定位置。如“M1”在一层平面中，放置在⑧～⑨轴间的内墙上，首先调至一层楼层平面，在“建筑”选项卡“构建”中找到“门”，在属性面板中选择“M1”，并选择“在放置时进行标记”，如图 3.2-4 所示。将其放置在内墙上，如方向不正确，可通过图中箭头 ⇆ 调节方向（鼠标在墙体左右移动可切换开启方向，按空格键可改变门的左右开启方式）。根据图纸中 M1 距Ⓓ轴的距离为“300”，可通过临时尺寸标注将距离输入为“300”，进行定位。如图 3.2-5 所示，“M1”即放置完毕。采用相同方法对一层的门进行放置（注意：放置 M3 的时候需要修改标记的方向为“水平”），成果如图 3.2-6 所示。

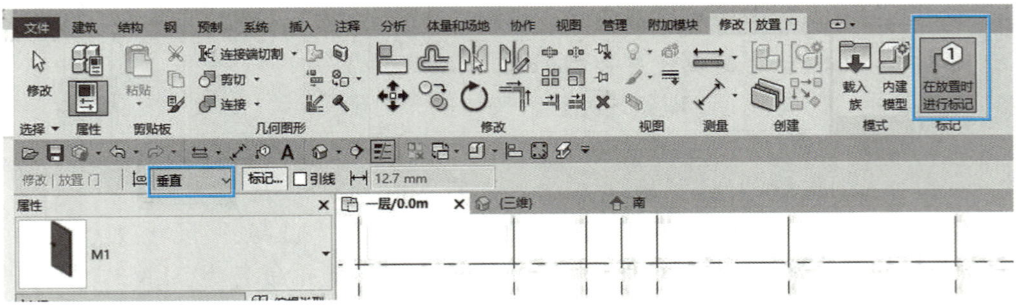

图 3.2-4

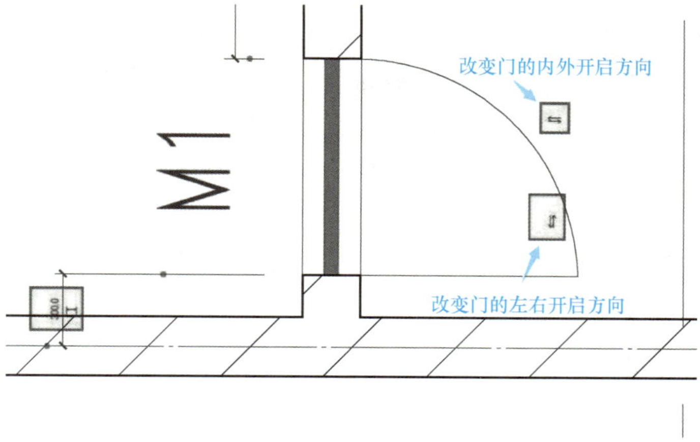

图 3.2-5

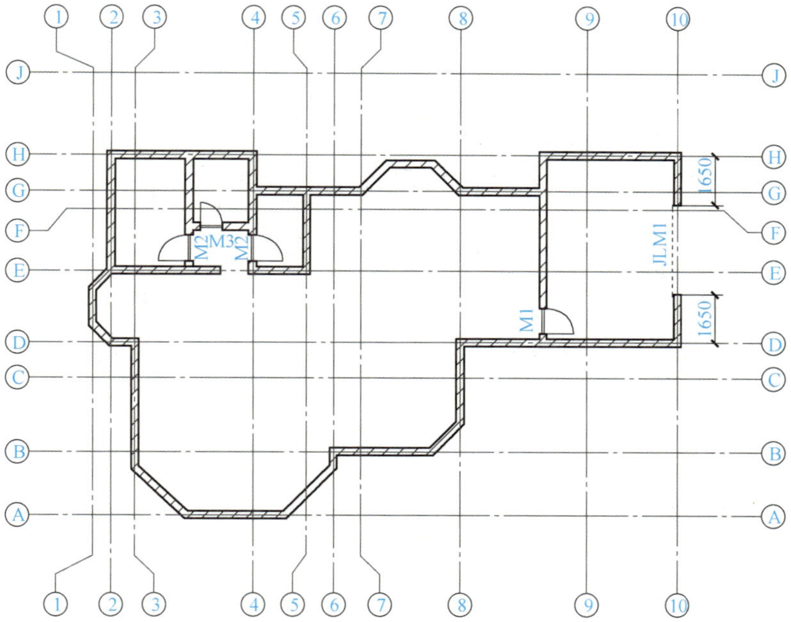

图 3.2-6

3.2.4 实践操作

同学们根据“3.2.3 教师演示”中的步骤，依照 CAD 图纸对模型中二层、三层、四层的门进行放置，成果如图 3.2-7～图 3.2-9 所示。

3.2.5 任务小结

在 Revit 中创建门，首先要根据 CAD 图纸中的门表，了解门类型、尺寸、材质等参数并编辑相应门图元，再根据图纸中的位置进行放置，见表 3.2-1。

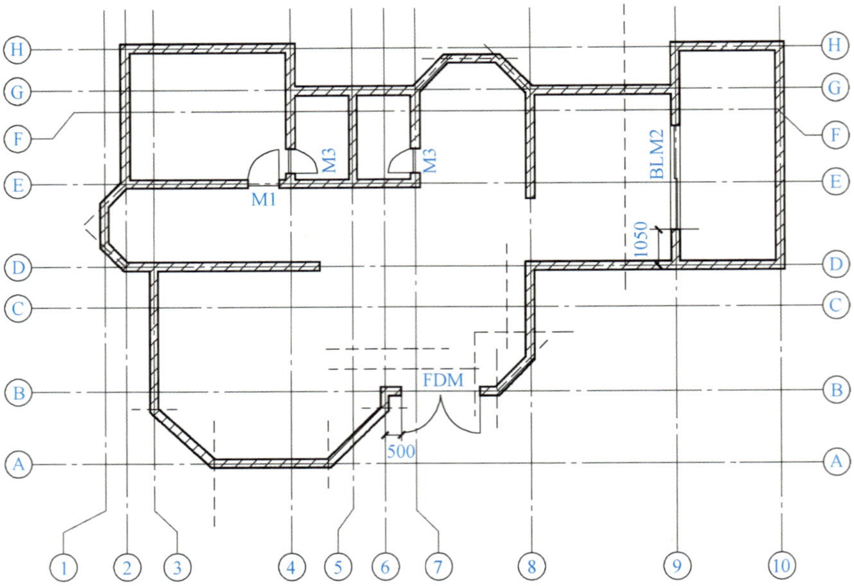

图 3.2-7

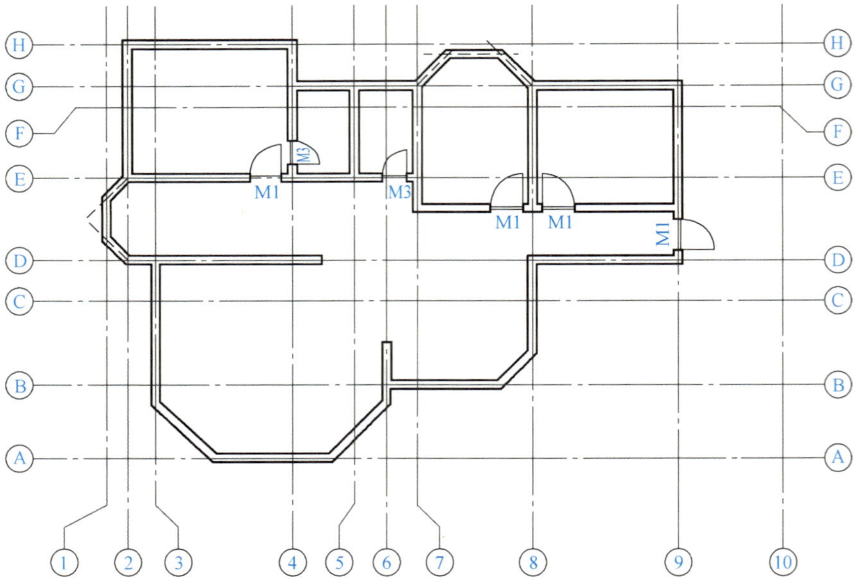

图 3.2-8

门表（单位：mm） 表 3.2-1

类型	设计编号	洞口尺寸
普通门	BLM2	3000×2400
	BLM3	1800×2400
	FDM	2250×2400
	JLM1	3000×2400
	M1	900×2400
	M2	900×2400
	M3	700×2100

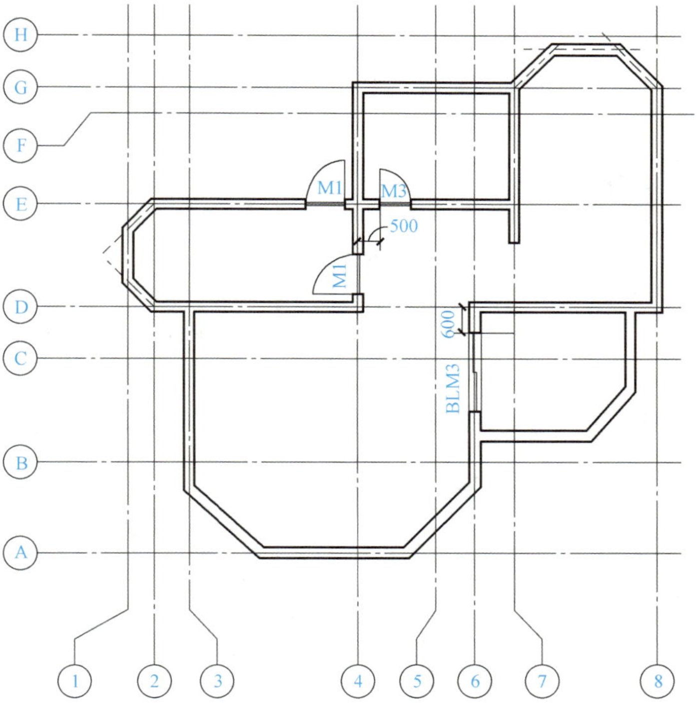

图 3.2-9

3.2.6 拓展训练

1. 铝合金门窗安装中，五金配件与门窗连接应采用（　　）。

A. 镀锌螺钉　　B. 射钉　　C. 普通螺栓　　D. 普通螺钉

2. 在门的类型属性对话框中，点击左下角的预览会出现预览视图，不包含以下哪种视图？（　　）

A. 三维视图　　B. 立面视图　　C. 天花板视图　　D. 剖面视图

任务 3.3 创建窗

3.3.1 工作任务

创建各房间的窗，并确定窗的各类参数。

3.3.2 任务分析

窗是建筑设计中最常见的构件。Revit 提供了窗工具，用于在项目中添加窗图元。窗必须放置于墙、屋顶等主体图元上，它可以自动识别墙体并且插入墙体构件上。Revit 样板中的名称和尺寸不一定和实际需要相同，特别是从库中载入的窗类型需要手动修改。

3.3.3 教师演示

［步骤-01］ 打开之前画好的模型文件，切换至楼层平面一层。

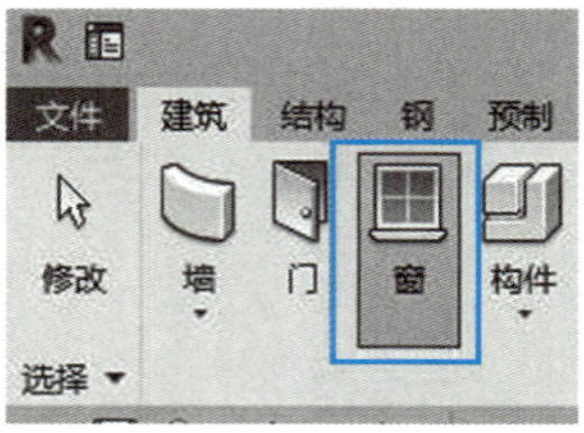

图 3.3-1

［步骤-02］ 在“建筑”选项卡“构件”找到“窗”，或者采用快捷键 WN，如图 3.3-1 所示，点击“载入族”，将族“C4”载入项目中，在属性面板中对“C4”进行“编辑类型”，根据 CAD 图纸中的门窗表将尺寸标注中宽度改为 1600、高度改为 2200，如图 3.3-2 所示，并将标识数据中“类型标记”改为“C4”，“默认窗台高度”改为 520 如图 3.3-3 所示，也可在属性限制条件下修改底高度为 520，如图 3.3-4 所示。窗类型 C4 即创建完毕。

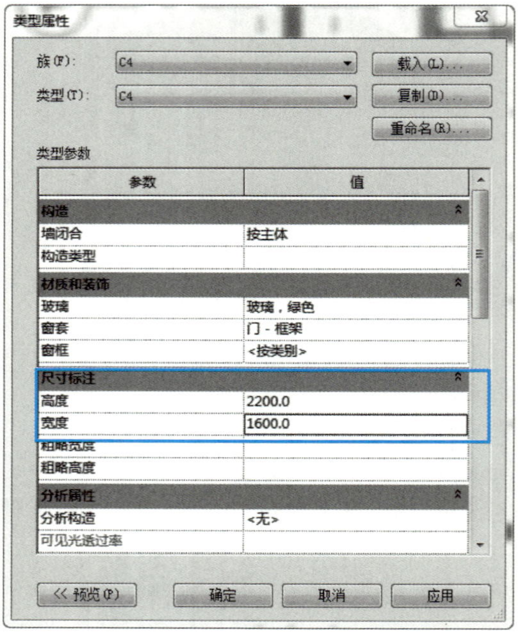

图 3.3-2

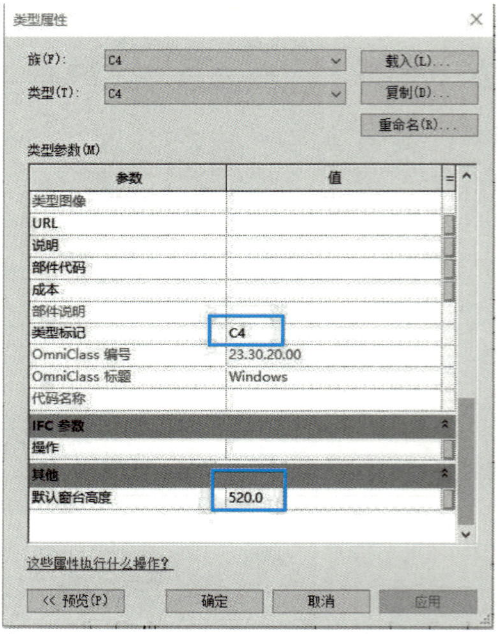

图 3.3-3

［步骤-03］ 根据 CAD 图纸一层平面图，可以知道 C4 在Ⓑ～Ⓒ轴的外墙上，在放置前，选择“在放置时进行标记”后，再放置到指定位置。

如方向不正确，可通过箭头⇆调节方向。根据图纸中 C4 距Ⓑ轴的距离为 400mm，可通过蓝色尺寸标注将距离输入为“400”，进行定位，如图 3.3-5 所示，“C4”即放置完毕。

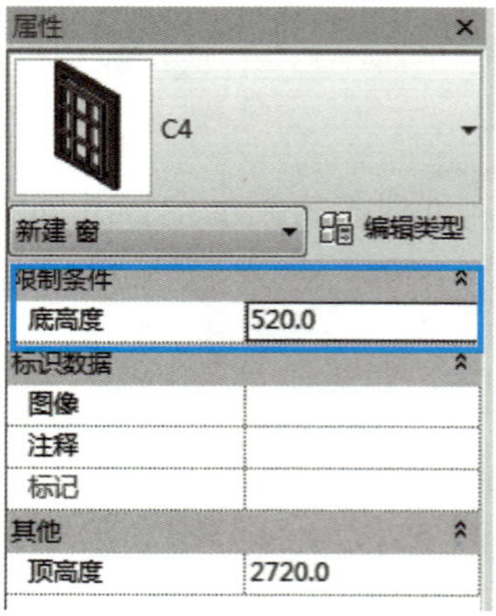

图 3.3-4

［步骤-04］ 一层窗 C5、C6、C7、C8、C11、C0707 的创建方法同 C4，根据 CAD 图纸对一层的窗进行放置，成果如图 3.3-6 所示。

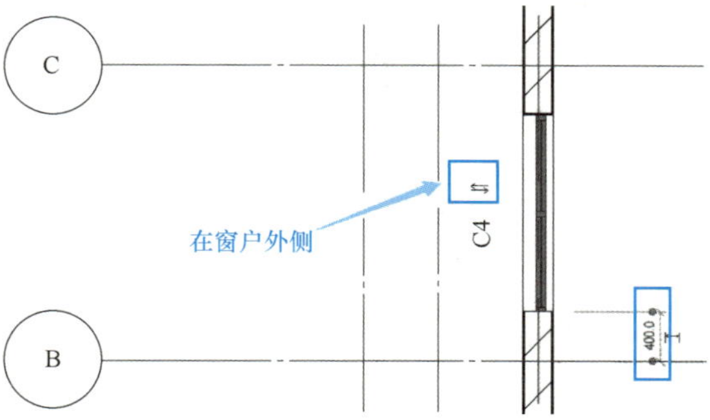

图 3.3-5

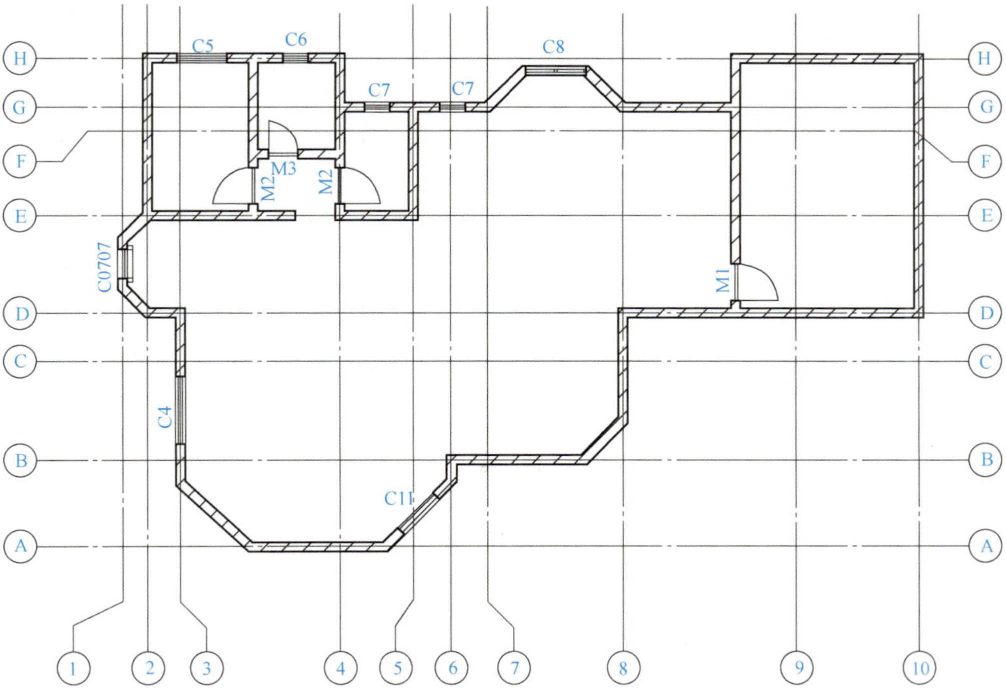

图 3.3-6

3.3.4　实践操作

同学们根据“3.3.3 教师演示”中的步骤，根据 CAD 图纸对窗 C9、C10、C13 进行创建，并将所有窗类型在二层、三层、四层进行放置，成果如图 3.3-7～图 3.3-9 所示。

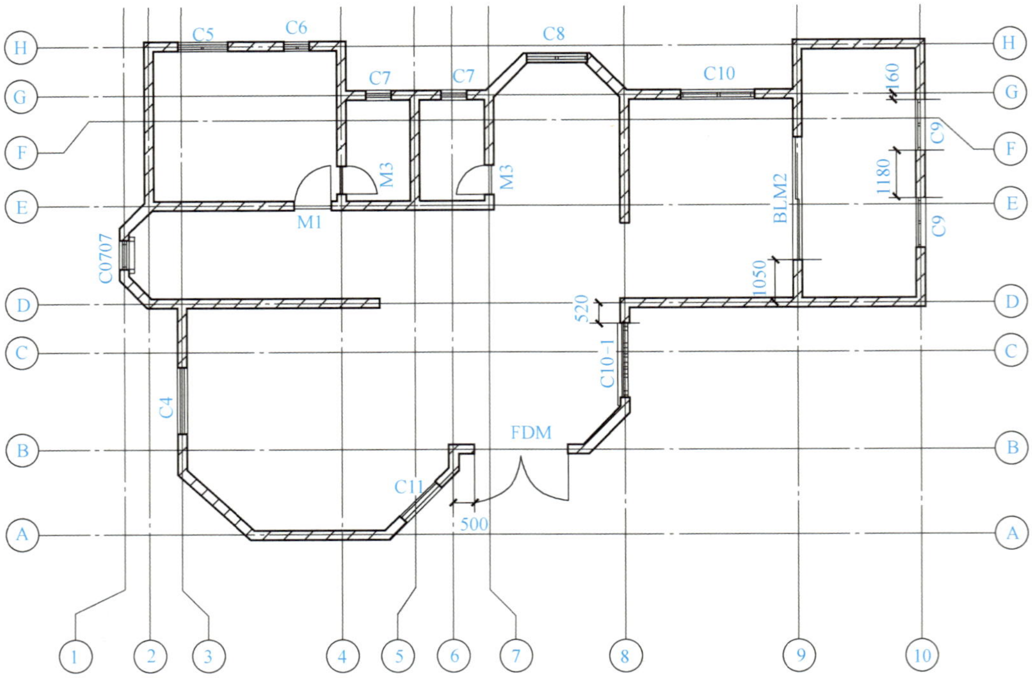
H
G
F
E
D
C
B
A
C5
C6
C7
C7
C8
C10
160
C9
1180
C9
M3
M3
M1
BLM2
C0707
1050
520
C10-1
C4
FDM
C11
500
1
2
3
4
5
6
7
8
9
10

图 3.3-7

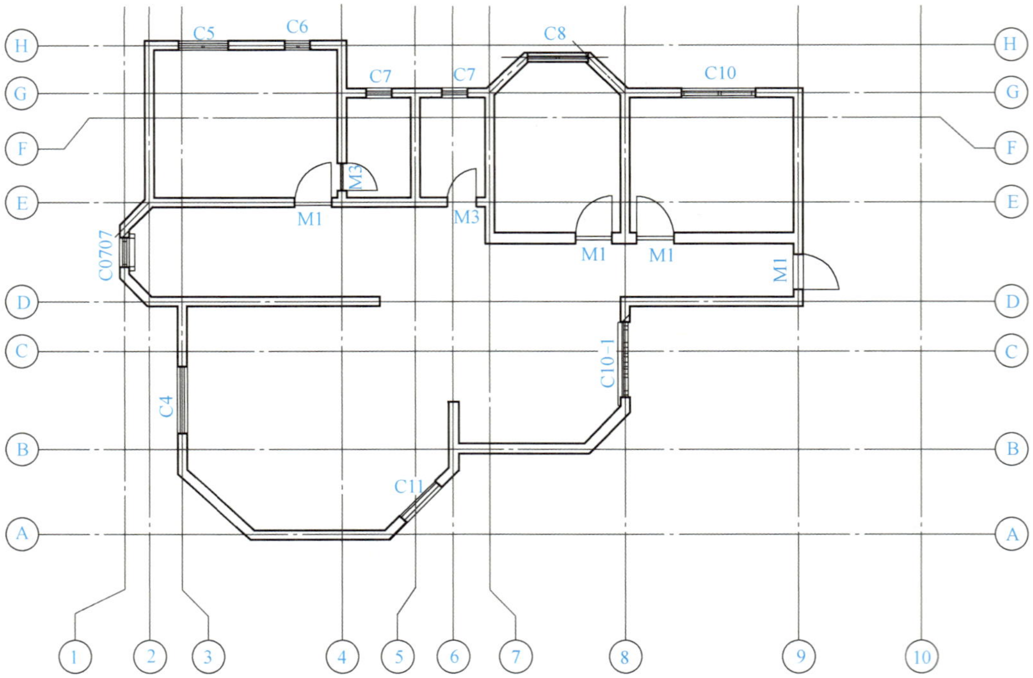
H
G
F
E
D
C
B
A
C5
C6
C7
C7
C8
C10
M3
M1
M3
M1
M1
M1
C0707
C10-1
C4
C11
1
2
3
4
5
6
7
8
9
10

图 3.3-8

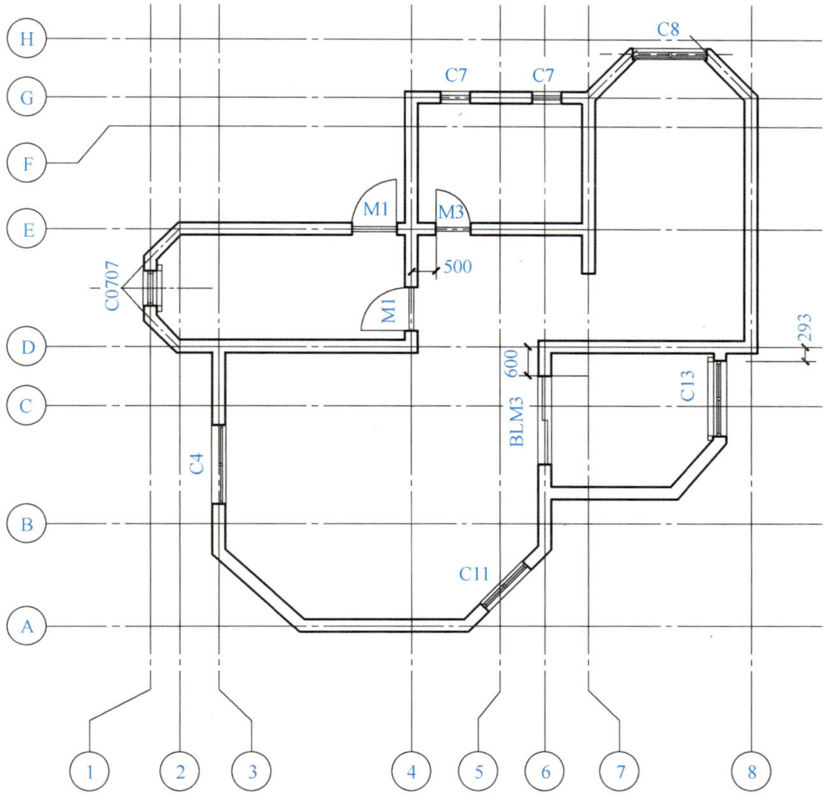

图 3.3-9

3.3.5 任务小结

在 Revit 中创建窗，首先要根据 CAD 图纸中的窗表，了解窗类型、尺寸、材质等参数并编辑相应窗图元，再根据图纸中的平面位置、底高度进行放置，见表 3.3-1。

窗表（单位：mm） 表 3.3-1

	名称	宽×高	离地高度
普通窗	C4	1600×2200	520
	C5	1200×1700	800
	C6	600×1700	800
	C7	600×1200	800
	C8	1500×2200	500
	C9	1200×2000	500
	C10	1800×2000	500
	C10-1	1800×2080	135
	C11	1200×2100	500
	C13	1500×2000	800
	C0707	700×700	700

任务 3.4 创建幕墙

3.4.1 工作任务

完成 A 别墅模型幕墙的创建及编辑。

3.4.2 任务分析

幕墙由三部分组成：幕墙嵌板、幕墙网格、幕墙竖梃，如图 3.4-1 所示。Revit 可根据图形的需要把幕墙划分成多个独立可控幕墙嵌板，并根据需要编辑成不同形状的轮廓。A 别墅项目中的幕墙主要分布在第三层的⑨轴线上和第四层的⑧轴线上。

3.4.3 教师演示

［步骤-01］ 在项目浏览器中，双击楼层平面三层，如图 3.4-2 所示。

［步骤-02］ 在建筑选项卡的墙体命令下选择墙：建筑，如图 3.4-3 所示。在属性栏里选中幕墙，如图 3.4-4 所示。

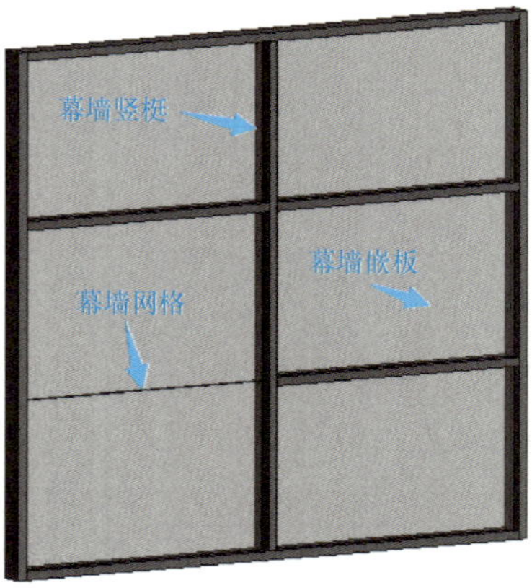

图 3.4-1

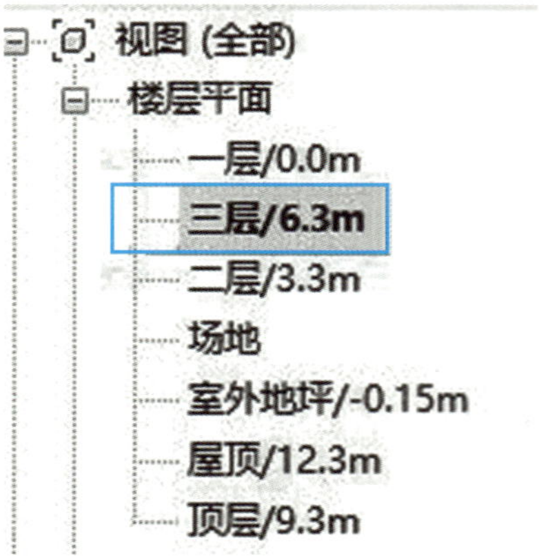

图 3.4-2

3-4 幕墙的定义及绘制

［步骤-03］ 点击“编辑类型”，进入“类型属性”截面，如图 3.4-5 所示。点击“复制”按钮，命名为“别墅第三层幕墙”，点击“确定”按钮，再点击“确定”按钮，如图 3.4-6 所示。

［步骤-04］ 检查限制条件是否正确，如图 3.4-7 所示。定位到⑨轴线的位置，并绘制幕墙，并且有⇆的一侧是外侧，如果方向不对，可以点击⇆切换方向，如图 3.4-8 所示。

［步骤-05］ 选中幕墙，点击“修改”选项卡下的“剪切”命令，如图 3.4-9 所示。点选⑨号轴的墙体，再点选幕墙，完成剪切，如图 3.4-10 所示。

图 3.4-3

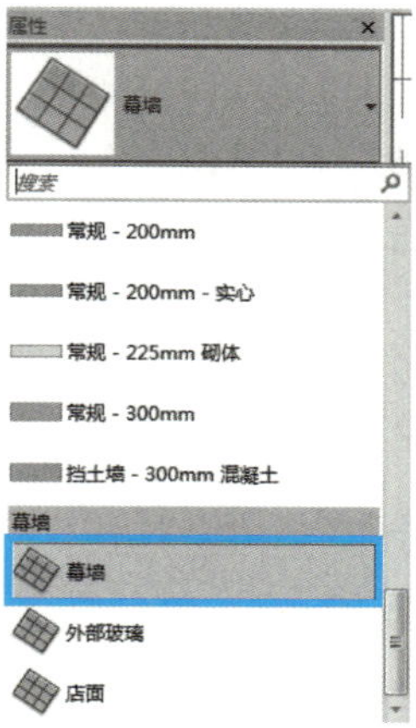

图 3.4-4

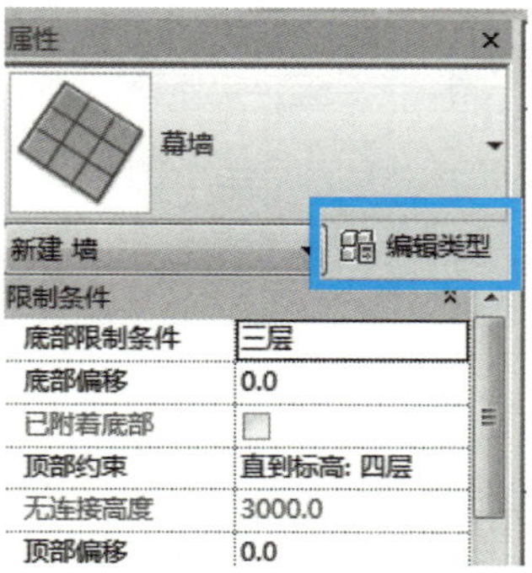

图 3.4-5

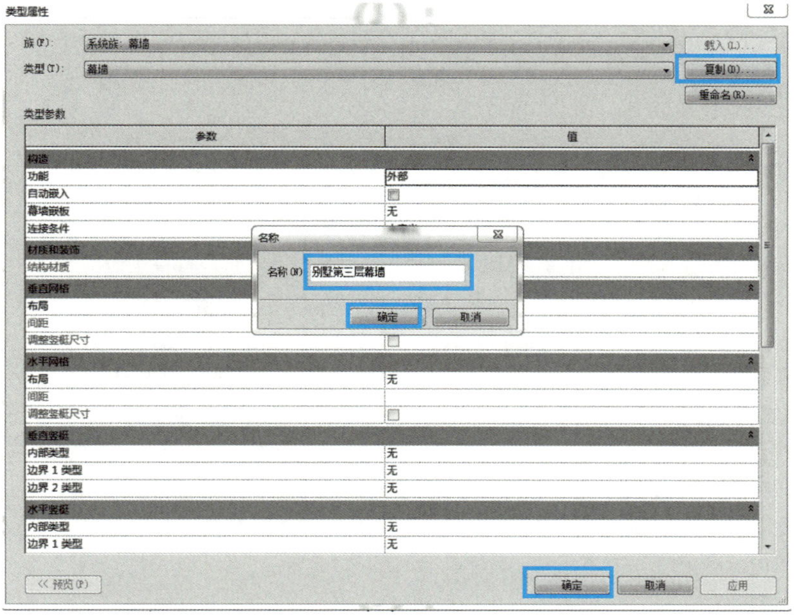

图 3.4-6

图 3.4-7

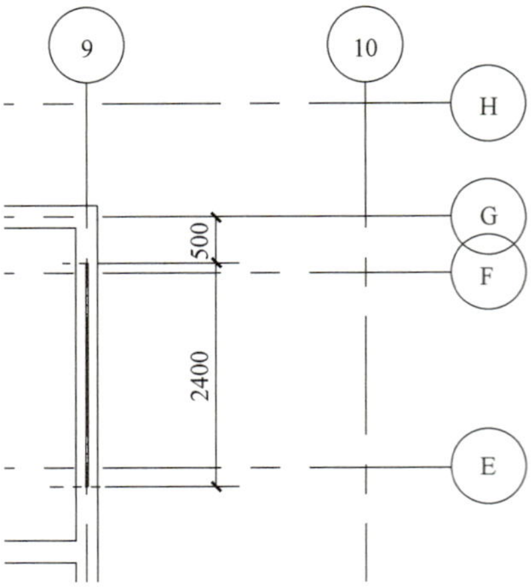

图 3.4-8

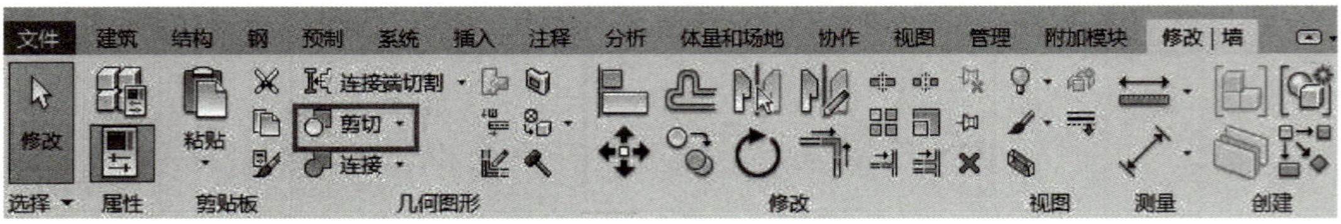

图 3.4-9

[步骤-06] 在项目浏览器中切换视图至东立面，如图 3.4-11 所示。选中刚才画好的幕墙，点击最下方视图控制栏中的按钮，在弹出的菜单中选择“隔离图元”命令，此时视图中只显示幕墙（或者选中幕墙，按快捷键 HI）。

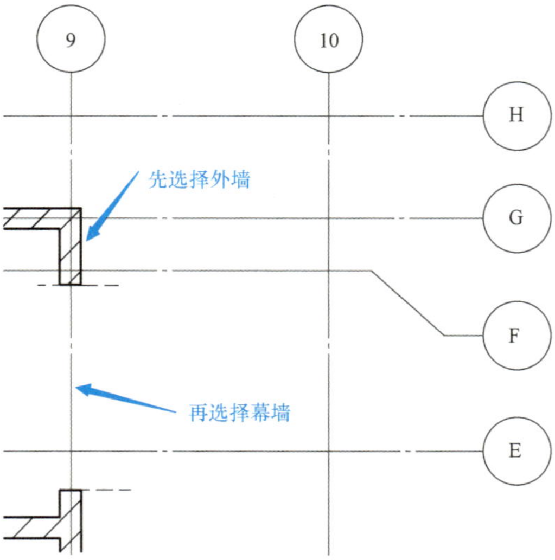

图 3.4-10

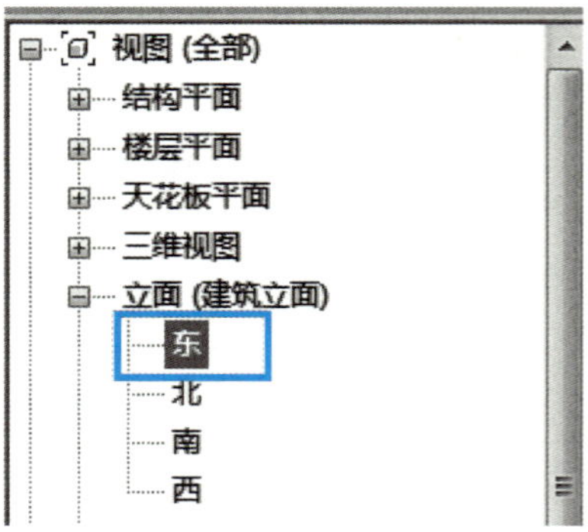

图 3.4-11

[步骤-07] 在建筑选项卡中选择“幕墙网格”命令，如图 3.4-12 所示。选择放置方式为“全部分段”，把鼠标放在幕墙的左边缘，寻找到离地高度“1300”的位置，点击鼠

标左键，如图 3.4-13 所示。以同样的操作方法绘制如图 3.4-14 所示的幕墙网格。

图 3.4-12

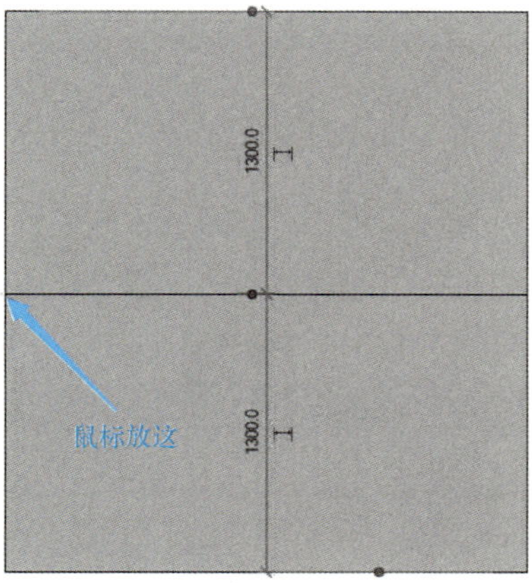

图 3.4-13

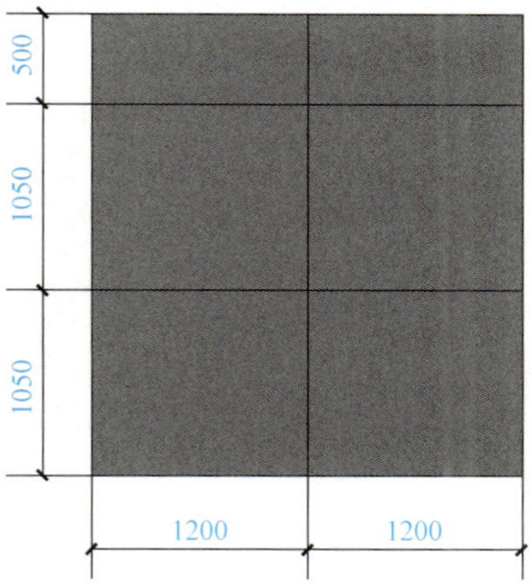

图 3.4-14

[步骤-08]　通过点击幕墙网格来选中其中一条网格线，如图 3.4-15 所示。选择修改选项卡下的“添加/删除线段”命令，如图 3.4-16 所示。用鼠标点击左侧网格线段，如图 3.4-17 所示，按 Esc 键退出，此时左侧的网格线段被删除，如图 3.4-18 所示。

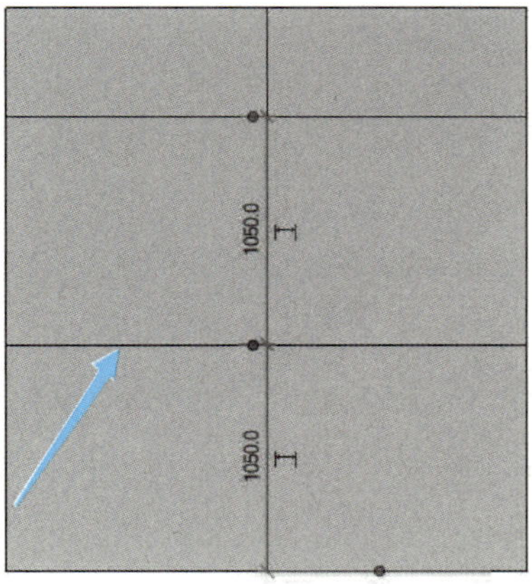

图 3.4-15

图 3.4-16

[步骤-09]　利用 Tab 键选中最左下角的嵌板，如图 3.4-19 所示。点击属性栏里面的“编辑类型”，进入类型编辑属性界面，如图 3.4-20 所示。点击“载入”按钮，如图 3.4-21 所示，找到“建筑”文件夹下的“幕墙”，打开文件夹里面的“门窗嵌板”，并选择“门嵌板_70-100，系列单扇地弹铝门”，点击“打开”按钮，如图 3.4-22 所示。

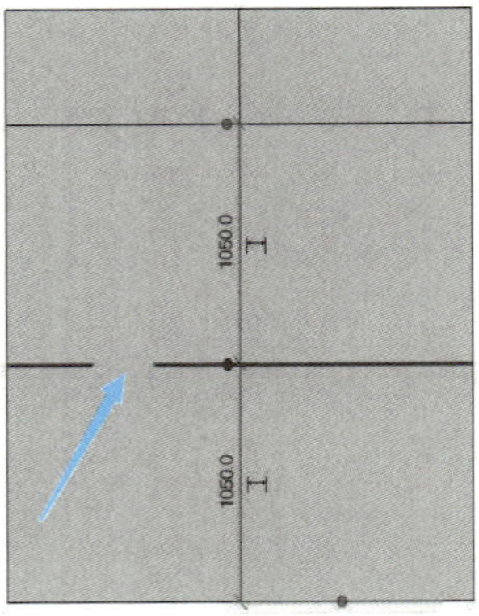

图 3. 4-17

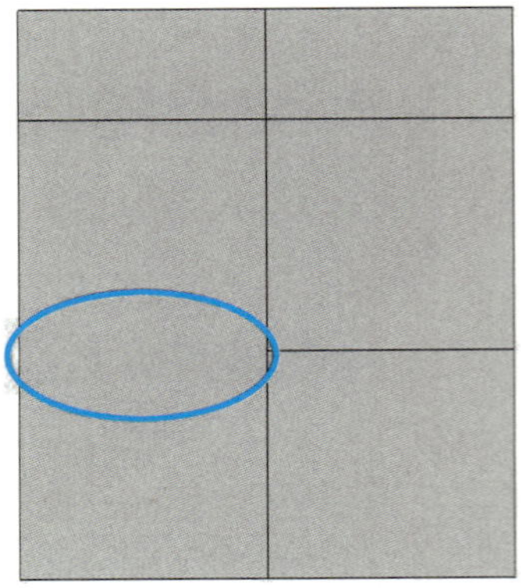

图 3. 4-18

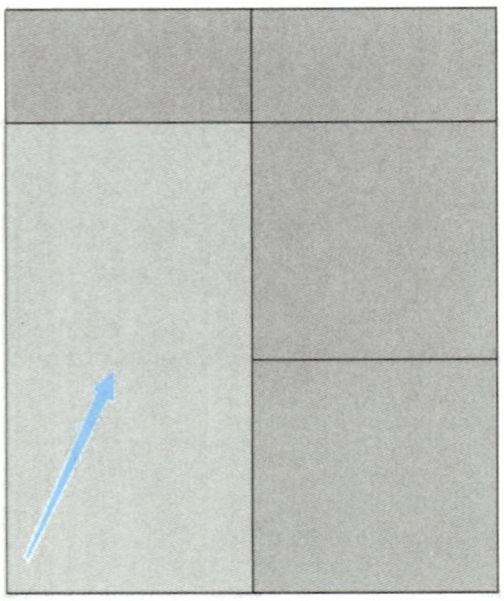

图 3. 4-19

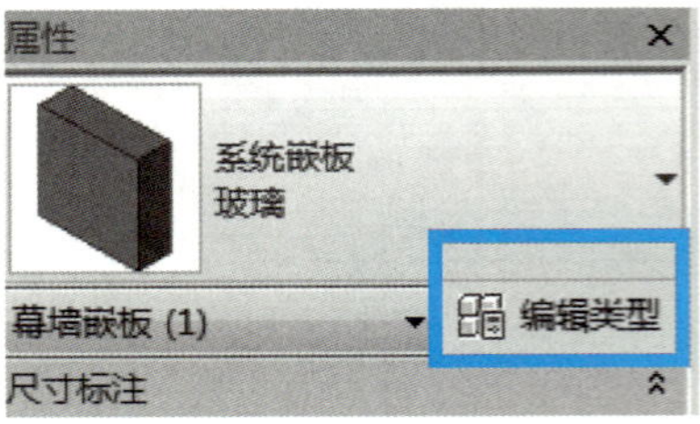

图 3. 4-20

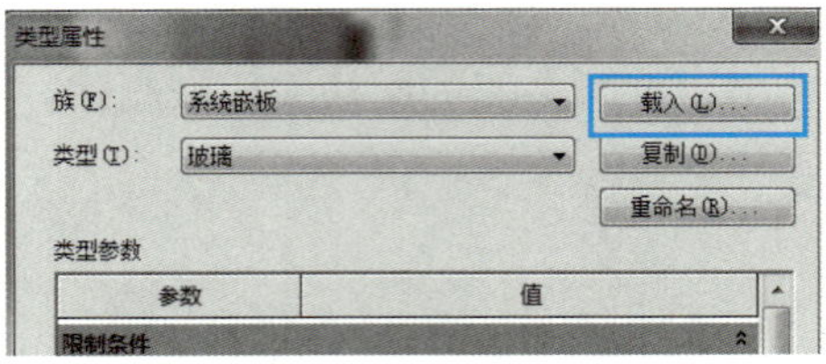

图 3. 4-21

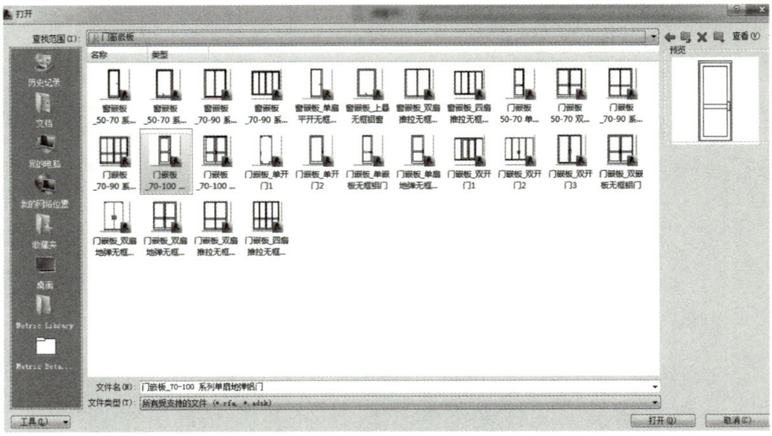

图 3. 4-22

点击“复制”按钮，把名称命名为“幕墙门”。点击“确定”按钮，再点“确定”按钮，如图 3.4-23 所示。

用同样的方法载入“窗嵌板 _ 上悬无框铝窗”，并放置在幕墙右侧的中间位置，结果如图 3.4-24 所示。

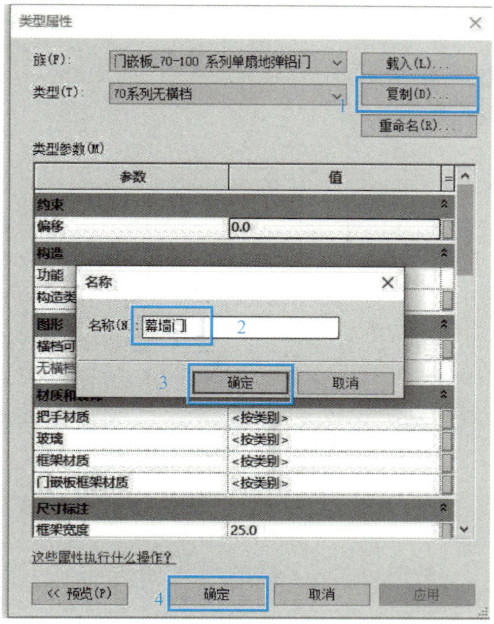

图 3.4-23

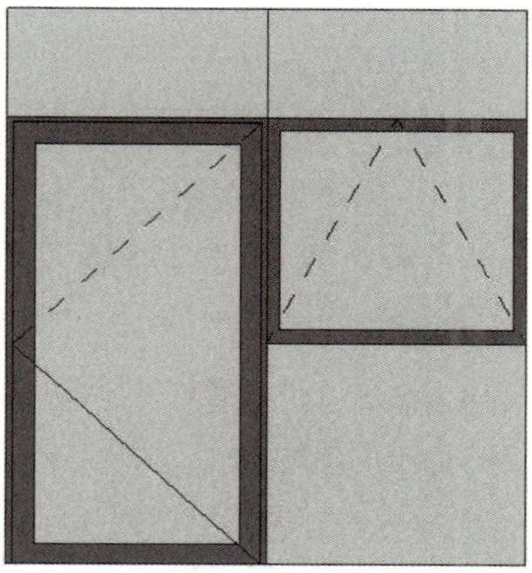

图 3.4-24

［步骤-10］ 点击“建筑”选项卡下边的“竖梃”命令，如图 3.4-25 所示。编辑竖梃类型，选择系统自带的“矩形竖梃 50×150mm”。选中“修改 | 放置竖梃”命令栏下的“全部网格线”，如图 3.4-26 所示。把鼠标放置在幕墙边缘，单击鼠标左键，此时可生成幕墙竖梃，如图 3.4-27 所示。点击最下方视图控制栏中的  按钮，在弹出的菜单中选择“重设临时隐藏/隔离”命令退出临时隐藏（或者直接按快捷键 HR）。至此，第三层的幕墙绘制完毕。

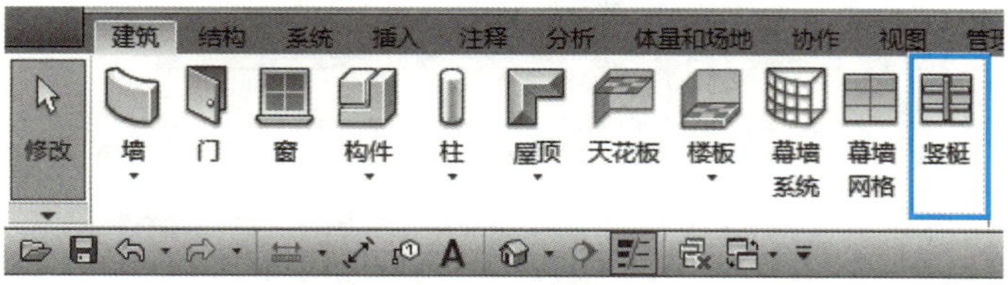

图 3.4-25

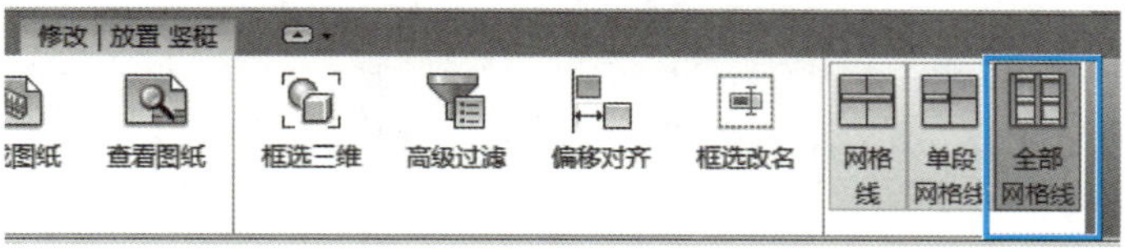

图 3.4-26

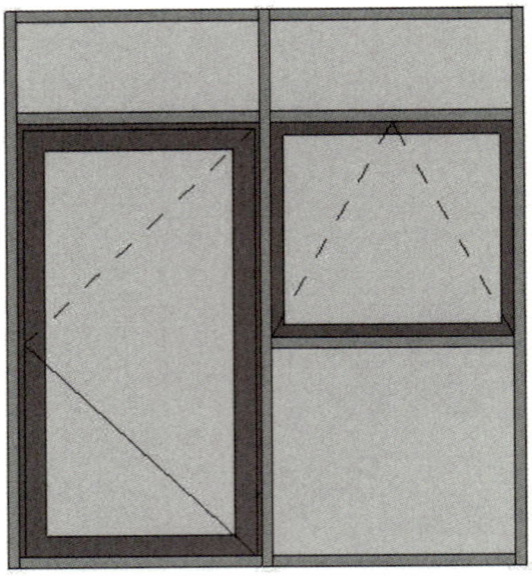

图 3.4-27

［步骤-11］ 切换楼层至顶层楼层平面，利用前面已经讲解的方法绘制⑧号轴线上的幕墙，编辑类型，复制“别墅第三层幕墙”命名为“别墅第四层幕墙”，修改属性里面的约束条件，底部约束为“顶层/9.3m”，顶部约束为“顶层/9.3m”，顶部偏移为“3000”如图 3.4-28 所示，利用绘制幕墙，成果如图 3.4-29 所示。利用三层幕墙的剪切方式剪切墙体（步骤-05），如图 3.4-30 所示。

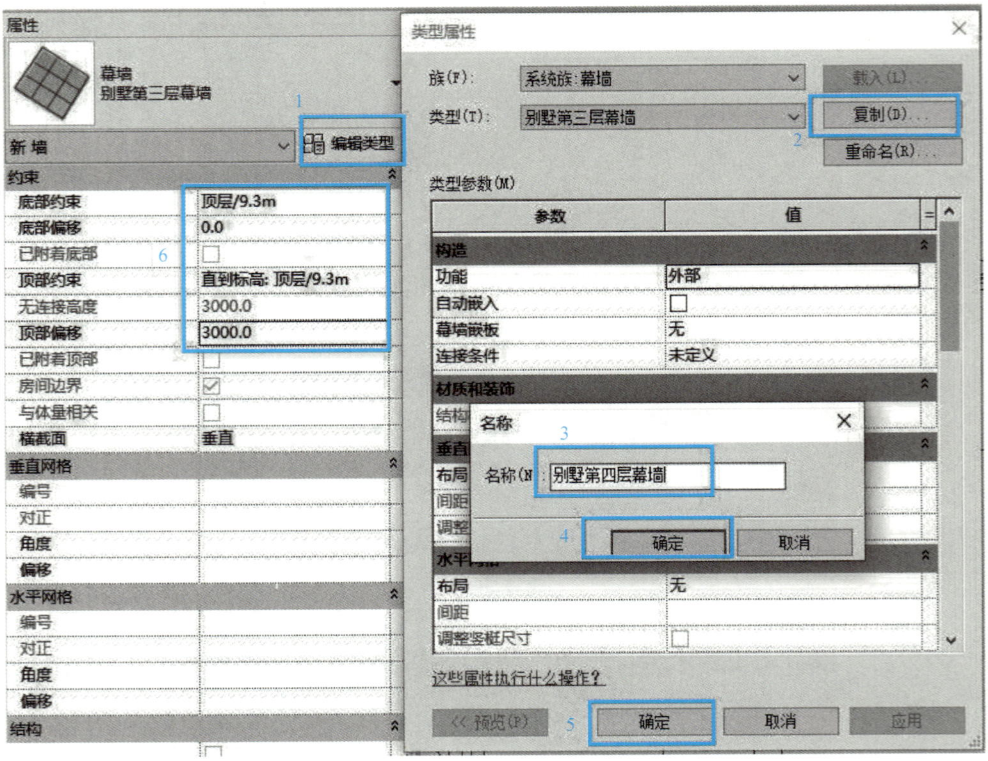

图 3.4-28

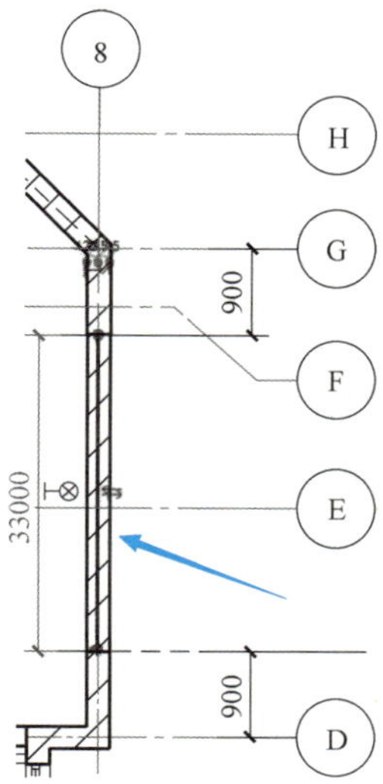

图 3.4-29

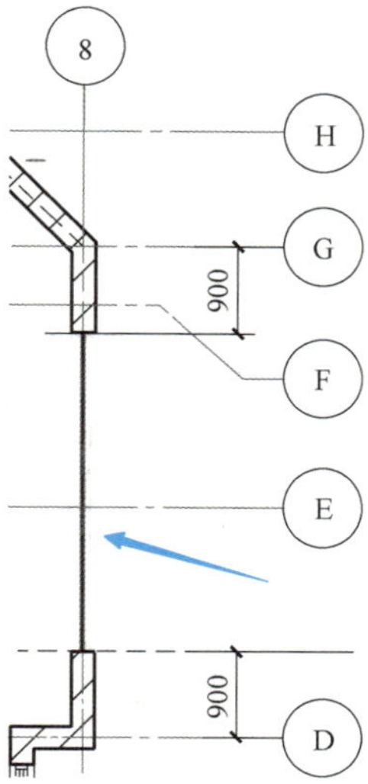

图 3.4-30

[步骤-12]　切换视图至东立面，临时隔离刚才绘制好的幕墙，并绘制幕墙网格线，绘制尺寸如图 3.4-31 所示。

利用前面讲解过的网格线的添加和删除，把网格线修改为如图 3.4-32 所示。

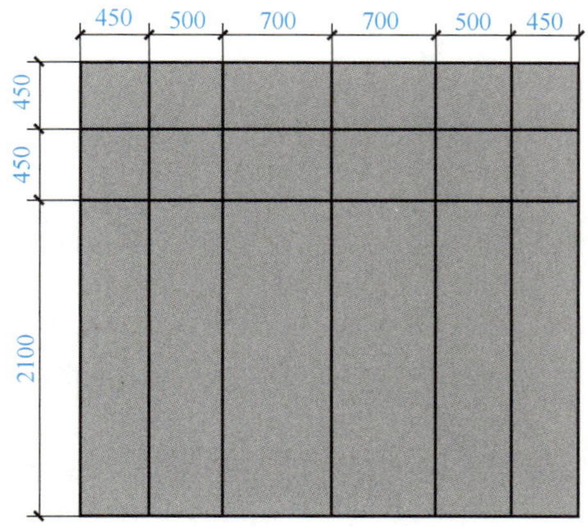

图 3.4-31

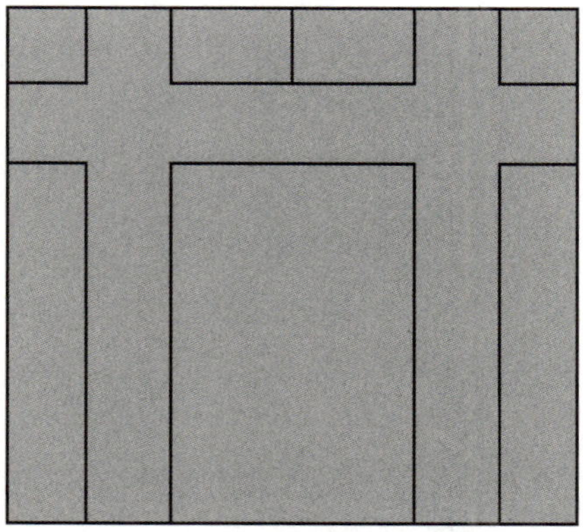

图 3.4-32

利用步骤-9 的方式完成“幕墙门第四层”的嵌入，如图 3.4-33 和图 3.4-34 所示。

[步骤-13]　利用 Tab 键选中如图 3.4-35 所示嵌板，点击属性里面的“编辑类型”，在类型属性里面“族”的位置选择“系统族：基本墙”，在“类型”里面选中“外墙”，如图 3.4-36 所示。点击“确定”按钮，生成模型如图 3.4-37 所示。

[步骤-14]　利用步骤-10 的方式生成幕墙竖梃，生成结果如图 3.4-38 所示。

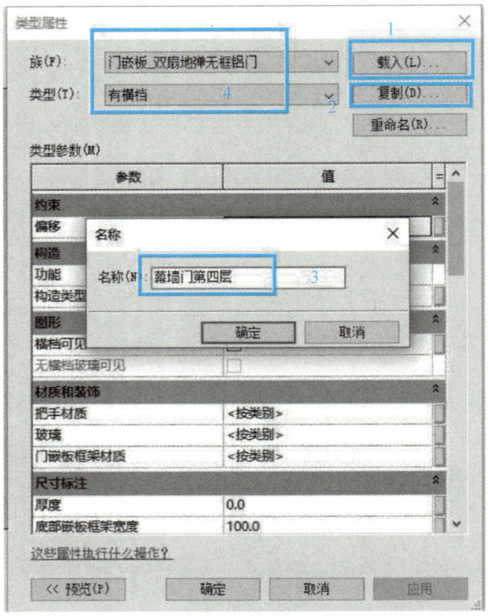

图 3.4-33

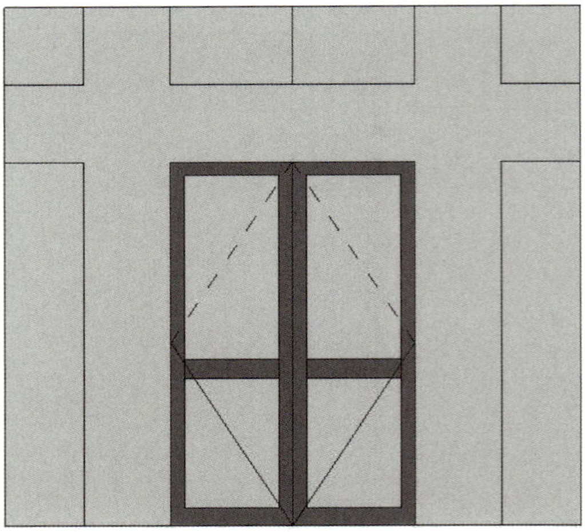

图 3.4-34

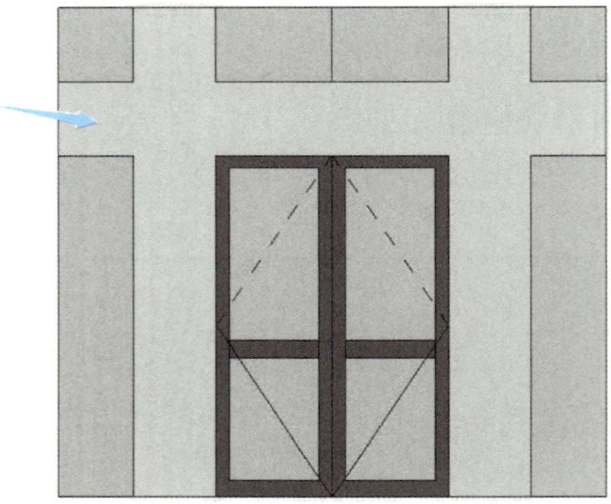

图 3.4-35

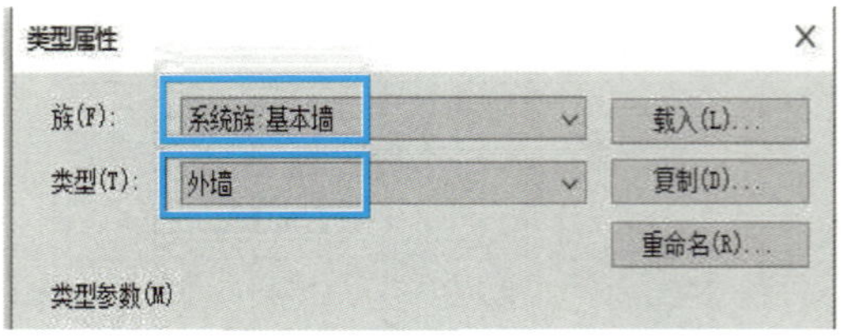

图 3.4-36

图 3.4-37

图 3.4-38

利用 Tab 键，选中箭头指向的竖梃，并按 Delete 键删除，如图 3.4-39 和图 3.4-40 所示。最后点击视图控制栏的按钮，选择弹出菜单栏的“重设临时隐藏/隔离”命令。此时，幕墙绘制完毕。

图 3.4-39

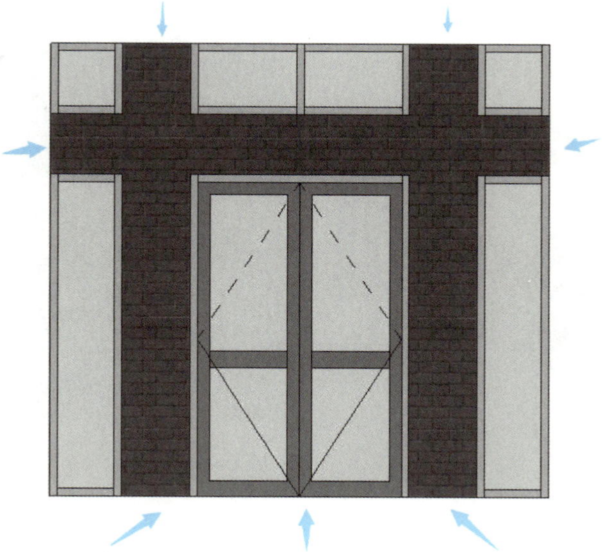

图 3.4-40

3.4.4　实践操作

同学们根据“3.4.4 教师演示”中的步骤完成两处幕墙的创建。

3.4.5　课堂小结

在软件中利用幕墙网格、幕墙嵌板和幕墙竖梃完成两处露台幕墙的绘制，使得建筑的外观更加靓丽、采光更加舒适。

3.4.6 拓展训练

利用幕墙嵌板绘制不同类型的嵌板。

任务 3.5 创建楼梯、扶手

3.5.1 工作任务

使用楼梯工具完成室内室外楼梯的创建，利用坡道工具完成室内外地坪的连接，运用栏杆扶手命名完成对楼梯、平台处的栏杆扶手的绘制。

3.5.2 任务分析

楼梯由梯段和栏杆扶手组成，在 Revit 中可以根据需要绘制不同形状的楼梯，并生成相应的栏杆扶手。本任务中主要涉及室内、室外的楼梯，以及室外的坡道。栏杆主要由立柱、扶手、嵌板组成，如图 3.5-1 所示。本任务涉及多个平台处的栏杆扶手，如图 3.5-2 所示。

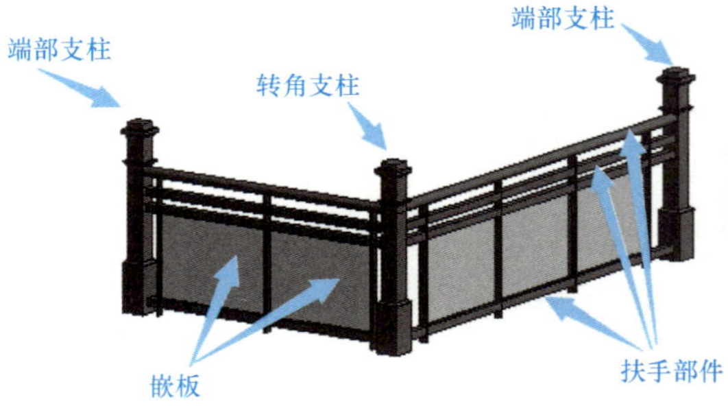

图 3.5-1

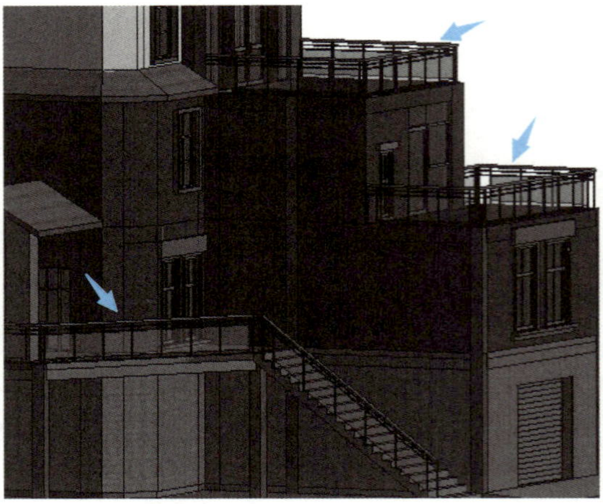

图 3.5-2

3.5.3 教师演示

3-5 室内楼梯的定义及绘制

1. 室内楼梯

［步骤-01］ 切换楼层至“一层/0.0m”平面视图，适当缩放视图至Ⓔ和①轴线处，用快捷键 RP 或者选中建筑选项卡下的按钮，绘制参照平面，如图 3.5-3 所示。选中“建筑”选项卡下的“楼梯”命令下的“楼梯（按构件）”，如图 3.5-4 所示。

［步骤-02］ 在属性栏里选择“现场浇筑楼梯”，点击“编辑类型”命令如图 3.5-5 所示，进入“类型属性”对话框，并对相关参数进行设置，点击“梯段类型”后面的浏览按

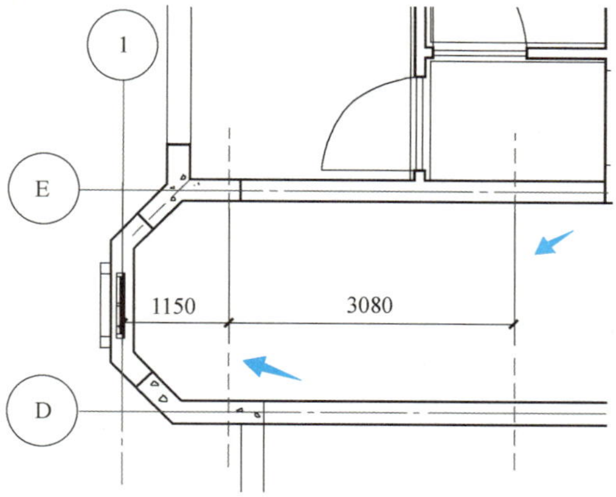

图 3.5-3

图 3.5-4

钮，如图 3.5-6 所示。复制一个“120mm 结构深度”，如图 3.5-7 所示，点击“确定”，再修改“结构深度”为“120.0”，修改“整体式材质”为“钢筋混凝土”，点击“确定”，如图 3.5-8 所示。同理，修改“平台类型”为“100mm 厚度”、“整体式材质”为“钢筋混凝土”，如图 3.5-9 所示。点击“确定”退出编辑类型。

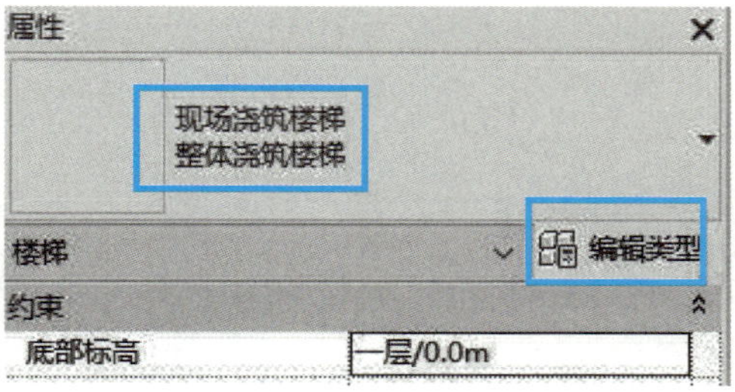

图 3.5-5

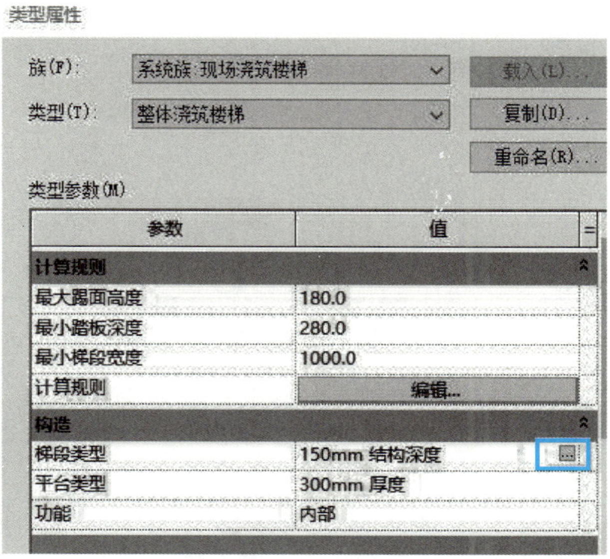

图 3.5-6

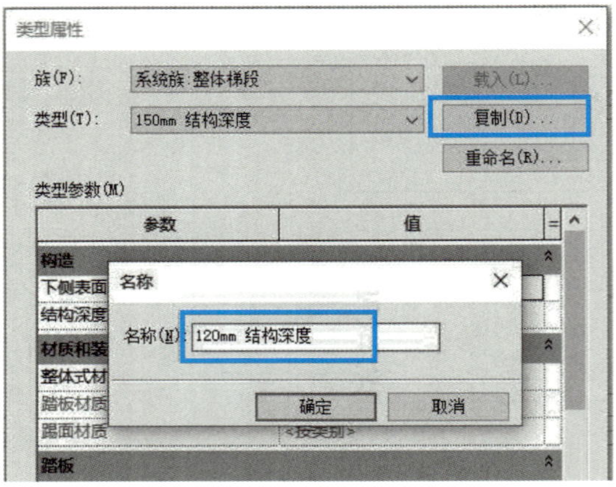

图 3.5-7

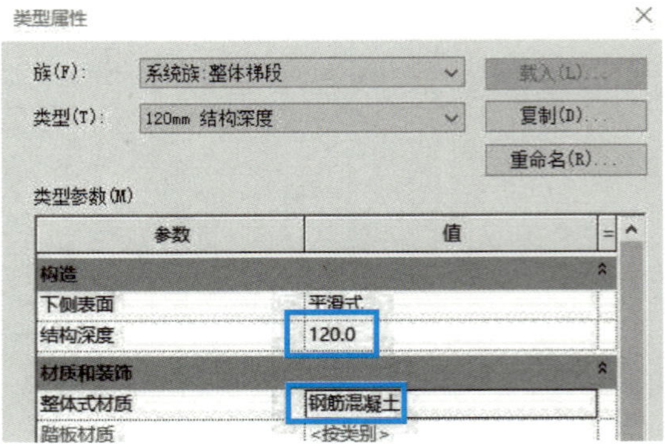

图 3.5-8

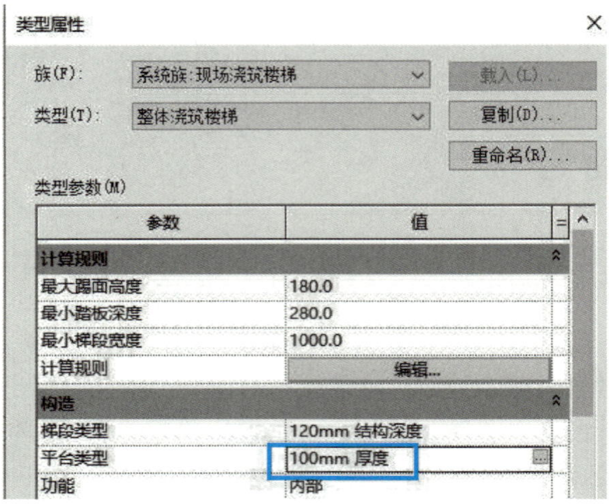

图 3.5-9

选择“修改|创建楼梯”下的“梯段”命令，如图 3.5-10 所示。设置选项栏里的“定位线”为“梯段：右”，“实际梯段宽度”设为“1005.0”，并勾选“自动平台”，如图 3.5-11 所示。在属性栏里面进行条件限制的修改以及尺寸的修改，如图 3.5-12 所示。

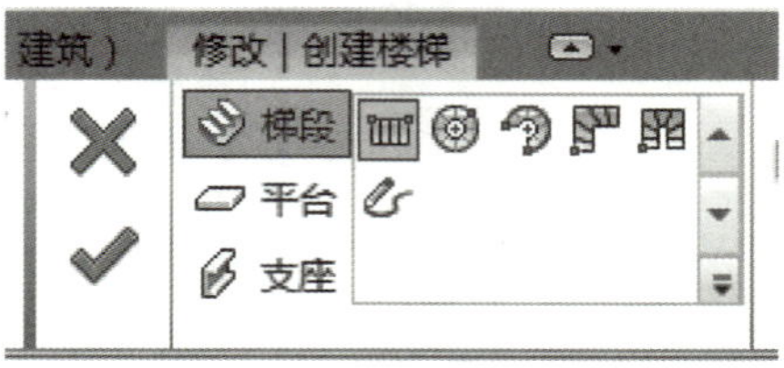

图 3.5-10

图 3.5-11

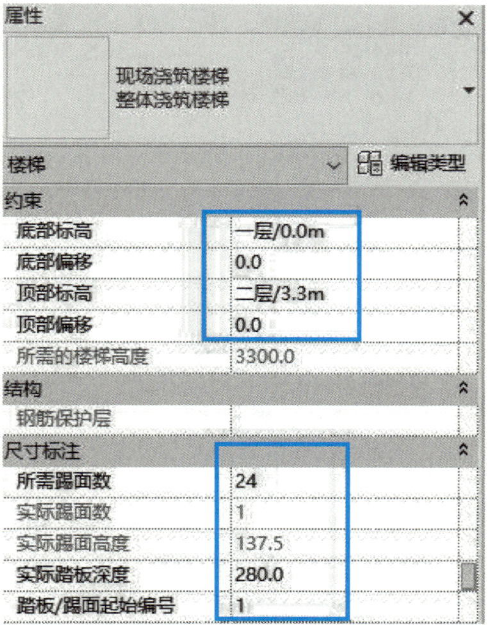

图 3.5-12

［步骤-03］　把鼠标放置右侧辅助线的上侧，绘制楼梯，绘制出如图 3.5-13 所示的楼梯，并选中平台部分。点击“修改|创建楼梯”下的“转换”命令，如图 3.5-14 所示。再点击“修改|创建楼梯”下的“编辑草图”命令，如图 3.5-15 所示。

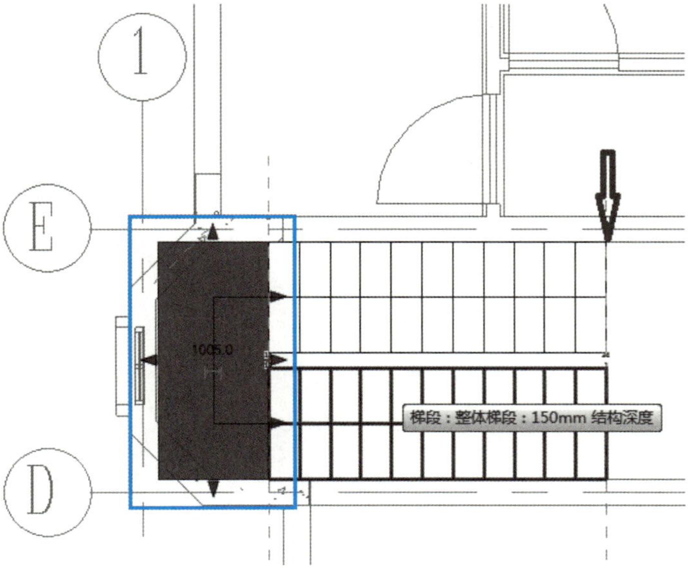

图 3.5-13

用“拾取线”的方式拾取平台边缘的墙线，并用“修剪”命令完成平台草图的编辑，如图 3.5-16 所示。编辑成果如图 3.5-17 所示，再点击 ✔ 按钮，完成草图编辑。同理绘制其他层的室内楼梯。

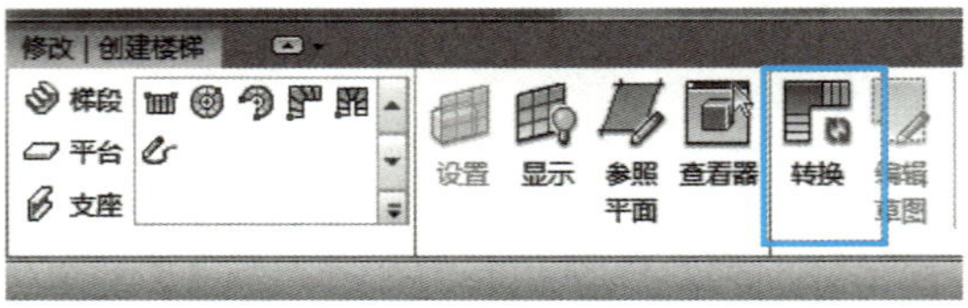

图 3.5-14

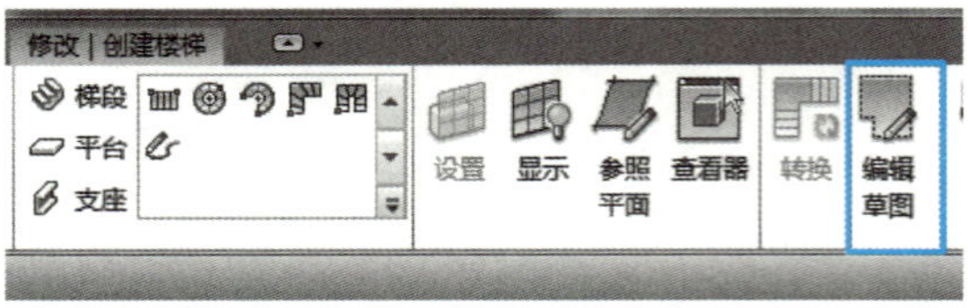

图 3.5-15

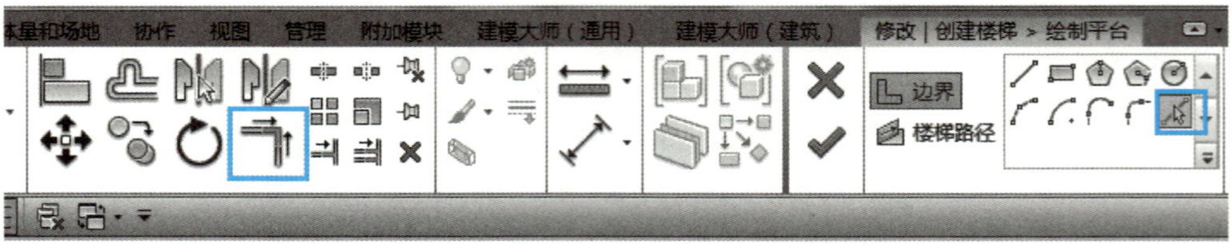

图 3.5-16

［步骤-04］ 点击“修改|创建楼梯”下的“栏杆扶手”命令，进入栏杆扶手编辑界面，按图 3.5-18 进行设置，单击“确定”按钮，再点击按钮，完成室内一层楼梯的绘制。

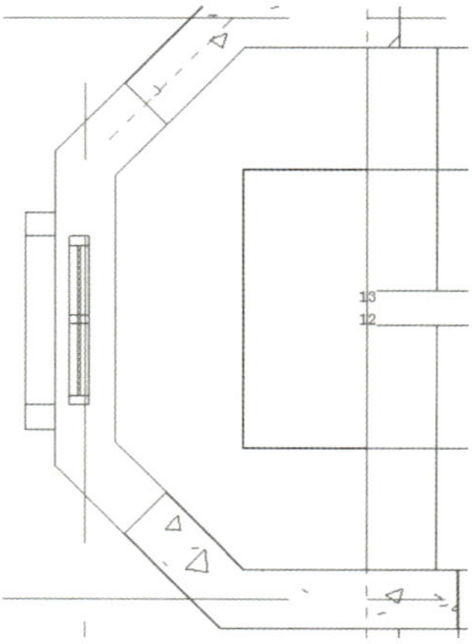

图 3.5-17

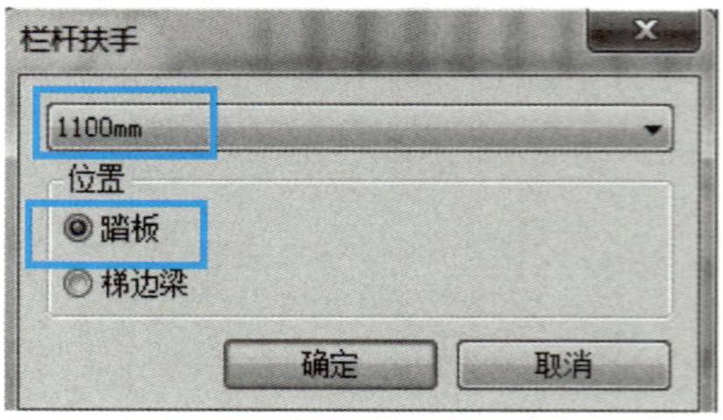

图 3.5-18

2. 室外楼梯

［步骤-01］ 把视图适当缩放至一层平面视图的⑩轴和Ⓒ轴交接处，做两个参照平面，具体定位如图 3.5-19 所示。

3-6 室外楼梯的定义及绘制

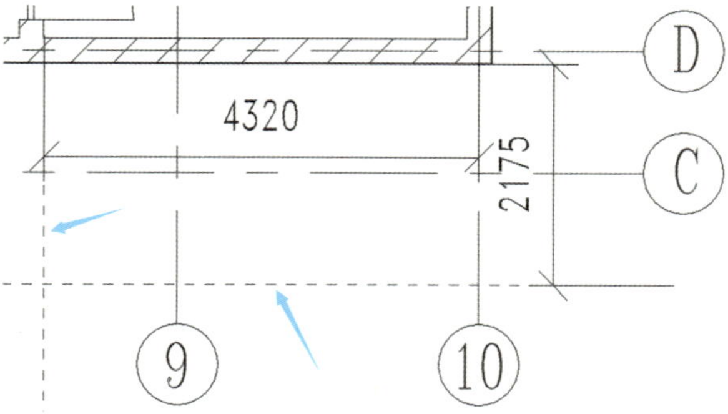

图 3.5-19

［步骤-02］ 选中“建筑”选项卡下的“楼梯”，选中“楼梯（按草图）”命令，如图 3.5-20 所示。在属性栏里面点击“编辑类型”按钮，进入“类型属性”界面，修改相应数据，如图 3.5-21 所示，点击“确定”按钮。对属性栏里面的尺寸标注进行设置，如图 3.5-22 所示。

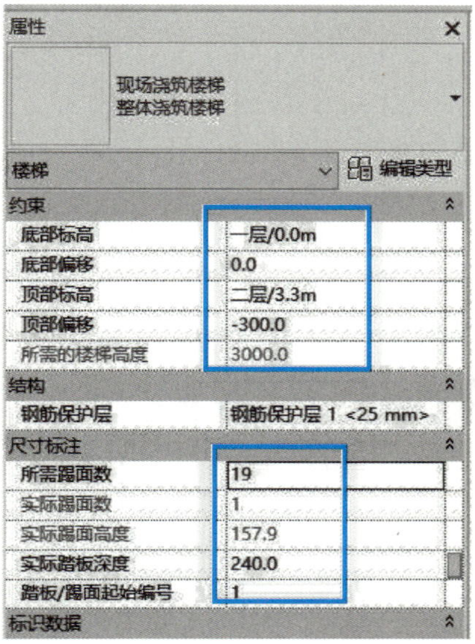

图 3.5-20

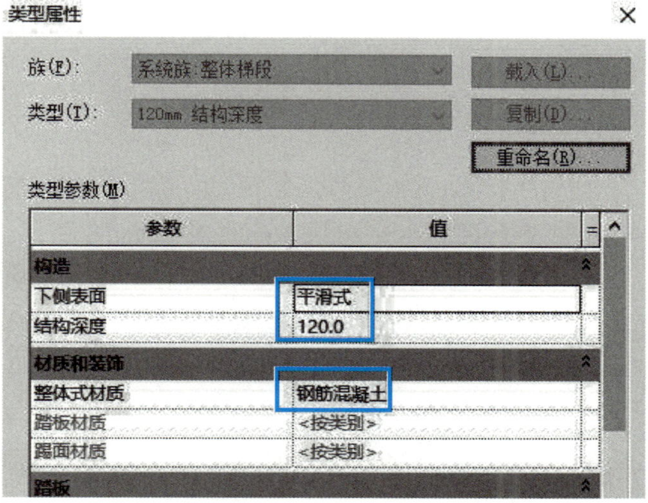

图 3.5-21

［步骤-03］ 选择“修改|创建楼梯>绘制梯段”命令下的“边界”-“直线”命令，如图 3.5-23 所示。绘制边界线，效果如图 3.5-24 所示。选择“修改|创建楼梯>绘制梯段”命令下的“踢面”“直线”命令，如图 3.5-25 所示。按照箭头所示的方向绘制“踢面”，绘制成果如图 3.5-26 所示。选择“修改|创建楼梯>绘制梯段”命令下的“楼梯路径”-“直线”命令，如图 3.5-27 所示。绘制好楼梯路径效果如图 3.5-28 所示，点击✔按钮。

图 3.5-22

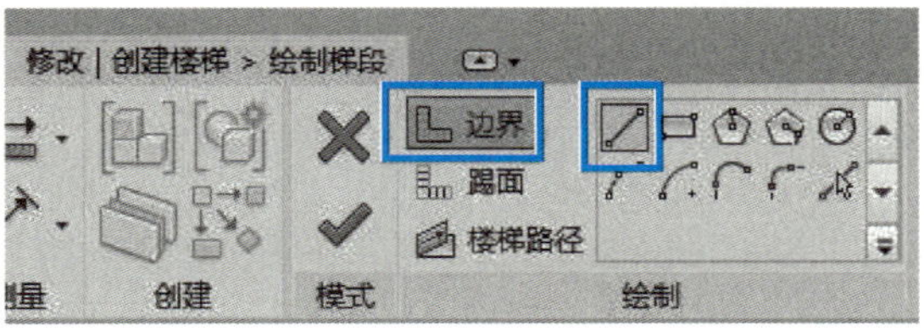

图 3.5-23

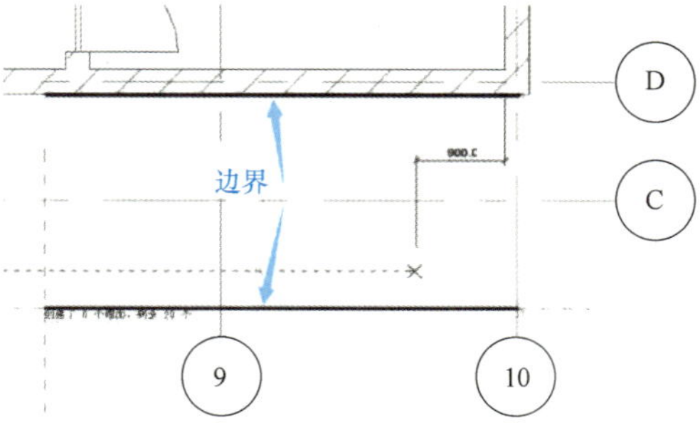

图 3.5-24

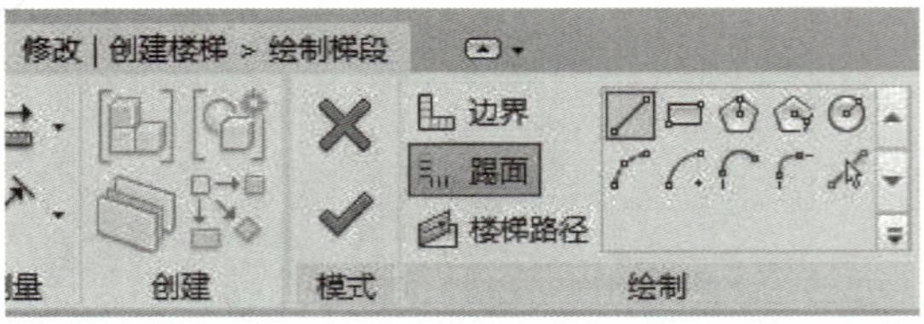

图 3.5-25

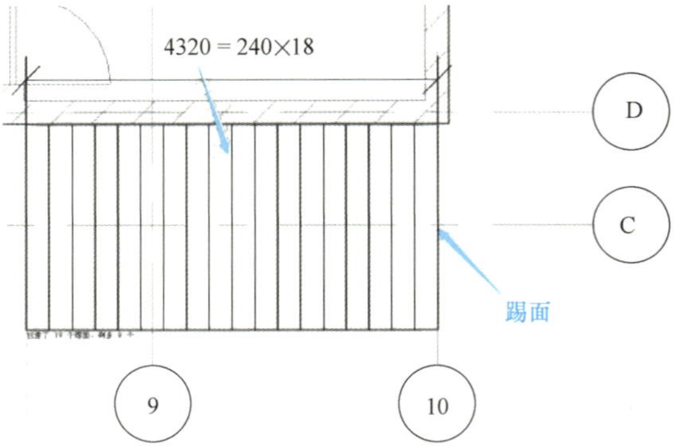

图 3.5-26

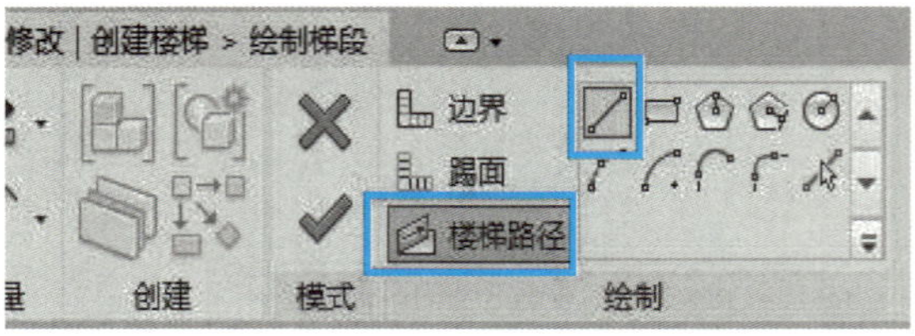

图 3.5-27

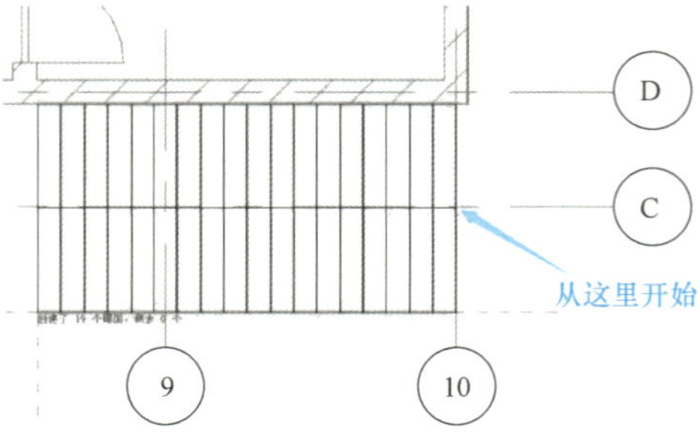

图 3.5-28

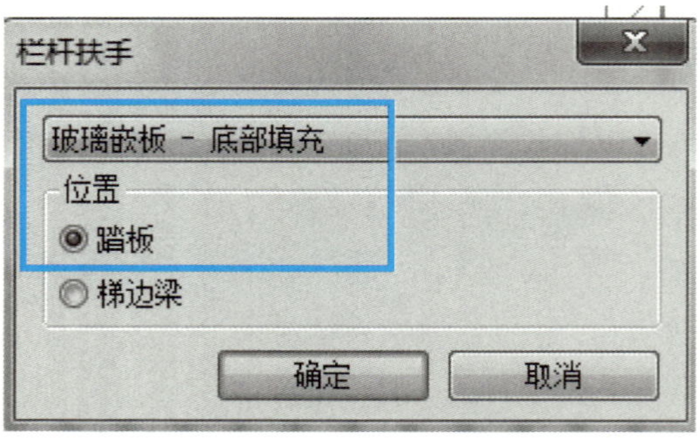

图 3.5-29

［步骤-04］ 选择“修改|创建楼梯”选项卡下的“拉杆扶手”命令，并进行如图 3.5-29 所示的设置。点击✔按钮完成草图编辑。选中箭头指向的栏杆，并删除此栏杆，如图 3.5-30 所示。至此，完成室外楼梯的绘制。

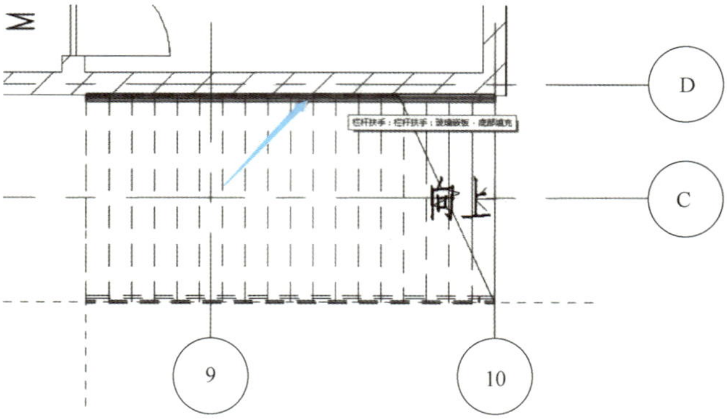

图 3.5-30

3. 室外坡道

［步骤-01］　切换楼层至“室外地坪平面/－0.15m”平面视图，把视图适当缩放至⑩号轴和Ⓓ、Ⓗ号轴的交界处，参照平面作两个辅助平面，如图3.5-31所示。

［步骤-02］　选中“建筑”选项卡下的“坡道”，如图3.5-32所示，点击属性栏的“编辑类型”，进入“类型属性”界面。选中“复制”按钮，输入“室外坡道”，“造型”参数选择“实体”、“功能”参数选择“外部”、“材质”选择“钢筋混凝土”，点击“确定”按钮，如图3.5-33所示。修改属性栏里面坡道的限制条件和尺寸，如图3.5-34所示。

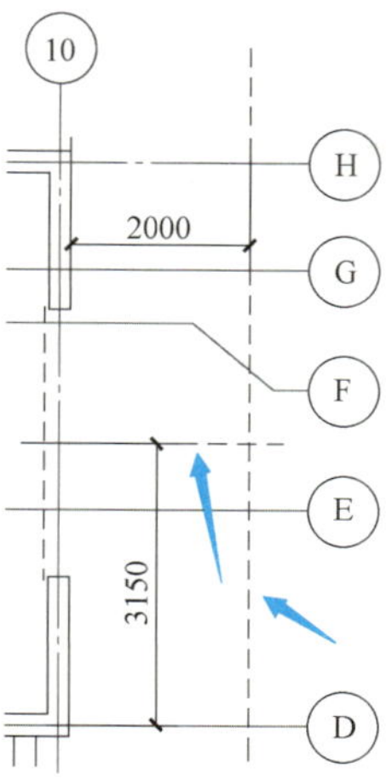

图3.5-31

3-7 室外坡道的定义及绘制

图3.5-32

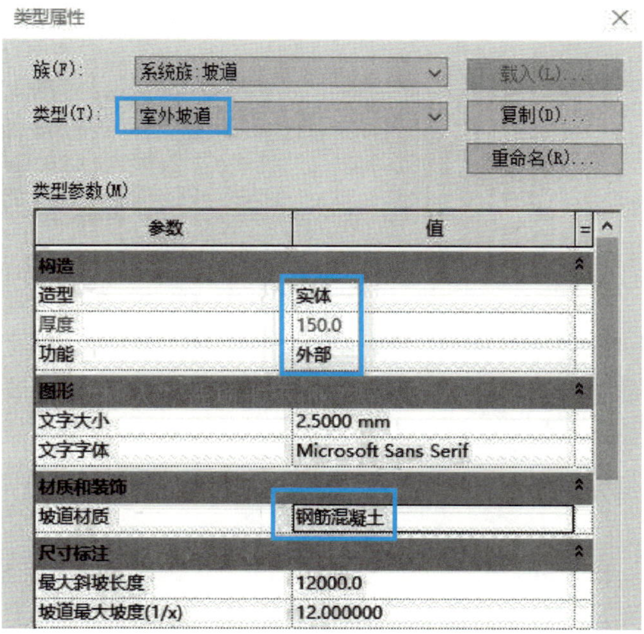

图3.5-33

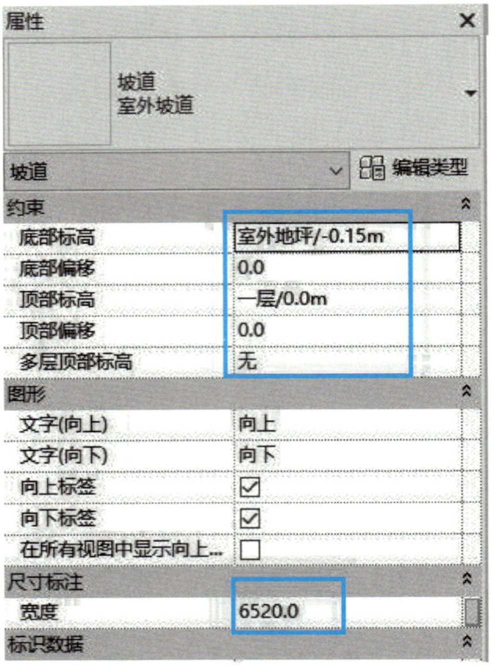

图 3.5-34

［步骤-03］ 选择“修改|创建坡道草图”选项卡下的“梯段”“直线”命令，如图 3.5-35 所示。把鼠标放置在参考平面和外墙的交接处，绘制坡道，输入“2000”的坡道长度，如图 3.5-36 所示。

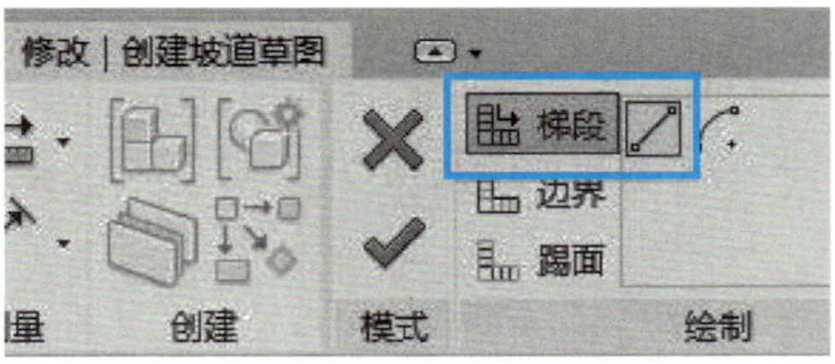

图 3.5-35

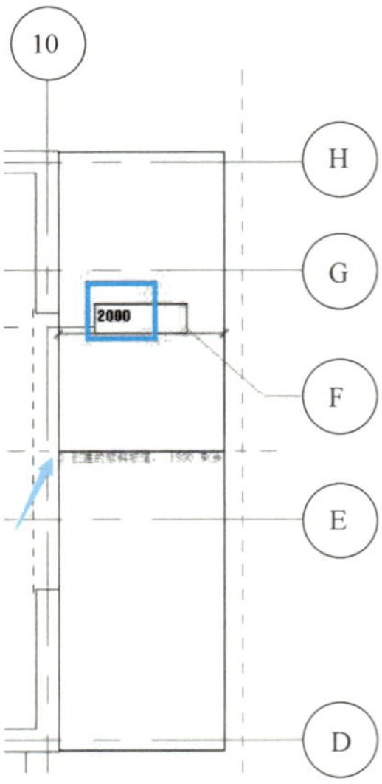

图 3.5-36

［步骤-04］ 选择“修改|创建坡道草图”选项卡下的“栏杆扶手”命令，如图 3.5-37 所示，进入栏杆扶手界面，选择“无”，点击“确定”按钮，如图 3.5-38 所示。再点击✔按钮，完成绘制。检查坡道的方向和尺寸，如果方向错误，可以点击方向交换

按钮来完成方向的修改，如图 3.5-39 所示。至此，坡道绘制完毕。

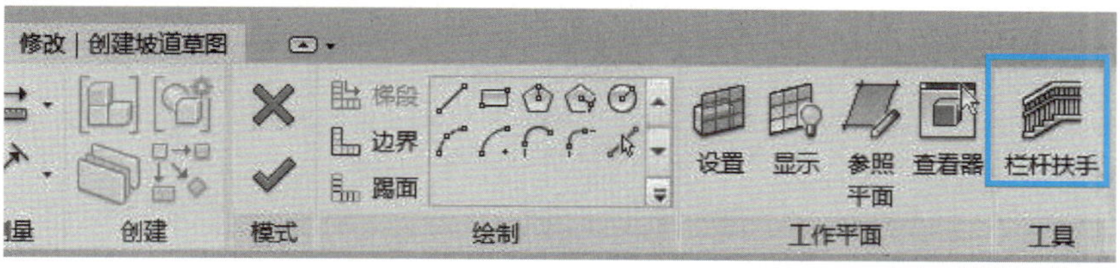

图 3.5-37

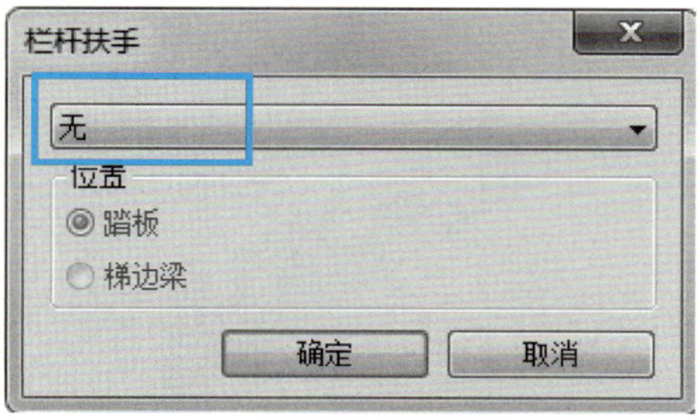

图 3.5-38

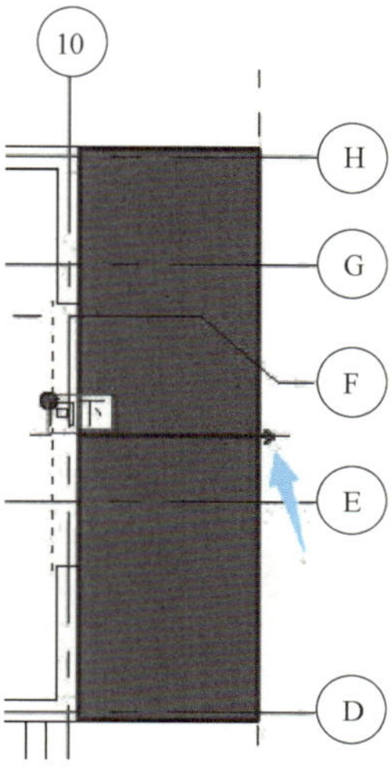

图 3.5-39

4. 栏杆扶手

[步骤-01] 切换楼层至“二层/3.3m”平面视图，把视图适当缩放至⑤～⑩号轴和Ⓐ～Ⓓ号轴的交界处，显示前面绘制的楼板，选中室外楼梯上的栏杆，如图 3.5-40 所示，双击栏杆，进入编辑界面。选择“修改 | 绘制路径”选项卡下的“直线”命令，如图 3.5-41 所示。

3-8 栏杆扶手的定义及绘制

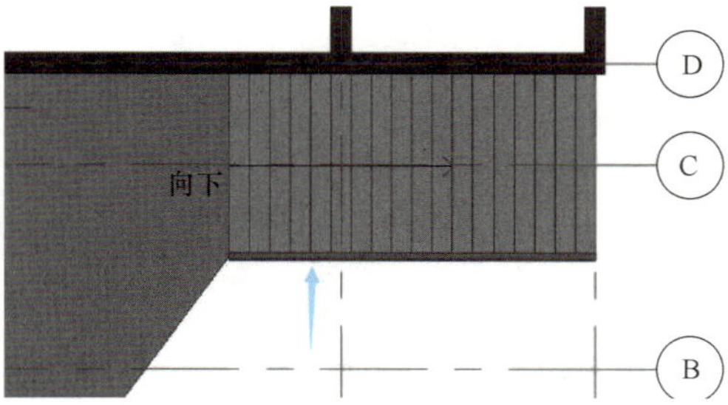

图 3.5-40

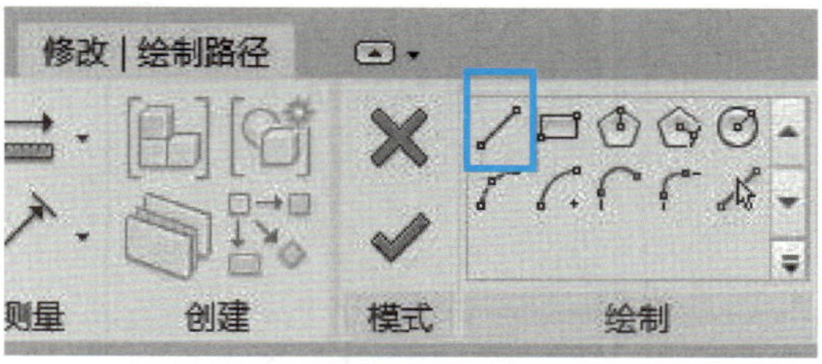

图 3.5-41

[步骤-02] 沿着已有的栏杆路径开始，在板边绘制栏杆路径，如图 3.5-42 所示。然后点击✔按钮，完成此栏杆的绘制，如图 3.5-43 所示。

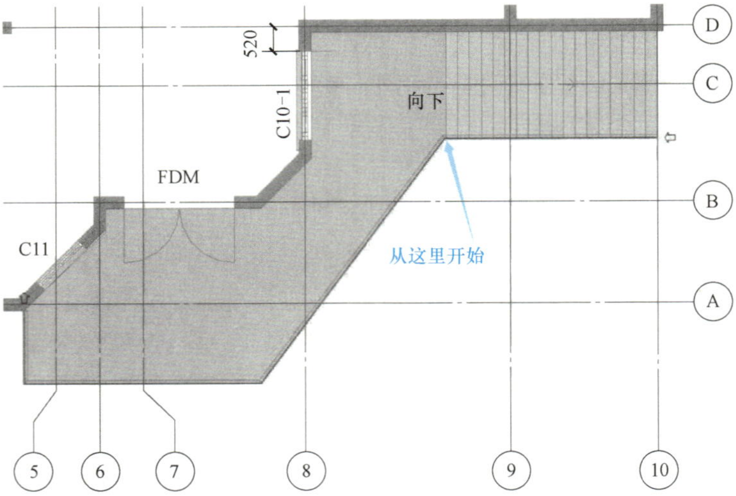

图 3.5-42

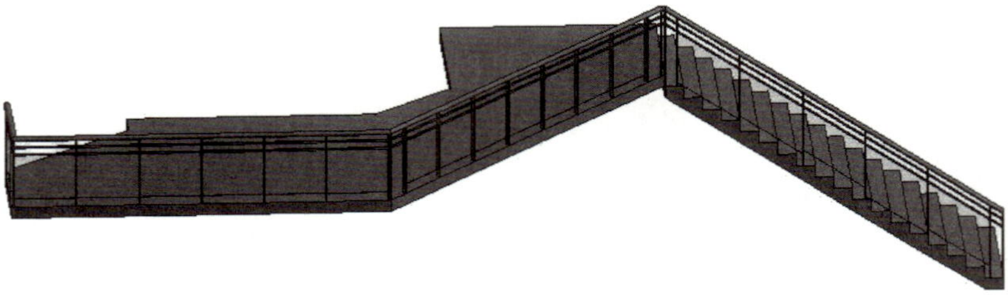

图 3.5-43

[步骤-03] 切换楼层至“三层/6.3m”平面视图，把视图适当缩放至⑨～⑩号轴和Ⓓ～Ⓗ号轴的交界处，显示前面绘制的楼板，在属性栏里面调整“视图范围”，如图 3.5-44 所示，调整后的值如图 3.5-45 所示，点击“确定”按钮。

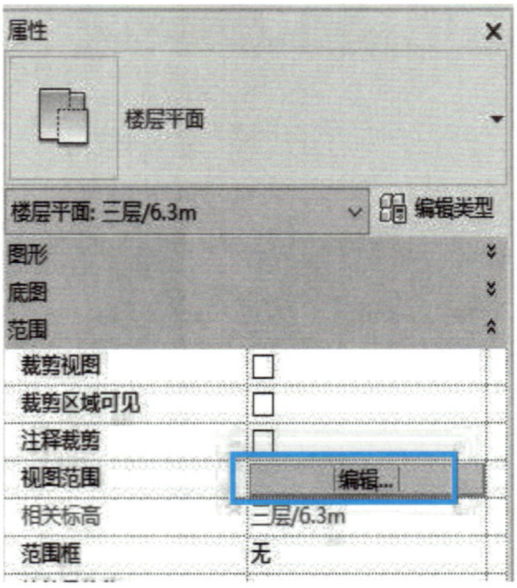

图 3.5-44

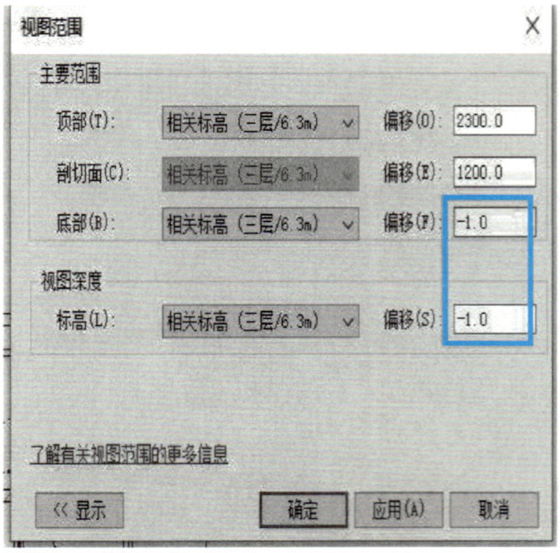

图 3.5-45

[步骤-04] 选择“建筑”选项卡下的“栏杆扶手”命令下的“绘制路径”，如图 3.5-46

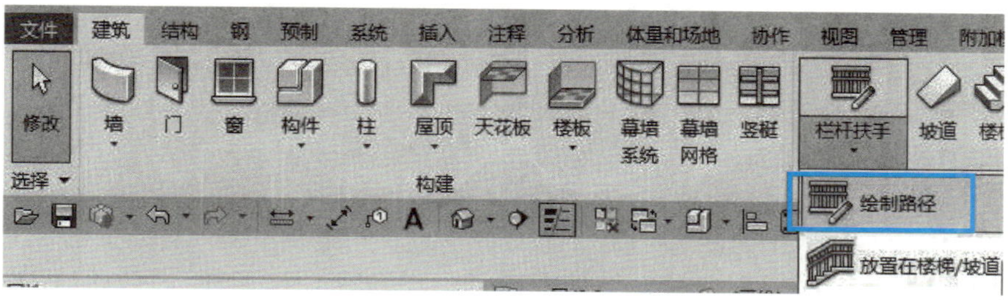

图 3.5-46

所示。

点击“编辑类型”，进入“类型属性”编辑界面，选择“玻璃嵌板-底部填充”，点击“确定”按钮，如图 3.5-47 所示。

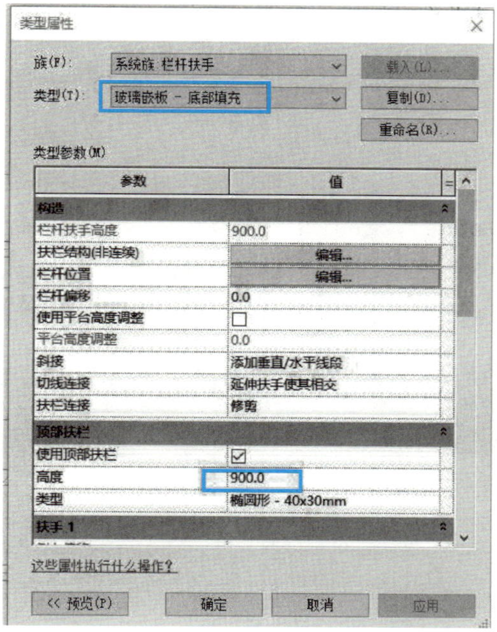

图 3.5-47

选择“修改|创建栏杆扶手路径”下的“直线”命令，如图 3.5-48 所示。沿着墙体中心线绘制，如图 3.5-49 所示，点击 ✔ 按钮，完成三层栏杆的绘制，效果如图 3.2-50 所示。

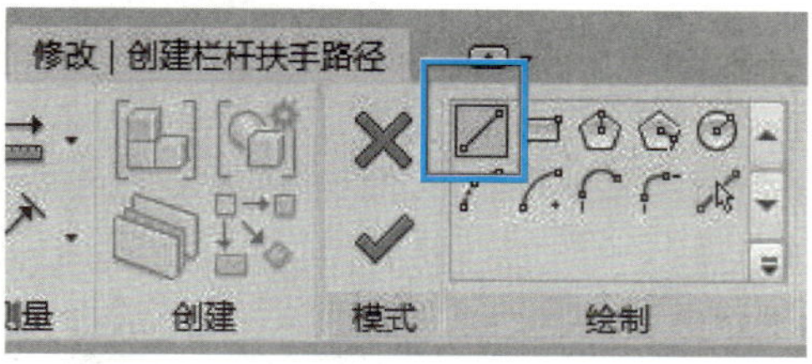

图 3.5-48

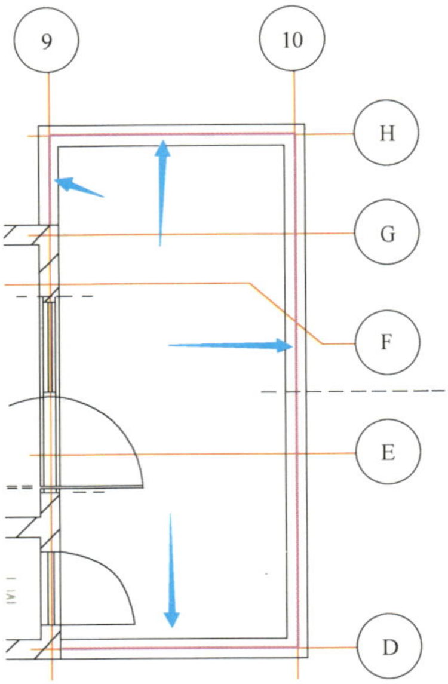

图 3.5-49

图 3.5-50

同理绘制“顶层/9.3m”楼层的栏杆扶手，绘制路径如图 3.5-51 所示，效果如图 3.5-52 所示。

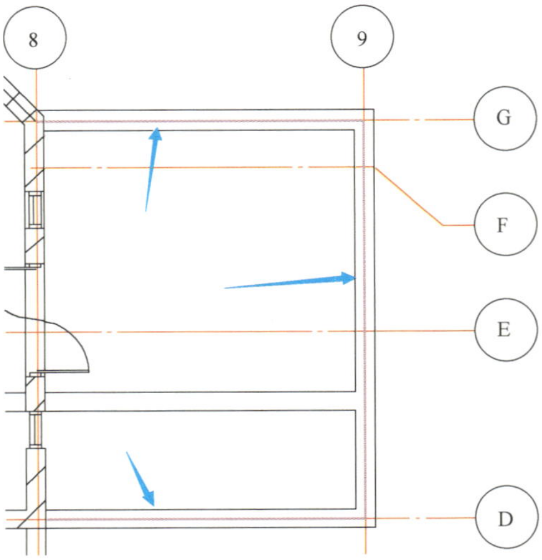

图 3.5-51

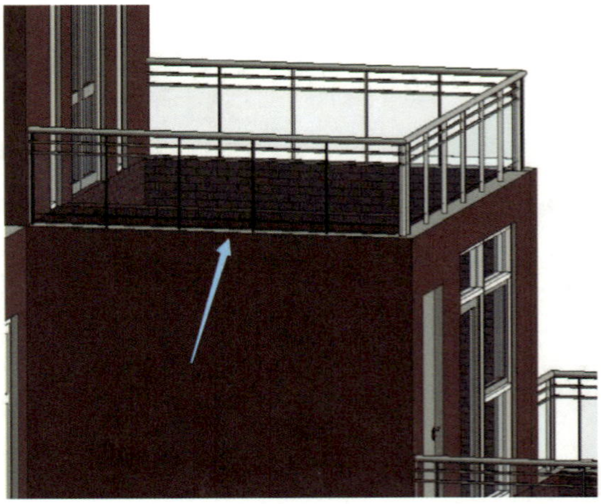

图 3.5-52

3.5.4　实践操作

同学们根据“3.5.3 教师演示”中的操作，完成室内外楼梯的创建以及隔层栏杆的绘制。

3.5.5　任务小结

本次任务使用楼梯、栏杆扶手、坡道等工具，完成了项目中的室内外楼梯、坡道以及栏杆扶手的建模。

3.5.6　拓展训练

请根据图 3.5-53 创建楼梯模型，其中楼梯边缘弧形半径为 23750mm，梯段厚度和平台厚度均为 120mm，踏板厚度为 50mm，楼梯扶手高 900mm，扶手截面为 50mm×50mm 矩形，栏杆柱间距自定。

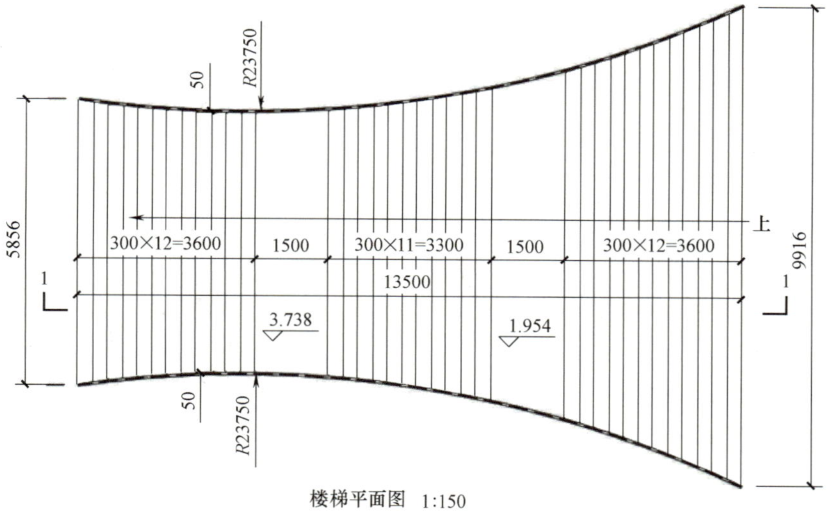

楼梯平面图　1:150

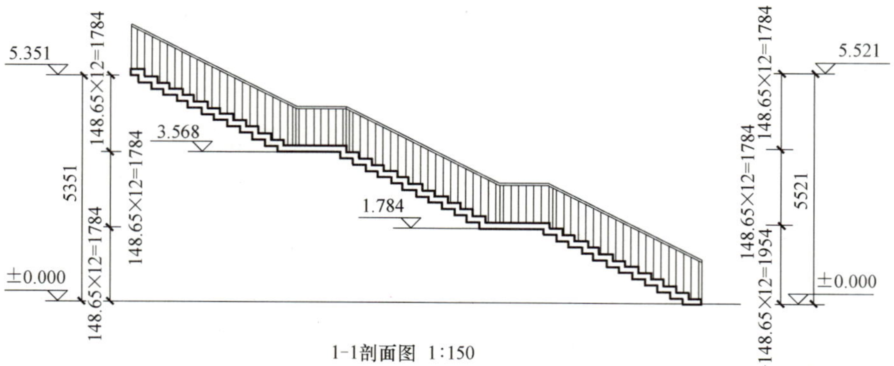

1-1剖面图　1:150

170+148.65×12=1954

图 3.5-53

任务3.6 创建楼地板、屋顶

3.6.1 工作任务

使用楼板工具完成楼地板的创建，利用“屋顶”里的“拉伸屋顶”工具完成入口处雨篷的创建，利用“屋顶”里的“迹线屋顶工具”完成坡屋顶的创建。在此过程中，完成楼梯处的板洞绘制，并完成墙体及柱子的附着。

3.6.2 任务分析

楼板在建筑中是重要的水平构件，把竖向的空间分隔开来。在软件中提供了三种楼板的创建方式，分别是：建筑楼板、结构楼板、面楼板以及还提供了楼板边的绘制，本次任务主要以建筑楼板为例；还提供了三种屋顶的创建方式，分别是：迹线屋顶、拉伸屋顶、面屋顶，本次任务主要用迹线屋顶和拉伸屋顶来完成屋顶的创建。

3.6.3 教师演示

3-9 楼地板的定义与绘制

1. 楼地板的创建

［步骤-01］ 切换视图至“一层/0.0m”平面视图，点击“建筑”选项卡下的“楼板”面板中的“楼板：建筑”，如图 3.6-1 所示。点击“属性”面板中的“编辑类型”按钮，进入“类型属性”对话框，点击“复制”按钮，命名为“地板—150mm”，如图 3.6-2 所示。单击“类型参数”下的“结构”参数中的“编辑”，进入“编辑部件”对话框，对“结构”的材质进行编辑，修改为“混凝土-现场浇筑混凝土”，厚度为 150mm，如图 3.6-3 所示。完成编辑后点击“确定”按钮返回“类型属性”对话框，点击“确定”按钮。

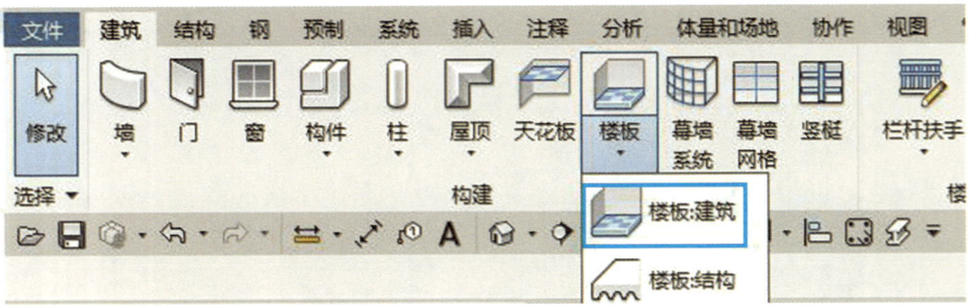

图 3.6-1

［步骤-02］ 勾选选项栏中的“延伸到墙中（至核心层）”，并修改属性栏里的限制条件，“标高”设置为“一层/0.0m”，“自标高的高度偏移”设置为“0”，如图 3.6-4 所示。

［步骤-03］ 选择“修改|创建楼层边界”选项卡下的“边界线”和“拾取墙”命令，如图 3.6-5 所示。拾取外墙边线，使得围成一个闭合的图线，如图 3.6-6 所示。点击✔按钮，在弹出的对话框中选择“不附着”，完成地板的绘制。按照相同的方式，绘制其余楼层的楼板。

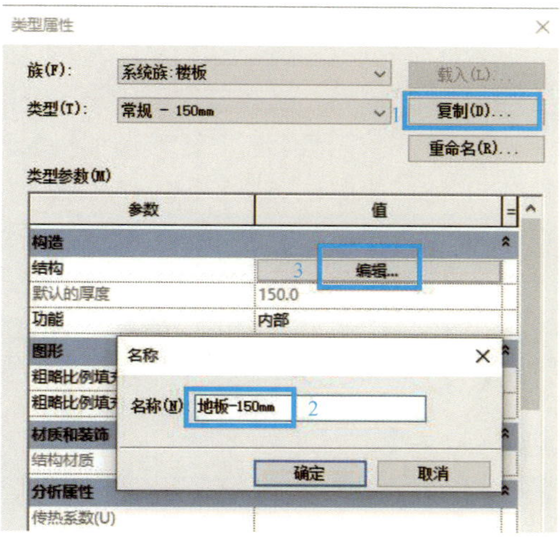

图 3.6-2

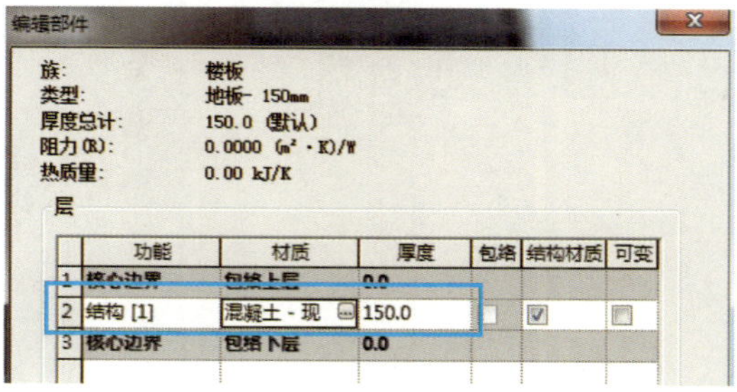

图 3.6-3

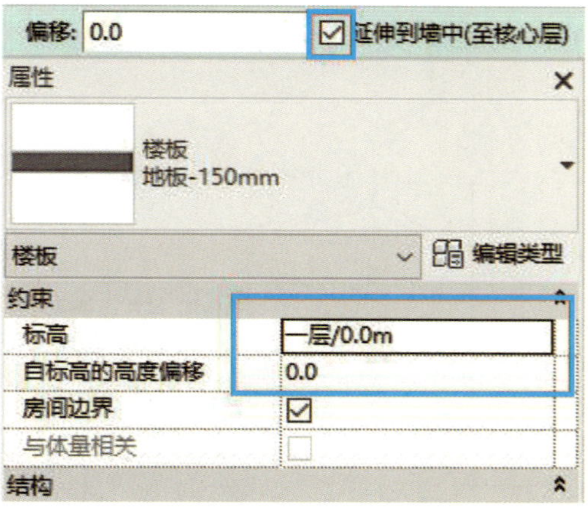

图 3.6-4

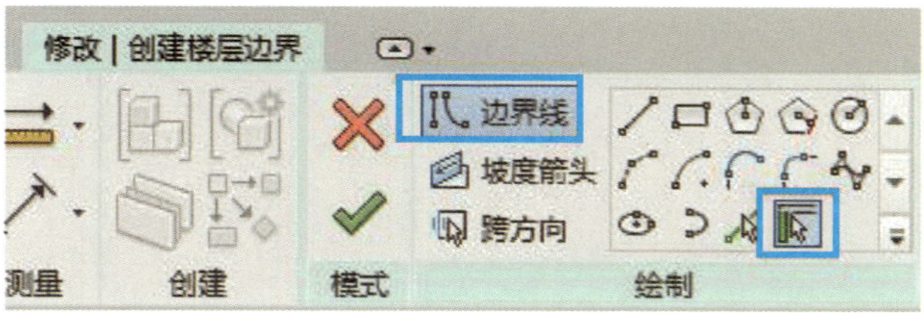

图 3.6-5

2. 坡屋顶的创建

［步骤-01］ 切换视图至“三层/6.3m”平面视图，适当缩放视图至Ⓐ轴线和⑧号轴的交点处，作一个辅助平面，如图 3.6-7 所示。

3-10 屋顶的定义及绘制

［步骤-02］ 选择“建筑”选项卡下的“屋顶”面板下的“拉伸屋顶”，如图 3.6-8 所示。

在弹出的“工作平面”对话框中选择“拾取一个平面”，点击“确定”按钮，如图

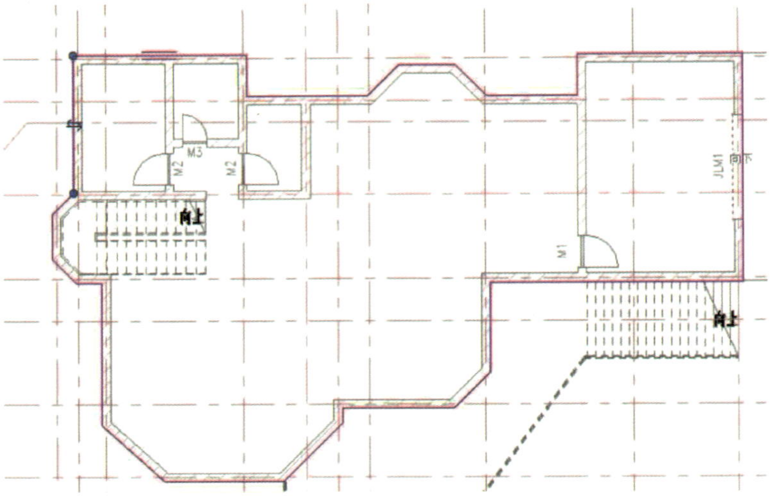

图 3.6-6

3.6-9 所示。选择刚才作的辅助平面，再选择“立面：南”，点击“打开视图”，如图 3.6-10 所示。

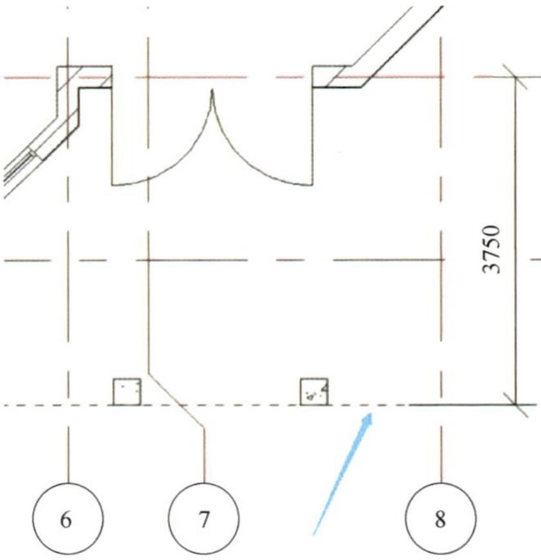

图 3.6-7

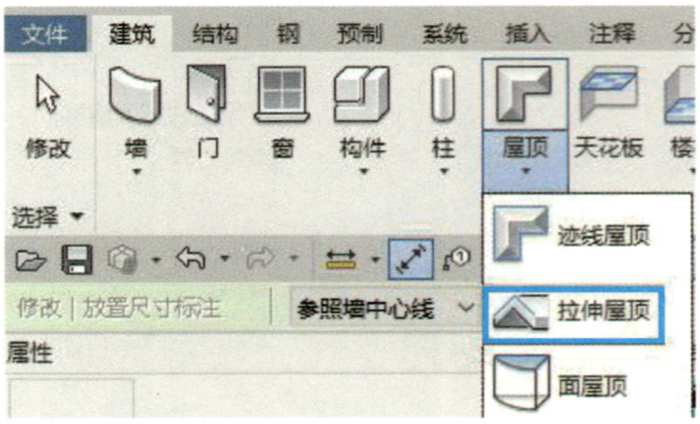

图 3.6-8

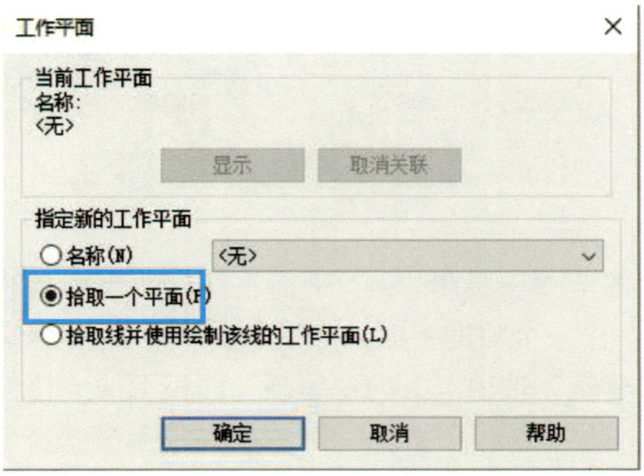

图 3.6-9

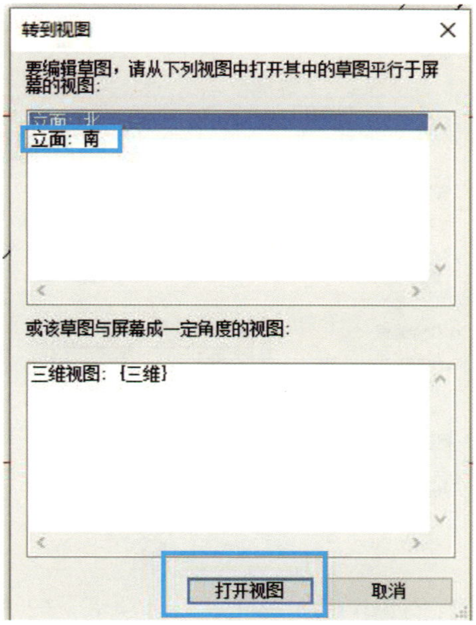

图 3.6-10

在弹出的对话框中将“标高”设置为“三层 16.3m”，再点击“确定”按钮，如图 3.6-11 所示。

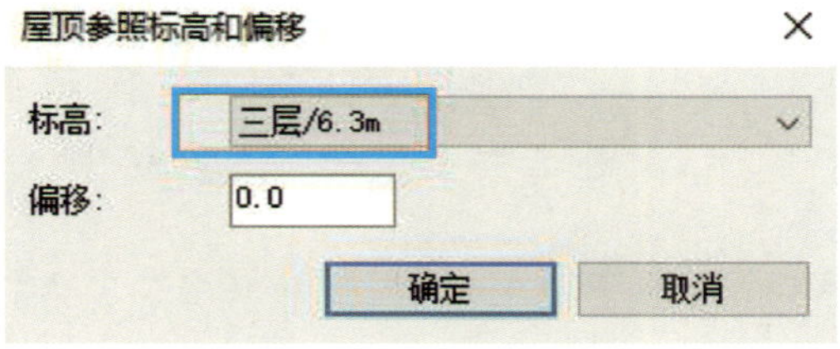

图 3.6-11

［步骤-03］　点击“属性”面板中的“编辑类型”，进入“类型属性”对话框，点击“复制”按钮，名称改为“屋顶”，如图 3.6-12 所示。单击“类型参数”中的“结构”参数中的“编辑”，进入“编辑部件”对话框，对“结构”的材质进行编辑，修改为“混凝土-现场浇筑混凝土”，厚度为 125mm，点击“插入”按钮，选中刚插入的行，点击“向上”按钮，并在功能列中选择“面层 1［4］”，修改材质为“瓦片-筒瓦”，如图 3.6-13 所示。完成编辑后，点击“确定”按钮，返回“类型属性”对话框，点击“确定”按钮。

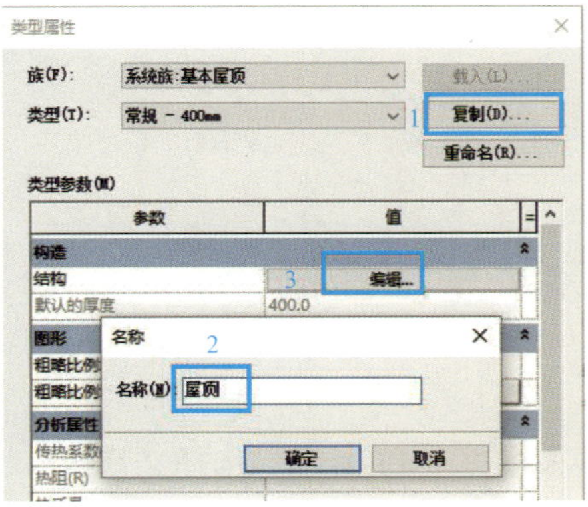

图 3.6-12

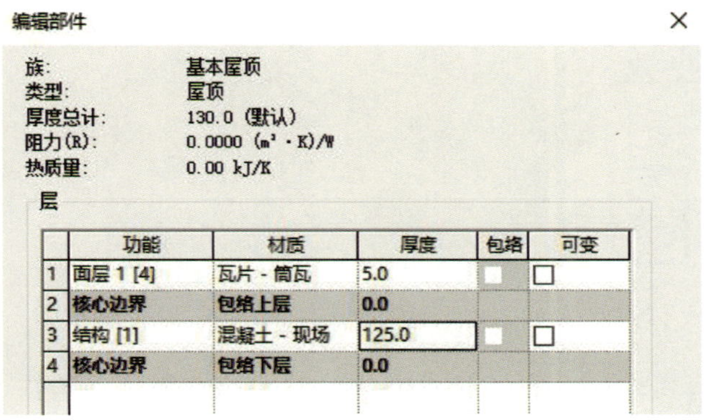

图 3.6-13

修改“属性”面板中的限制条件，如图 3.6-14 所示。

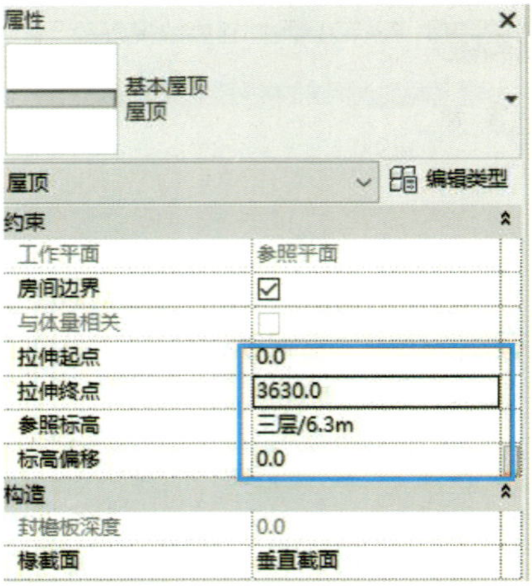

图 3.6-14

[步骤-04] 选择“修改|创建拉伸屋顶轮廓”选项卡下的“直线”命令，缩放视图至“三层/6.3m”标高，与⑥号轴相交处的墙外边线，绘制屋顶轮廓，具体尺寸如图 3.6-15 所示。再点击✔按钮，完成坡屋顶的编辑。

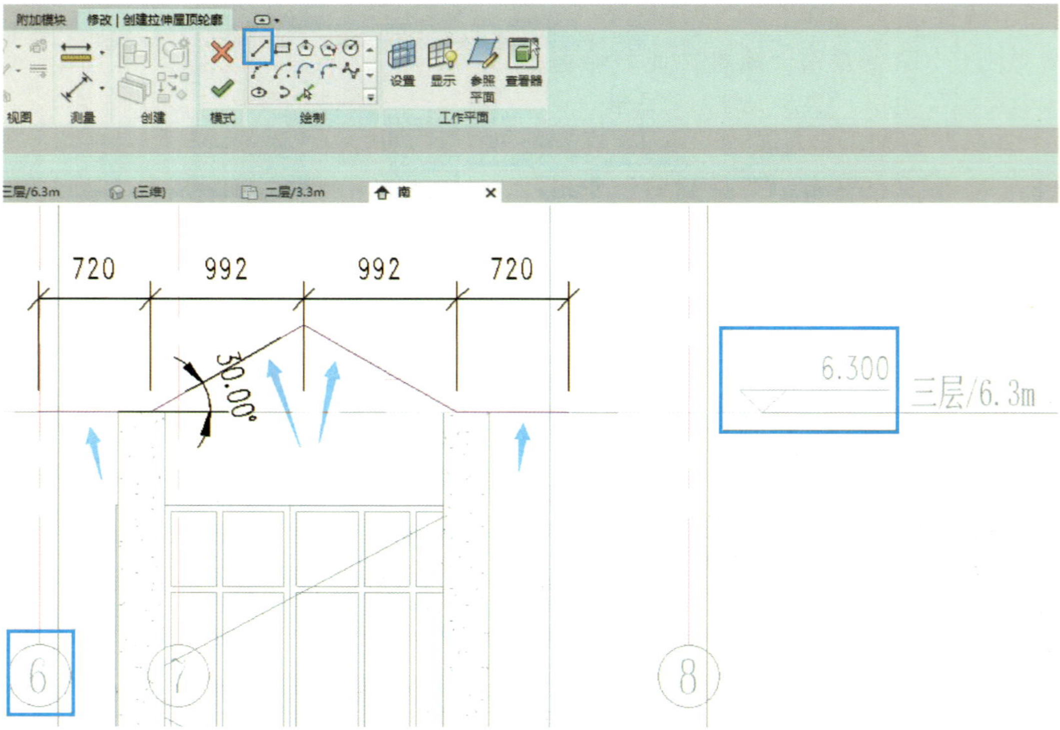

图 3.6-15

[步骤-05] 选中刚刚绘制的拉伸屋顶下的柱子，如图 3.6-16 所示。选择“修改 | 柱”选项卡下的“附着顶部/底部”，如图 3.6-17 所示。再修改选项栏里面的“附着柱”

为“顶”、“附着样式”为“剪切柱”、“附着对正”为“最大相交”，如图 3.6-18 所示。

图 3.6-16

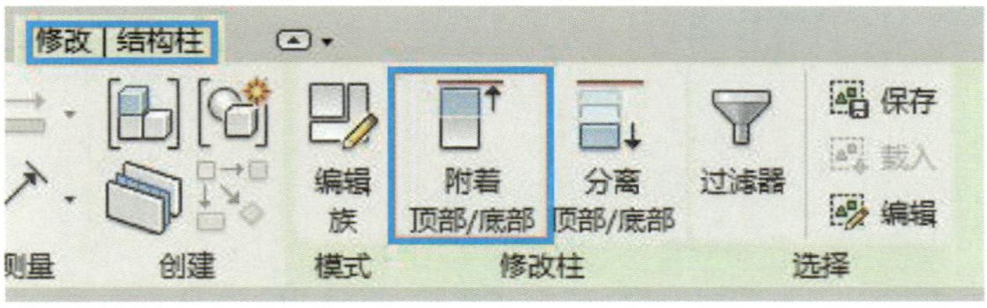

图 3.6-17

图 3.6-18

最后点击鼠标左键，选中屋顶，使柱子附着在屋顶底部，如图 3.6-19 所示。

3. 迹线屋顶

［步骤-01］ 切换视图至“顶层/9.3m”平面视图，适当缩放视图至Ⓒ轴和⑧轴的交点处，选择“建筑”选项卡下的“屋顶”面板中的“迹线屋顶”，如图 3.6-20 所示。再选择“修改|创建屋顶迹线”下的“边界线”“拾取墙”命令，如图 3.6-21 所示。在选项栏中勾选“定义坡度”，“悬挑”设置为“980.0”，如图 3.6-22 所示。在“属性”面板中选择已经定义过的“屋顶”，修改限制条件下的“自标高的底部偏移”为“560.0”，如图 3.6-23 所示。

图 3.6-19

［步骤-02］ 拾取墙体，形成的图形如图 3.6-24 所示。再点击“修改|创建屋顶迹线”下的“边界线”“拾取线”命令，在选项栏中不勾选“定义坡度”，“偏移量”设置为“0.0”，如图 3.6-25 所示。拾取墙的外边线，利用“修剪”命令，使之围成闭合的曲线，如图 3.6-26 所示。点击✔按钮，完成迹线屋顶的编辑，成果如图 3.6-27 所示。

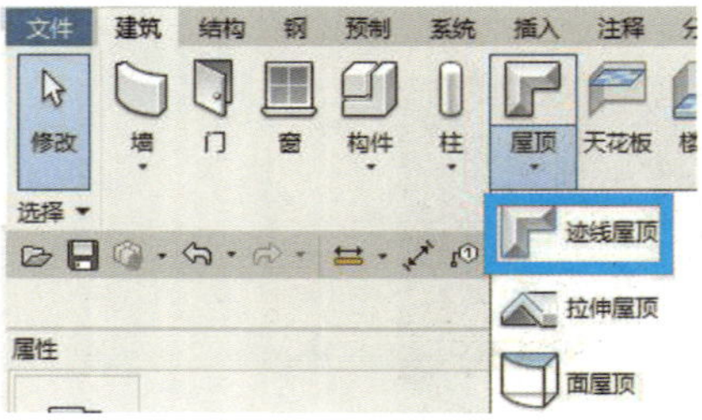

图 3.6-20

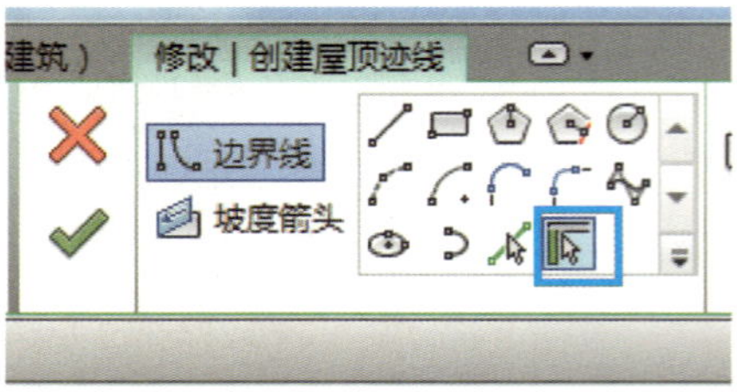

图 3.6-21

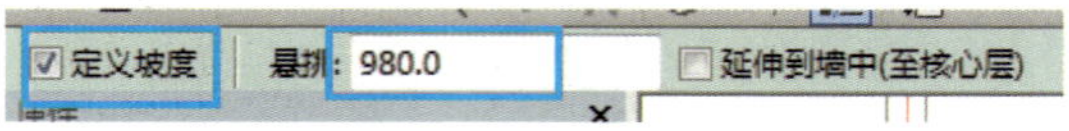

图 3.6-22

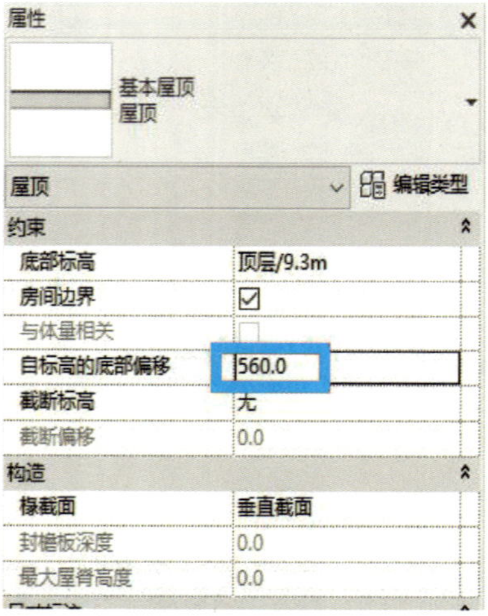

图 3.6-23

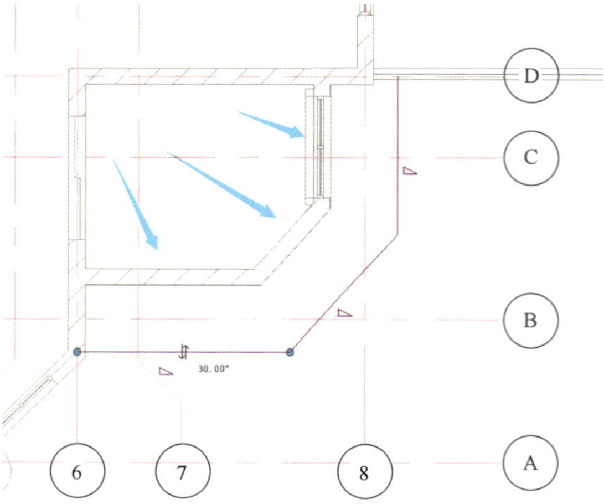

图 3.6-24

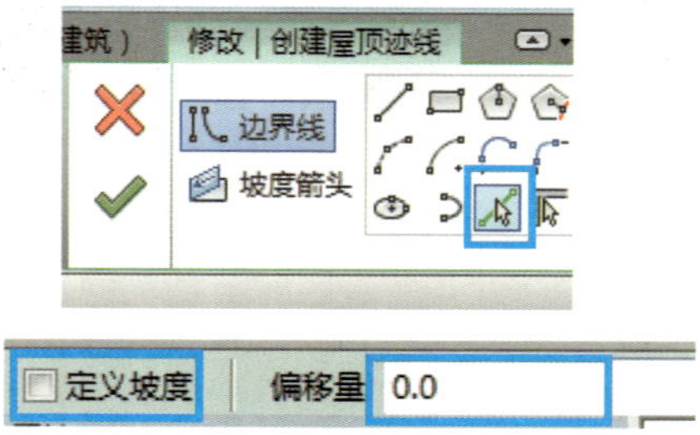

图 3.6-25

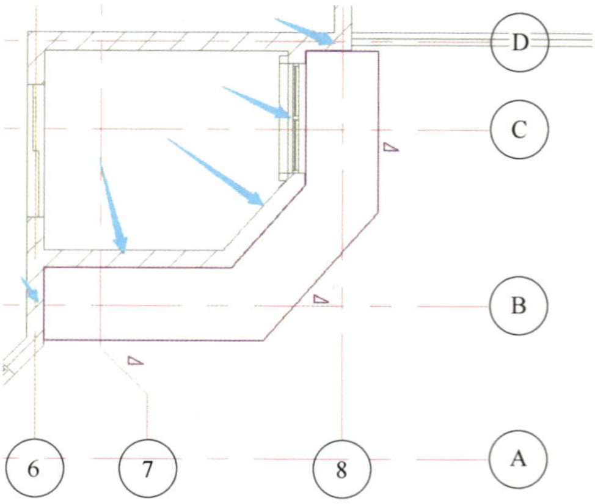

图 3.6-26

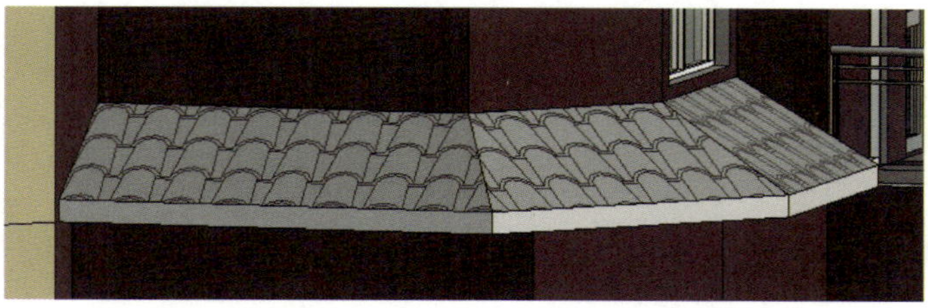

图 3.6-27

选中这个屋顶下的墙体，和前面附着柱子类似，让墙体附着到这个屋顶下，如图 3.6-28 所示。

图 3.6-28

［步骤-03］　切换视图至“屋顶/12.3m”平面视图，选择“建筑”选项卡下的“屋顶”面板中的“迹线屋顶”，再选择“修改|创建屋顶迹线”下的“边界线”“拾取线”命令，在选项栏中勾选“定义坡度”，“偏移量”设置为“600.0”，并在“属性”面板中选择已经定义过的“屋顶”，修改限制条件下的“自标高的底部偏移”为“0.0”，如图 3.6-29 所示，拾取相应的轴线，再利用修剪命令，使之形成闭合的线框，如图 3.6-30 所示。

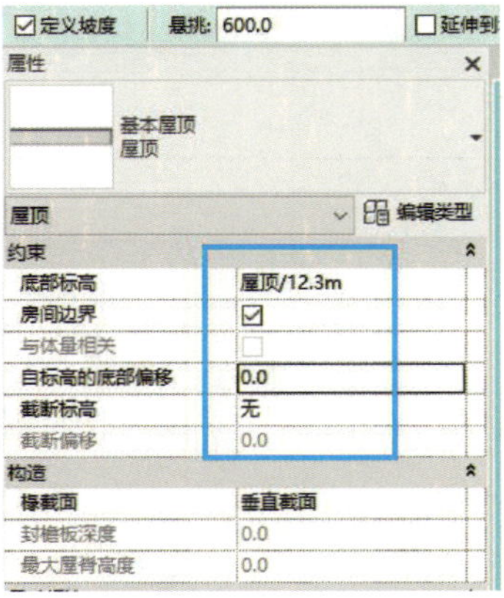

图 3.6-29

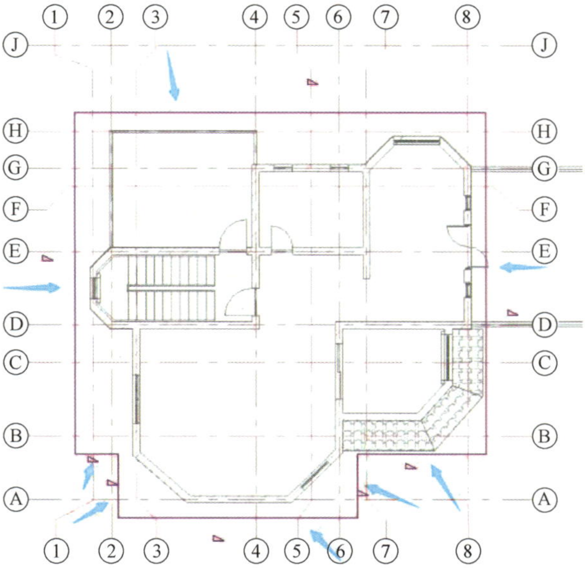

图 3.6-30

修改“属性”栏里面“坡度”为“30.00°”，如图 3.6-31 所示，最后点击 按钮，完成迹线屋顶的编辑。

［步骤-04］ 在三维视图下，选中顶部的墙体附着于屋顶，形成的效果如图 3.6-32 所示。

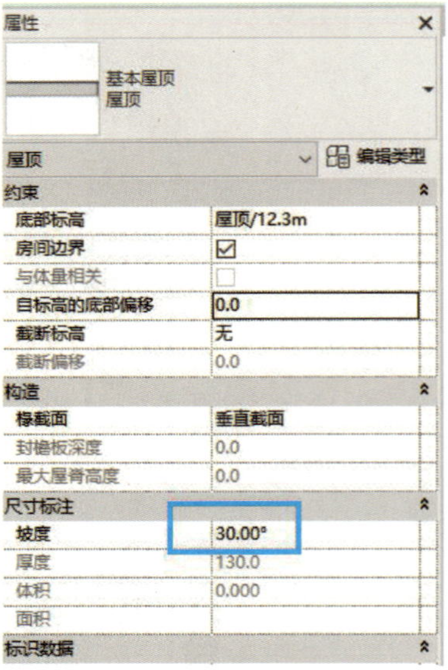

图 3.6-31

3.6.4 实践操作

完成二楼出口处的雨篷的创建；利用迹线屋顶完成屋顶的创建；利用“楼板”命令完成各层楼地板的创建。

3.6.5 任务小结

本次任务学习了利用“拾取墙”“拾取线”的方式绘制楼板、屋顶。在坡屋顶的绘制中，分别采用“拉伸屋顶”和“迹线屋顶”创建坡屋顶。利用“竖井”或者“面洞口”的方式完成楼梯间的洞口创建。

图 3.6-32

3.6.6 拓展训练

试利用“迹线屋顶”绘制二层出口处的雨篷。

任务 3.7 创建场地与 RPC

3.7.1 工作任务

在主体模型完成的基础上创建地形表面，并在此基础上创建建筑地坪，利用系统自带的场地构件合理布置场地。

3.7.2 任务分析

在 Revit 中，提供了场地工具，为项目创建地形表面、划分建筑红线、平整场地、放置场地构件等提供了便捷。通过对场地的合理布置，可以丰富场地的表现。

地形表面是场地布置的基础，在软件中为大家提供了三种创建地形表面的方式，分别是：（1）“放置点”，用于在绘制区域中放置点，以便定义定向表面，可根据需要修改高程，一般适用于比较简单的地形表面；（2）选择“导入实例”，可根据以 DWG、DXF 或 DGN 格式导入的三维等高线数据创建地形表面；（3）“指定点文件”，可以根据来自土木工程软件应用程序的点文件来创建地形表面。后两种方法适用于已有相关的导入文件。

3.7.3　教师演示

我们将讲解三种创建场地的方式，本任务采用放置点来创建地形表面。

3-11 场地的定义及绘制

［步骤-01］　第一种创建地形表面的方法：切换视图至“场地”平面视图，点击“体量和场地”选项卡下的“地形表面”面板，如图 3.7-1 所示。选择“修改|编辑表面”选项卡下的“通过导入创建”面板中的“指定点文件”命令，如图 3.7-2 所示。然后选择一份场地文本，在弹出的对话框中，选择“米”为单位，点击“确定”按钮，形成场地模型，如图 3.7-3 所示。点击 ✓ 按钮，完成场地表面的编辑。

图 3.7-1

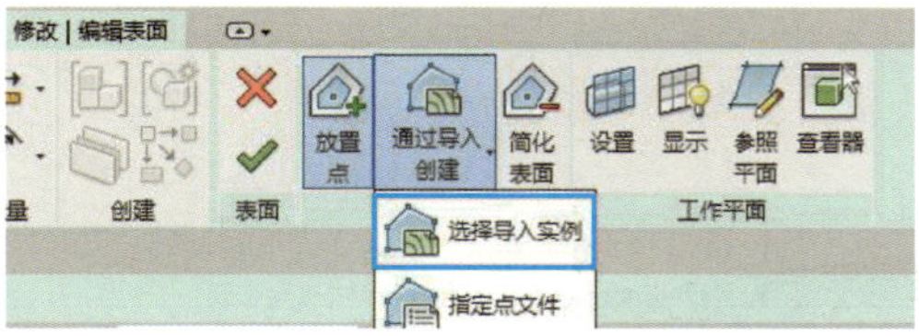

图 3.7-2

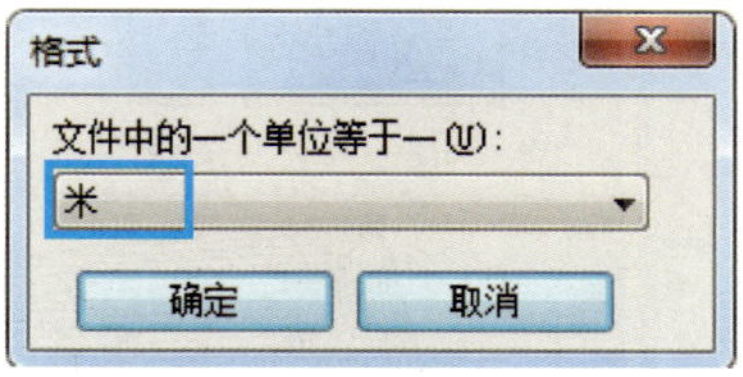

图 3.7-3

［步骤-02］　第二种创建地形表面的方法：删除刚才创建的地形表面，切换视图至“场地”平面视图，点击“插入”选项卡下的“导入 CAD”命令，如图 3.7-4 所示。打开“地形文件”，“导入单位”设置为“米”，如图 3.7-5 所示。

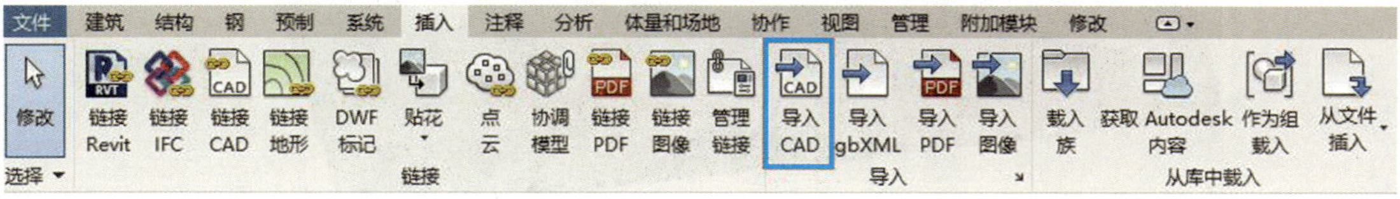

图 3.7-4

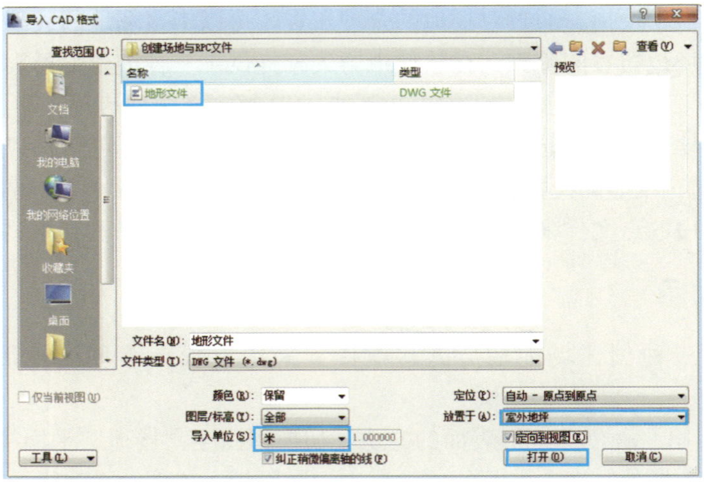

图 3.7-5

点击“体量和场地”选项卡下的“地形表面”面板，选择“修改｜编辑表面”选项卡下的“通过导入创建”面板中的“选择导入实例”命令，如图 3.7-6 所示。鼠标点击刚才导入的场地文件，在弹出的对话框中选择“1”“2”图层，点击“确定”按钮，如图 3.7-7 所示。完成第二种地形表面的创建，如图 3.7-8 所示。

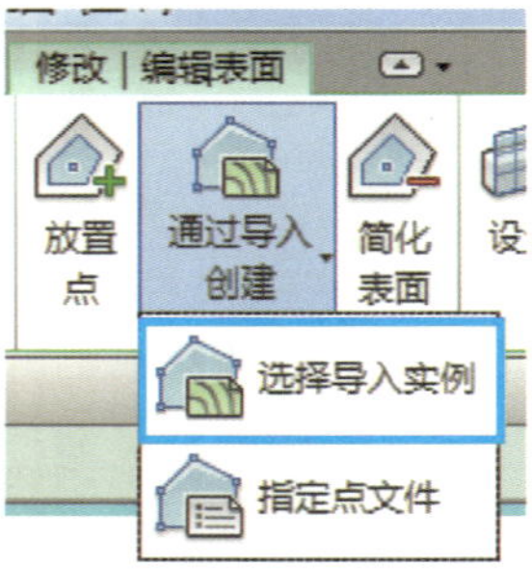

图 3.7-6

图 3.7-7

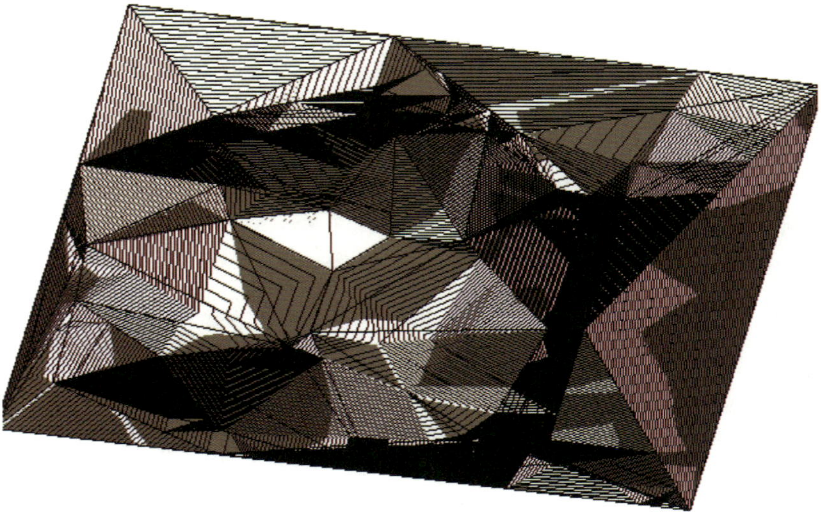

图 3.7-8

［步骤-03］ 第三种创建地形表面的方法：本任务采用此方法创建地形表面。删除刚才创建的地形表面，切换视图至“场地”平面视图，选择“修改|编辑表面”选项卡下的“通过导入创建”面板中的“放置点”命令，如图 3.7-9 所示。选项栏里面修改“高程”为“－150”，如图 3.7-10 所示。

图 3.7-9

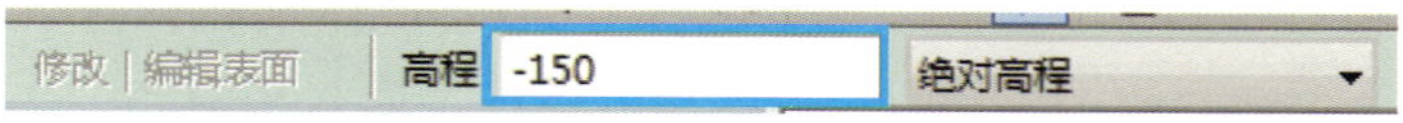

图 3.7-10

在四个角落分别放置一个点，如图 3.7-11 所示。按键盘上的 Esc 键，再修改“属性”面板中的“材质”为草地，如图 3.7-12 所示。再点击✔按钮，完成编辑，进入三维视图观察结果，如图 3.7-13 所示。

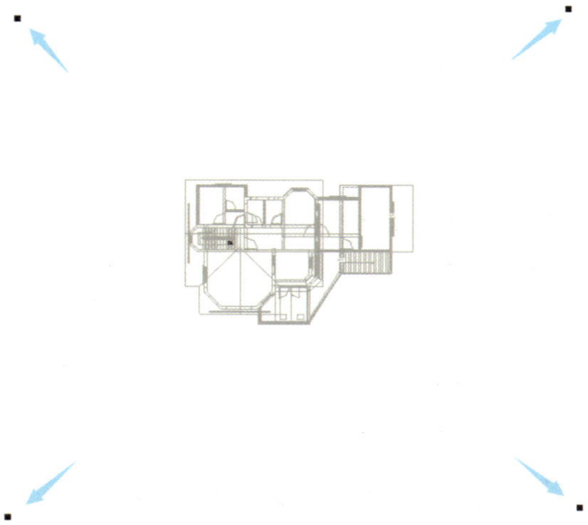
图 3.7-11

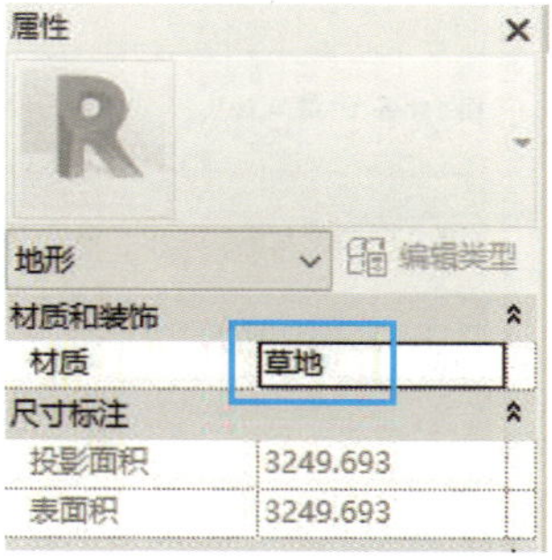

图 3.7-12

图 3.7-13

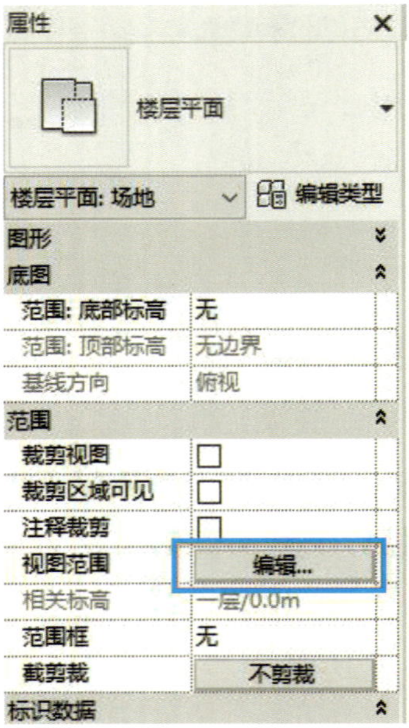

图 3.7-14

［步骤-04］ 再次切换视图至“场地”平面视图，此时无法在俯视图中看到刚才绘制的地形表面，点击“属性”面板中的“视图范围”，如图 3.7-14 所示，进入“视图范围”对话框，修改“视图深度”中的“标高”为“无限制”，如图 3.7-15 所示，此时在俯视图中可见地形表面。

［步骤-05］ 点击“体量和场地”选项卡下的“建筑地坪”，在“属性”面板中点击“编辑类型”命令，进入“类型属性”对话框，点击“复制”按钮，命名为“别墅地坪”，如图 3.7-16 所示。点击“类型参数”下的“结构”进行编辑，把“结构［1］”的材质改为“场地-碎石”，“厚度”为“300”，如图 3.7-17 所示。点击“确定”按钮完成编辑。

在“属性”面板中，修改“限制条件”下的“标高”为“一层”，修改“自标高的高度偏移”为“－150”，如图 3.7-18 所示。

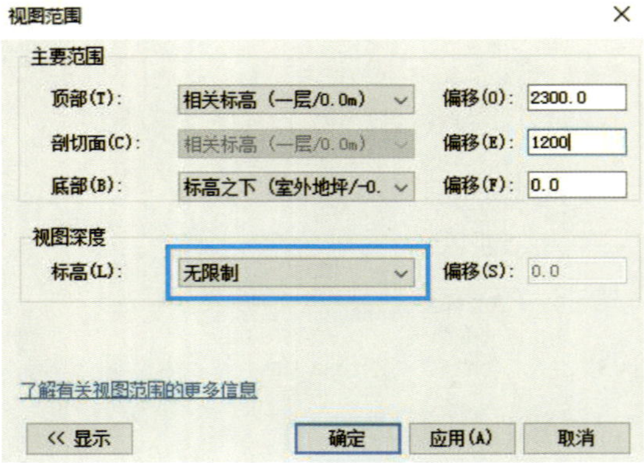

图 3.7-15

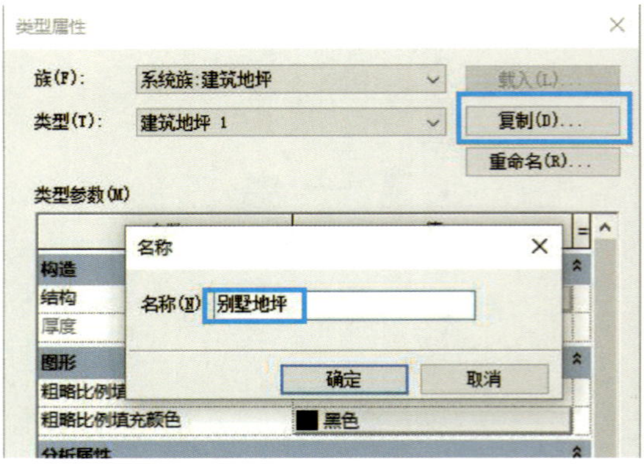

图 3.7-16

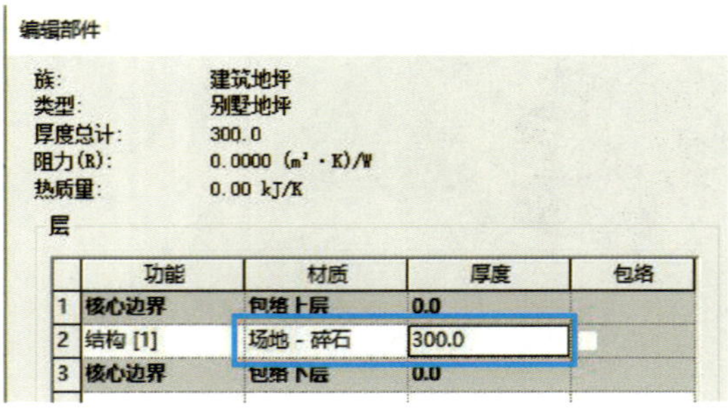

图 3.7-17

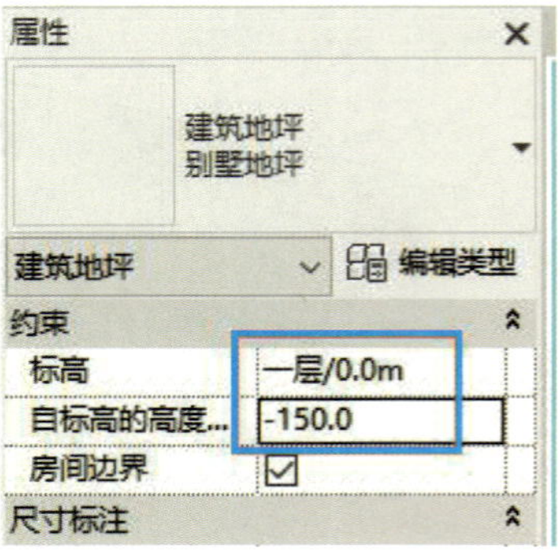

图 3.7-18

［步骤-06］ 选择“修改|创建建筑地坪边界”选项卡下的“边界线”“拾取墙”命令，再选取外墙外边线，围成一个闭合的线框，如图 3.7-19 所示，点击✔按钮完成

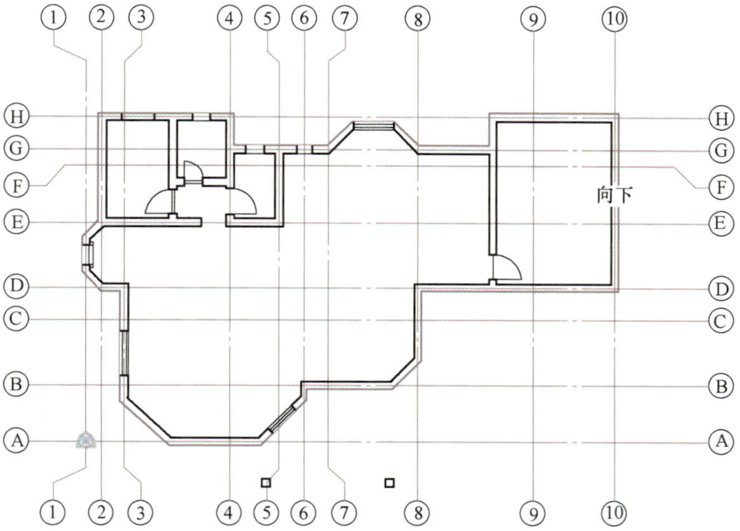

图 3.7-19

建筑地坪的编辑。

［步骤-07］ 点击“体量和场地”选项卡下的“拆分表面”，如图 3.7-20 所示。选取前面绘制好的地形表面，选择“修改|拆分表面”选项卡下的“直线”命令，从坡道往外绘制直线，如图 3.7-21 所示。修改“属性”面板中的材质为“沥青”，如图 3.7-22 所示，再点击 ✔ 按钮完成道路的编辑。同理，可以编辑一些其他形状的道路，如图 3.7-23 所示。

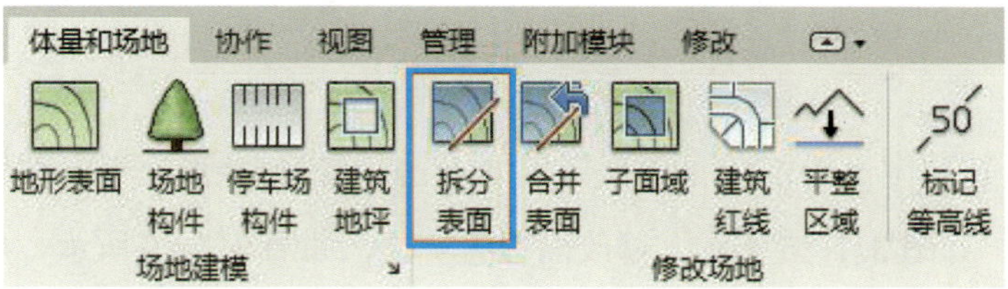

图 3.7-20

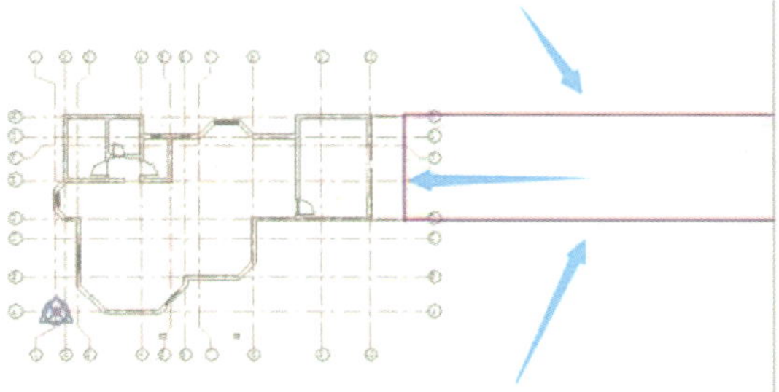

图 3.7-21

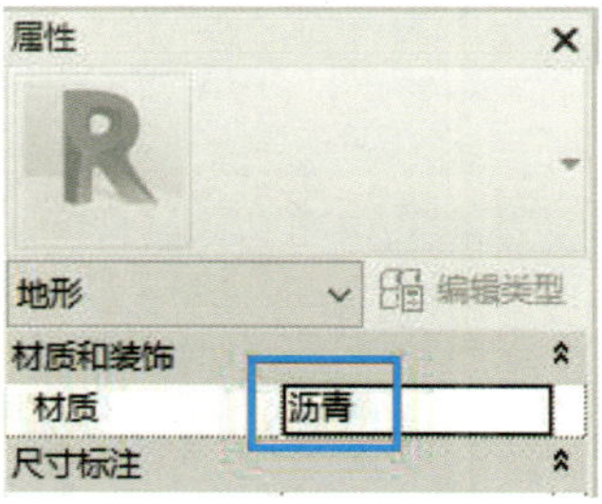

图 3.7-22

［步骤-08］ 选中图 3.7-23 上的这条道路，点击“修改|地形”下的“编辑表面”，如图 3.7-24 所示。选中⑩轴上的高程点，如图 3.7-25 所示。修改高程为“0”，如图 3.7-26 所示，点击 ✔ 按钮。

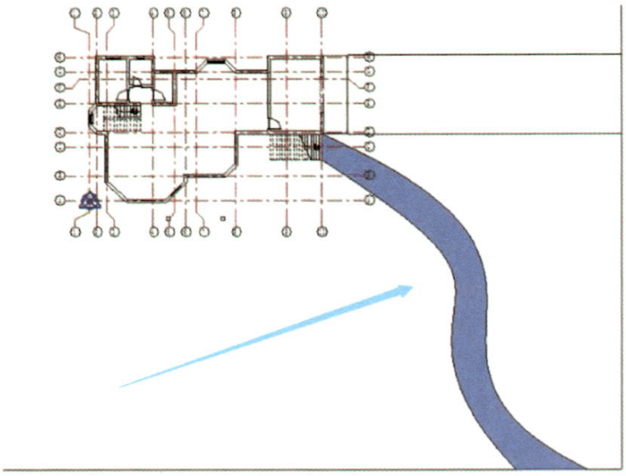

图 3.7-23

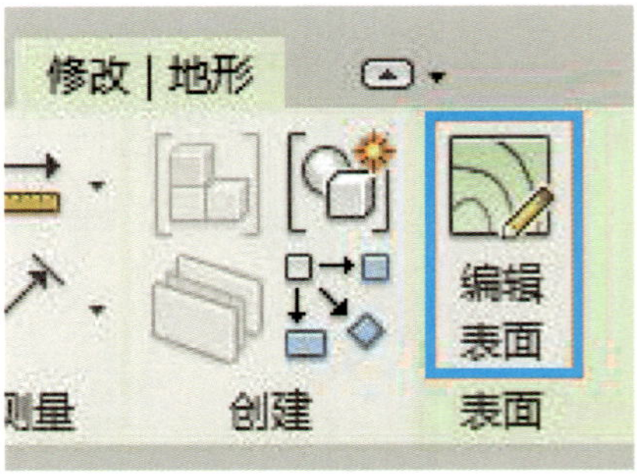

图 3.7-24

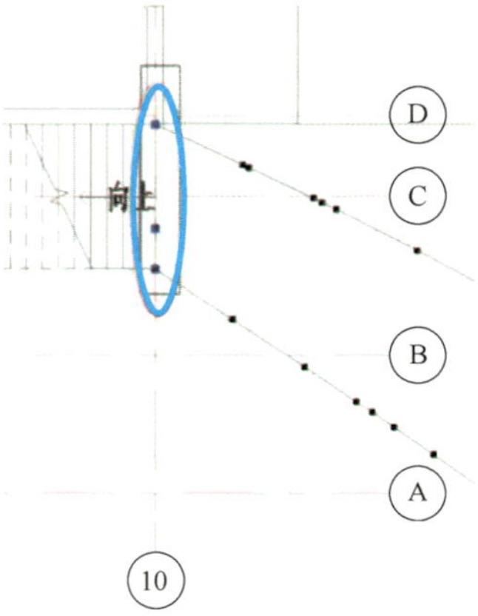

图 3.7-25

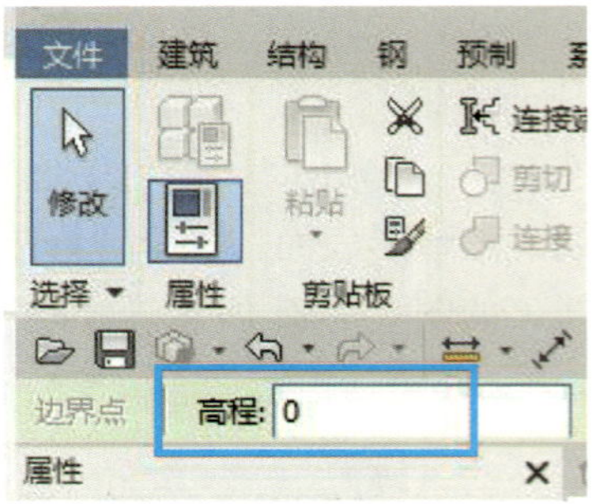

图 3.7-26

［步骤-09］ 选中图 3.7-27 上的这条道路，点击“修改|地形”下的“编辑表面”。选中⑩轴上的高程点，如图 3.7-28 所示。修改高程为“0”，如图 3.7-29 所示，点击✔按钮。

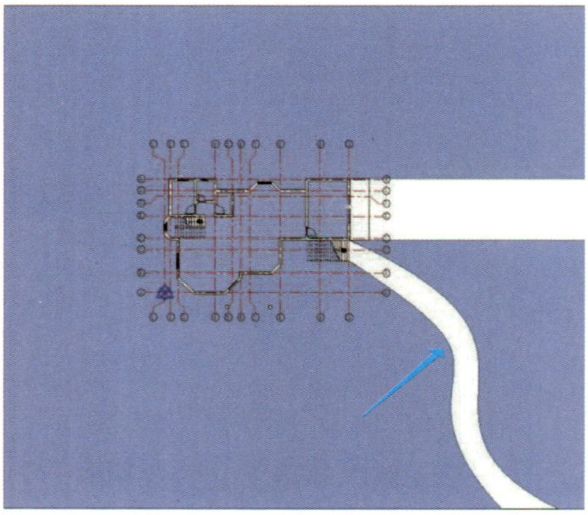

图 3.7-27

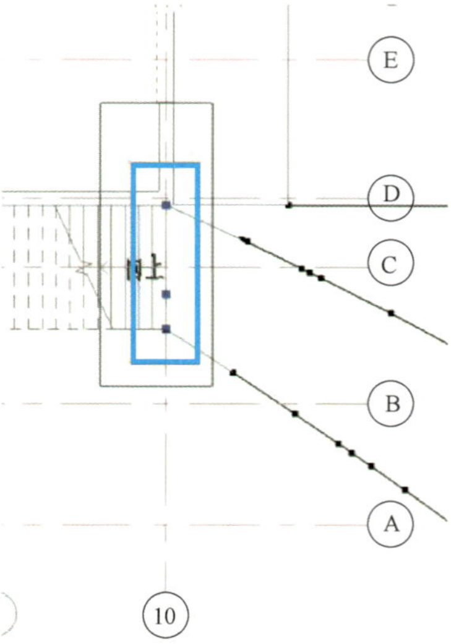

图 3.7-28

［步骤-10］ 切换视图至“室外地坪/－0.15m”平面视图，通过“属性”面板中调整“视图范围”，使得地形表面在“室外地坪”视图界面可见。点击“体量和场地”选项卡下的“场地构件”，在“属性”面板中可选择适当的植物，放置在室外地坪上适当位置处。还可以通过载入的方式放置家具、人物、植物、汽车等构件。我们以放置小汽车为例，点击“插入”选项卡下的“载入族”，选择在“建筑”选项下的“配景”里面的“RPC 甲虫”，点击“打开”，如图 3.7-30 所示。

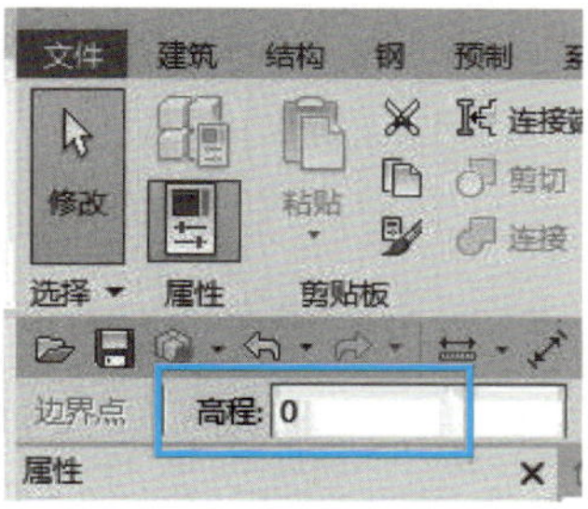

图 3.7-29

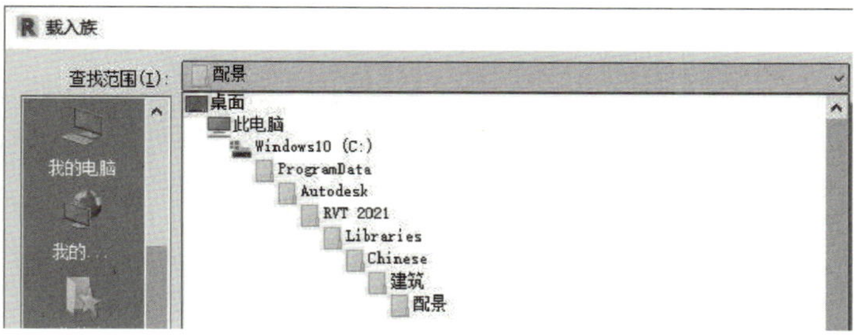

图 3.7-30

点击“建筑”选项卡下的“构件”面板中的“放置构件”，如图 3.7-31 所示。在“属性”面板中选择刚才载入的“RPC 甲虫”，设置“限制条件”下的“标高”为“室外地坪/－0.15”，偏移量为“0.0”，如图 3.7-32 所示。利用空格键变换方向，把小汽车放置在绘制好的沥青路上即可，如图 3.7-33 所示。

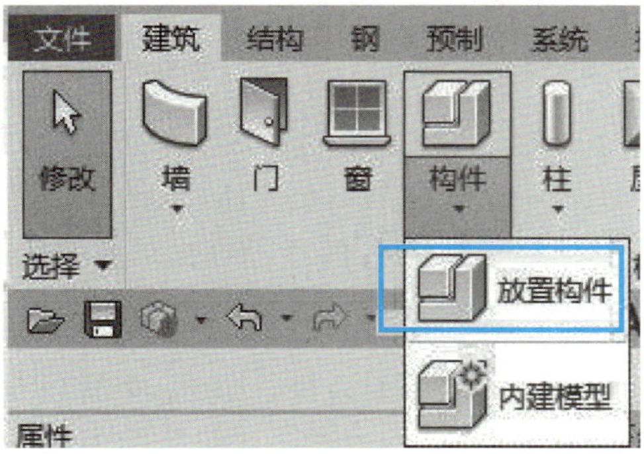

图 3.7-31

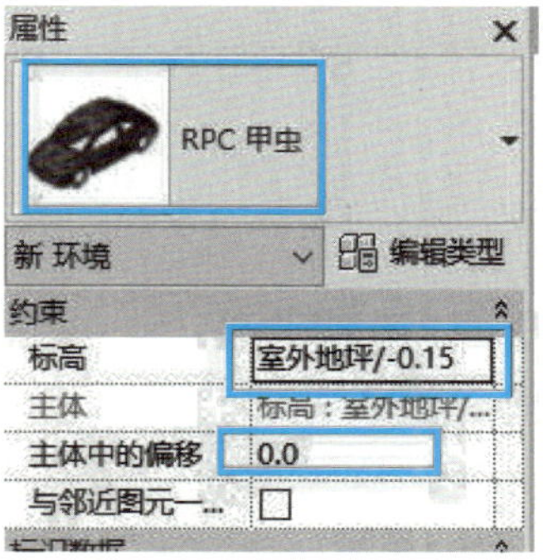

图 3.7-32

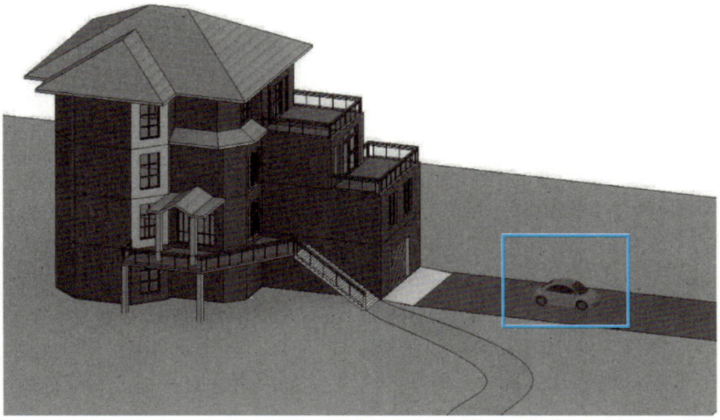

图 3.7-33

［步骤-11］ 按照上面的方式插入“建筑-植物-3D-乔木-榕树 3D”，放置在室外地坪上，如图 3.7-34 所示。选中刚放置的榕树，选择“修改|植物”下的“阵列”命令，取消“组成并关联”，项目数改为“8”，点击“最后一个”，如图 3.7-35 所示。

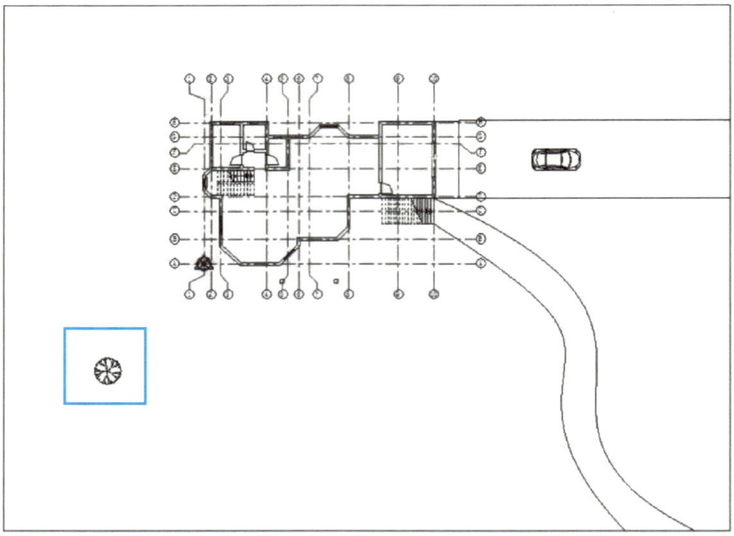

图 3.7-34

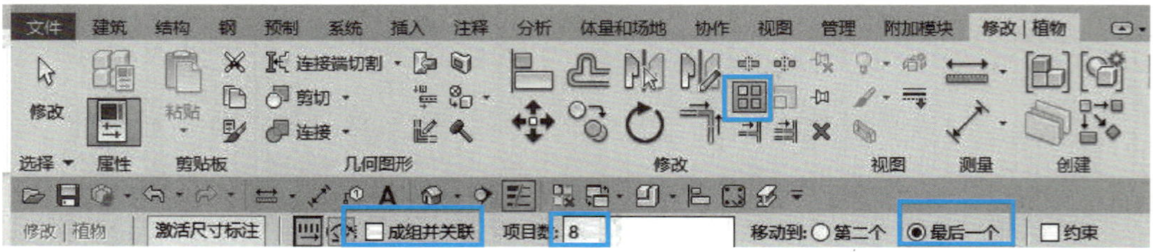

图 3.7-35

点选刚放置的榕树，把鼠标往上移动，在适当的位置点击鼠标左键，如图 3.7-36 所示。同理布置室外路灯（建筑-照明设备-室外照明）在道路两旁以及其他构件，如图 3.7-37 所示。

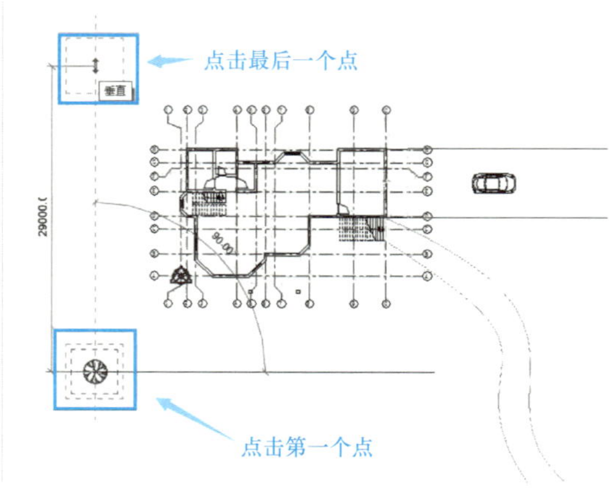

图 3.7-36

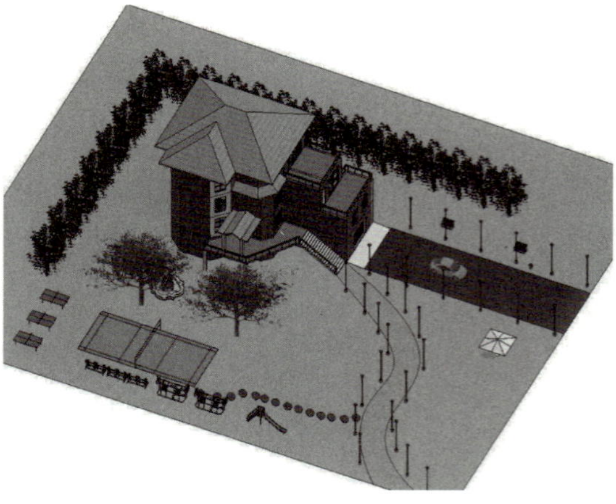

图 3.7-37

3.7.4 实践操作

同学们根据“3.7.3 教师演示”中的操作对地形表面进行创建，成果如图 3.7-37 所示。

3.7.5 任务小结

本次任务介绍了以几种不同的方式创建地形表面，并在地形表面上进行功能分区。还讲解了场地构件的载入和放置方式，通过此方式可以丰富和装饰场地。

3.7.6 拓展训练

根据自己的喜好，在模型中放置一层家具，使其看起来美观大方。

“1+X”技能提升

3-12 拓展训练

根据给定尺寸建立台阶模型，图中所有曲线均为圆弧，如图 3.7-38 所示。

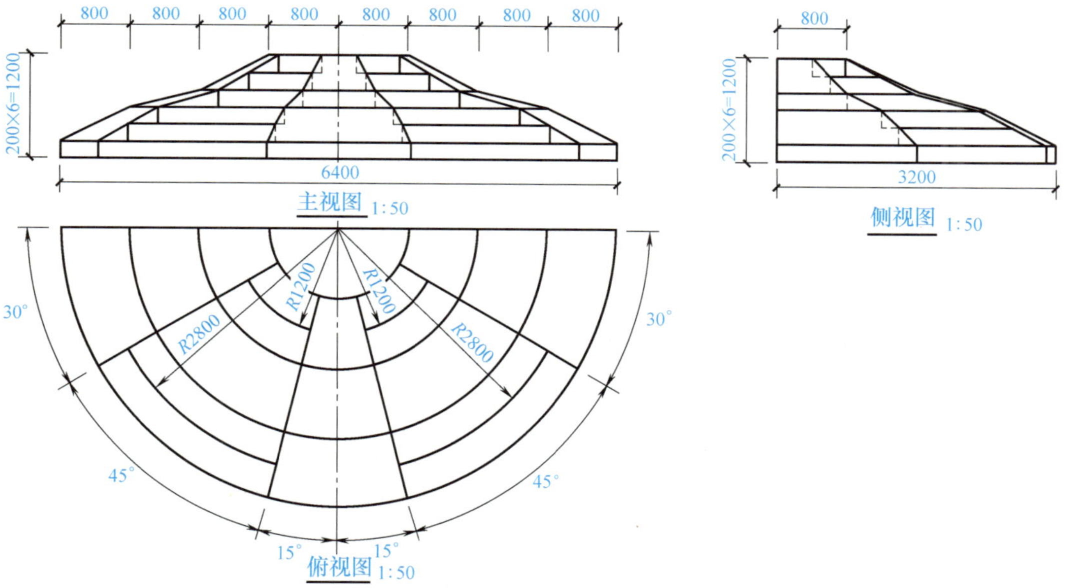

图 3.7-38

项目4

模型分析及应用

教学目标

通过本项目学习，你将能够：

1. 掌握房间和面积面板工具的使用。
2. 掌握明细表与图纸的输出。
3. 掌握相机、渲染与漫游的制作。

BIM小谈

咬定青山不放松，坚守职业道德底线

Revit建筑设计是以三维模型为基础，在后期成图、变更等方面有显著优势，建筑模型构件越详细，其所包含的信息量就越大。在建筑设计时，需着眼整个设计周期，运用三维的思维方式看待、设计工程项目，同学们的处世为人也需统观全局，要坚守职业道德底线，维护社会利益、国家利益，养成良好的职业道德。

思维导图

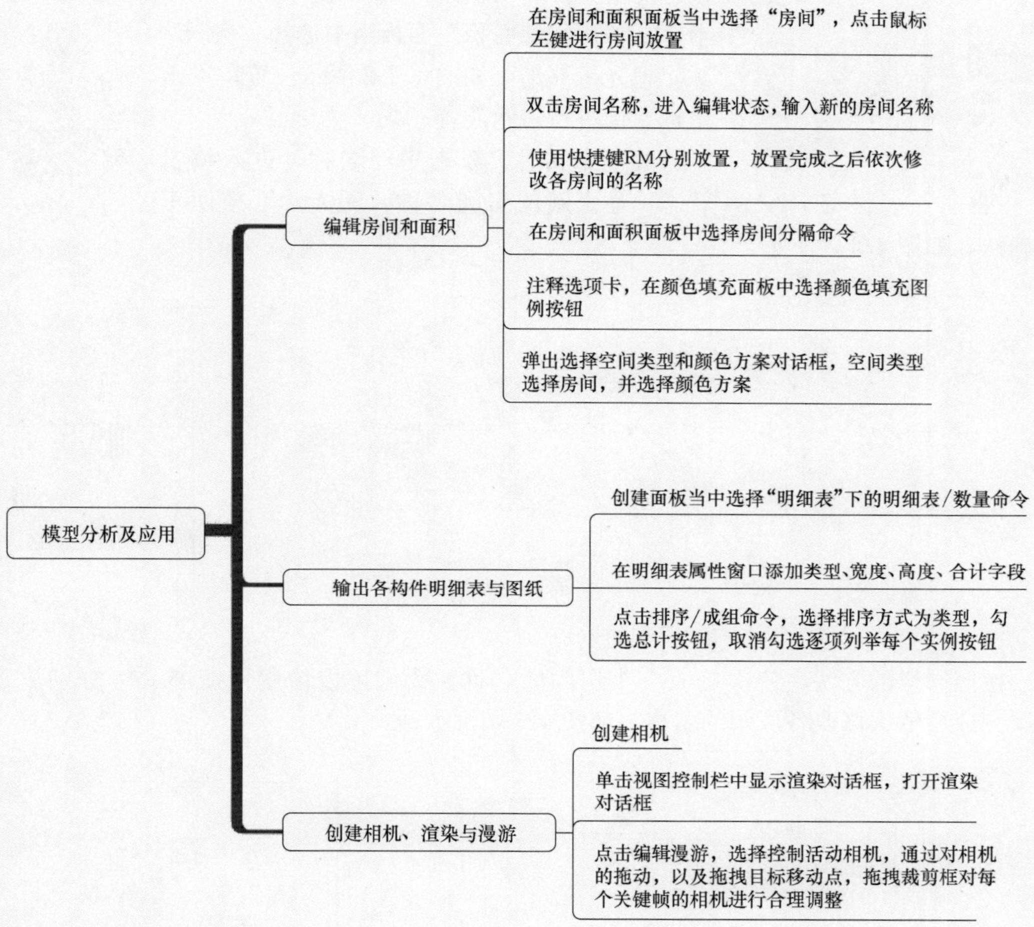

任务 4.1　编辑房间和面积

4.1.1　工作任务

创建各层房间，并对房间进行面积分析，使用颜色填充图例工具创建房间图例。

4.1.2　任务分析

平面构成的基本元素是房间，是一个一个独立的单元。

在 Revit 中可以创建“房间”构件，从而自动统计各个房间的面积和体积。当系统创建了房间和面积平面，Revit 就可以按照“房间和面积”的名称、面积、部门等参数，给每个空间填充颜色，不同的颜色代表不同的空间分类。

4.1.3 教师演示

［步骤-01］ 打开之前画好的模型文件，切换至一层模型。然后切换到“建筑”选项卡，在“房间和面积”面板当中选择“房间”（图 4.1-1）。

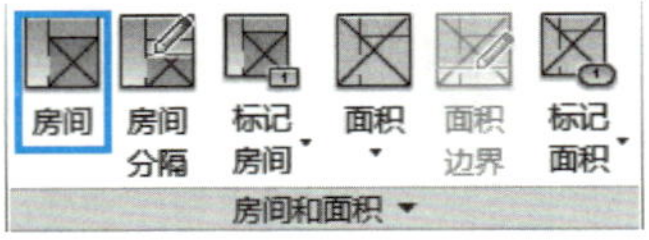

图 4.1-1

把光标移动至如图 4.1-2 所示位置，点击鼠标左键进行房间放置。

放置完成后，双击房间名称，进入编辑状态，输入新的房间名称“佣人房”按回车键确认，如图 4.1-3 所示。

4-1 标注房间和面积

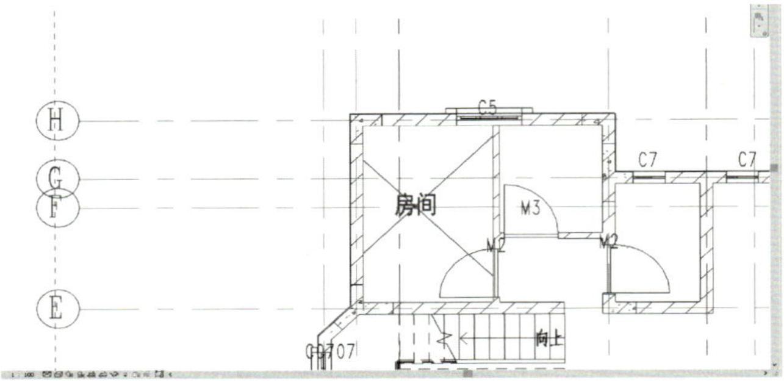

图 4.1-2

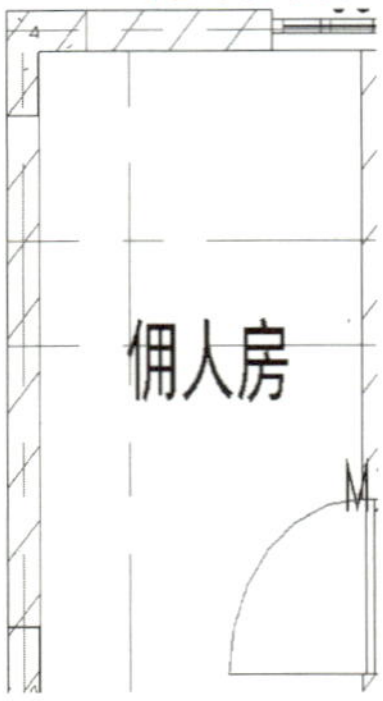

图 4.1-3

按照同样的方法，依次修改各个房间的名称。我们可以使用快捷键 RM 分别放置，放置完成后依次修改各房间的名称，如图 4.1-4 所示。

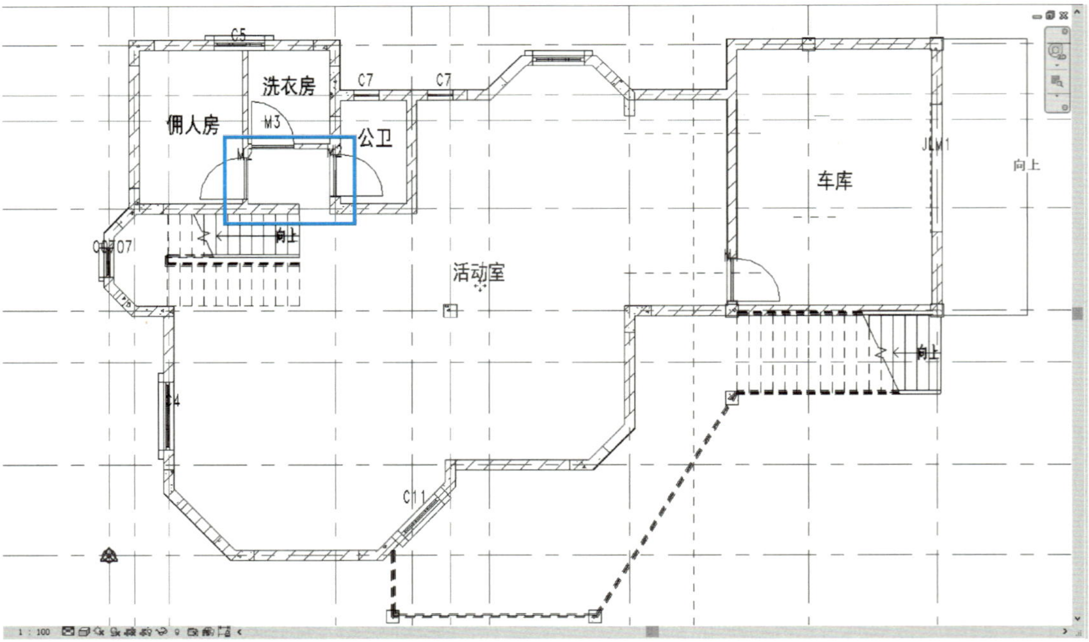

图 4.1-4

［步骤-02］ 修改完成后，切换到“建筑”选项卡，在“房间和面积”面板中选择房间分隔命令（图 4.1-5），需要把活动室和洗衣房前面的位置做一个面积的分隔。如

图 4.1-4 所示蓝色框选部分，没有任何墙进行隔断，现在的面积是统一计算的，所以需要对其进行分隔。选择两个点进行房间分隔线的布置，分隔完成如图 4.1-6 所示。

再次切换到“建筑”选项卡，在“房间和面积”面板中选择“房间”，把图 4.1-4 蓝色框选部分命名为“过道”。

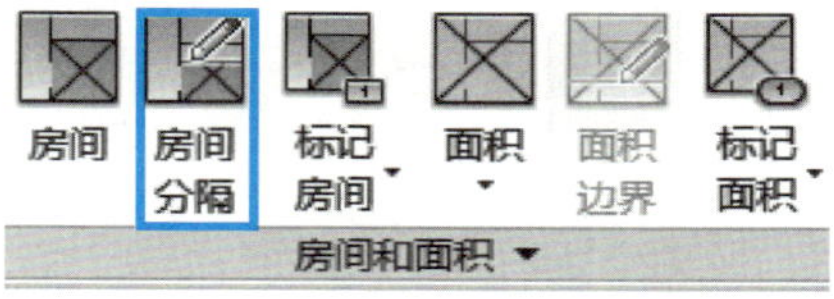

图 4.1-5

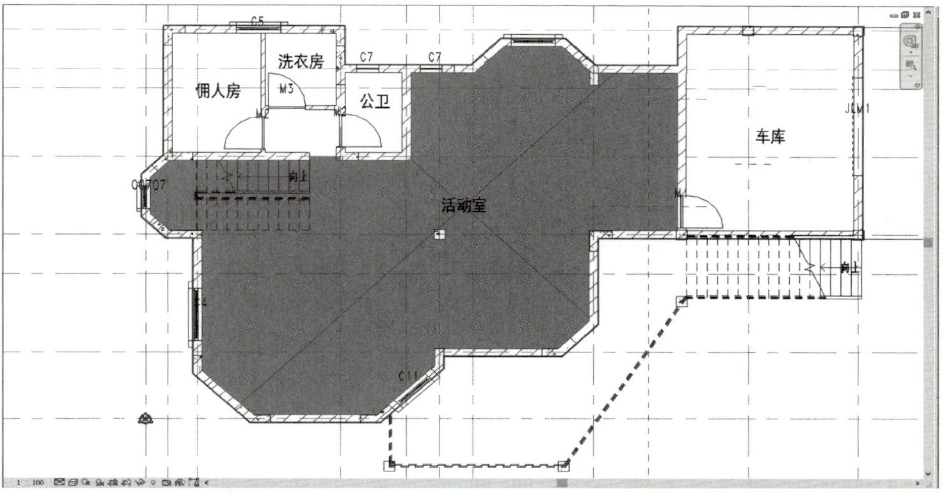

图 4.1-6

［步骤-03］　选中其中一个房间的标记，输入快捷键 SA，选中所有房间的标记，在“属性”面板中进行标记的替换，以统计各个房间的面积，如图 4.1-7 所示。

［步骤-04］　切换到注释选项卡，在颜色填充面板中选择“颜色填充图例”按钮（图 4.1-8），鼠标左键单击放置在模型一侧，弹出“选择空间类型和颜色方案”对话框，

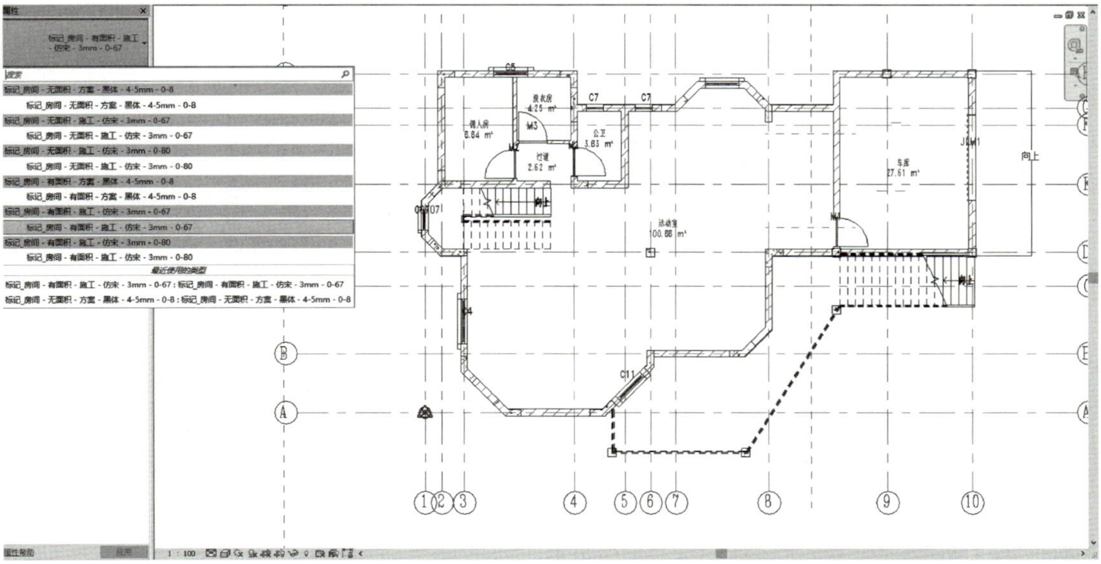

图 4.1-7

图 4.1-8

空间类型选择“房间”，颜色方案选择“方案 1”，点击“确定”按钮。

［步骤-05］ 鼠标左键选择刚刚放置好的图例，点击修改选项卡方案面板中的“编辑颜色方案”按钮，弹出“编辑颜色方案”对话框。点击“方案 1”进行复制，输入名称“房间类型”后点击“确定”按钮，如图 4.1-9 所示。

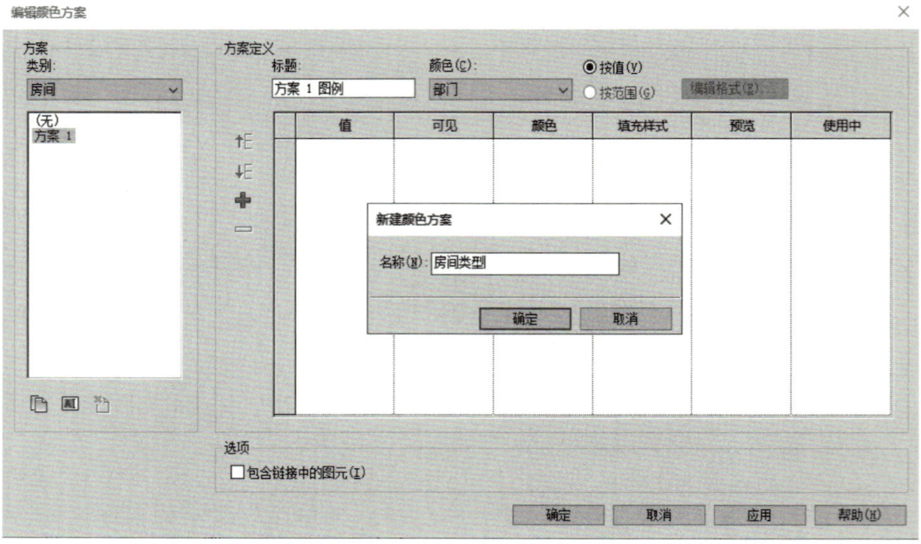

图 4.1-9

同样，我们把标题也改为“房间类型”，设置颜色为“名称”，点“+”添加名称，如“佣人房”→确定，按下图设置“值”和“颜色”点击“确定”按钮，这时可以看到如图 4.1-10 所示的颜色方案。

点击“应用”按钮并确定，即可创建完成房间图例，如图 4.1-11 所示。

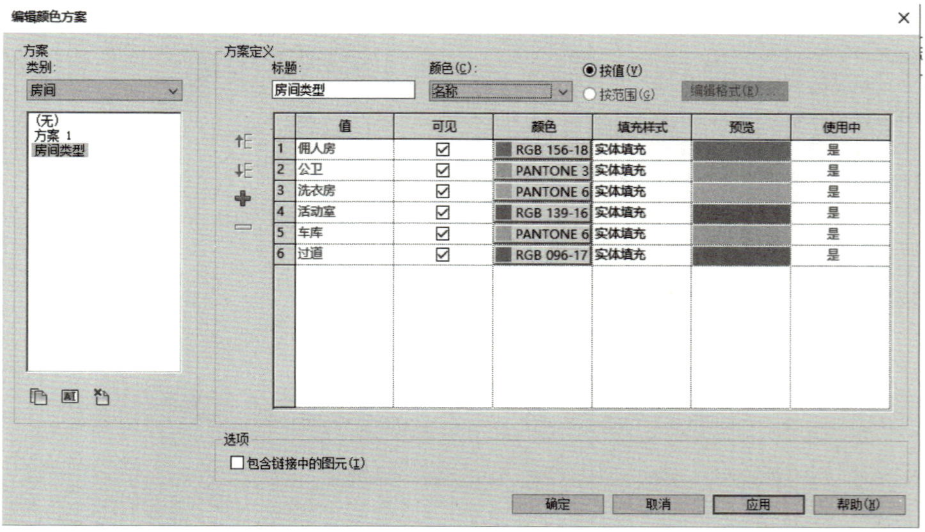

图 4.1-10

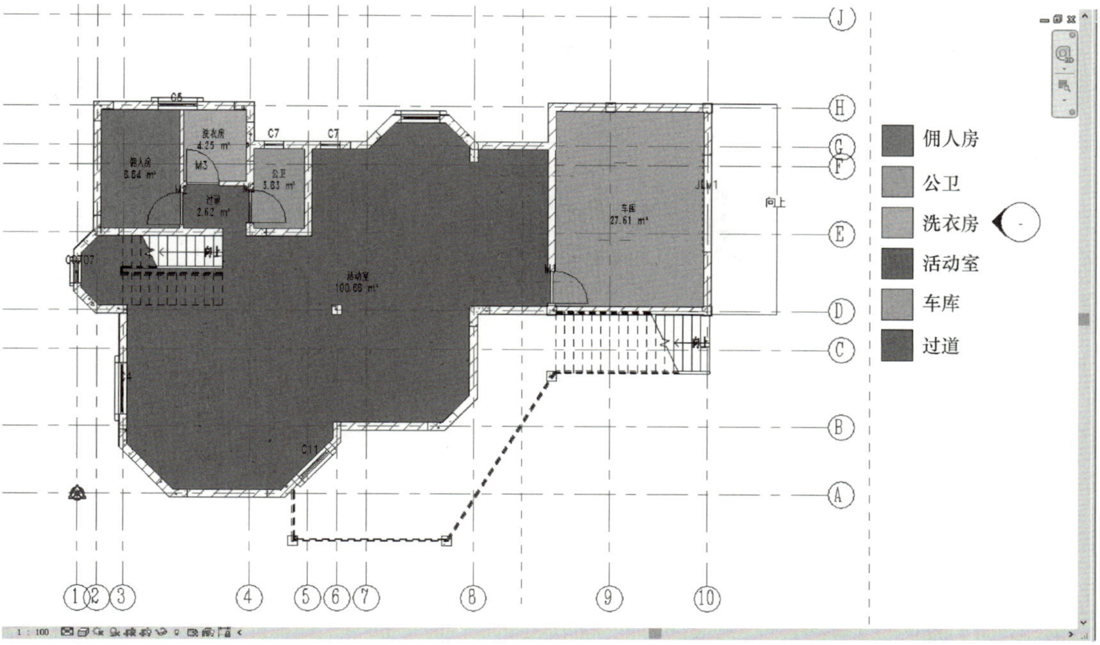

图 4.1-11

4.1.4　实践操作

同学们根据“4.1.3 教师演示”中的步骤依次创建模型二层、三层、四层的房间名称，并进行面积统计且创建不同的颜色方案，达到的效果如图 4.1-12～图 4.1-14 所示。

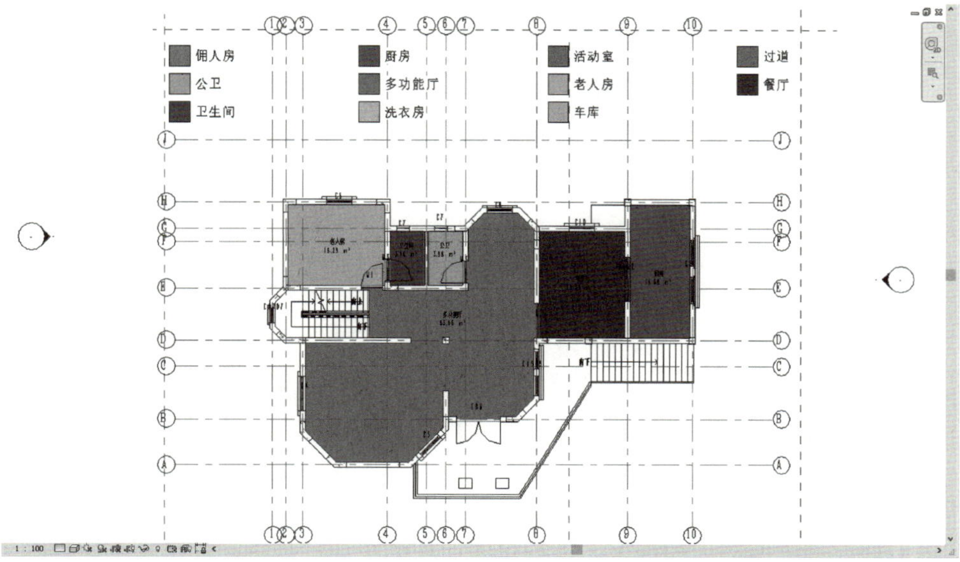

图 4.1-12

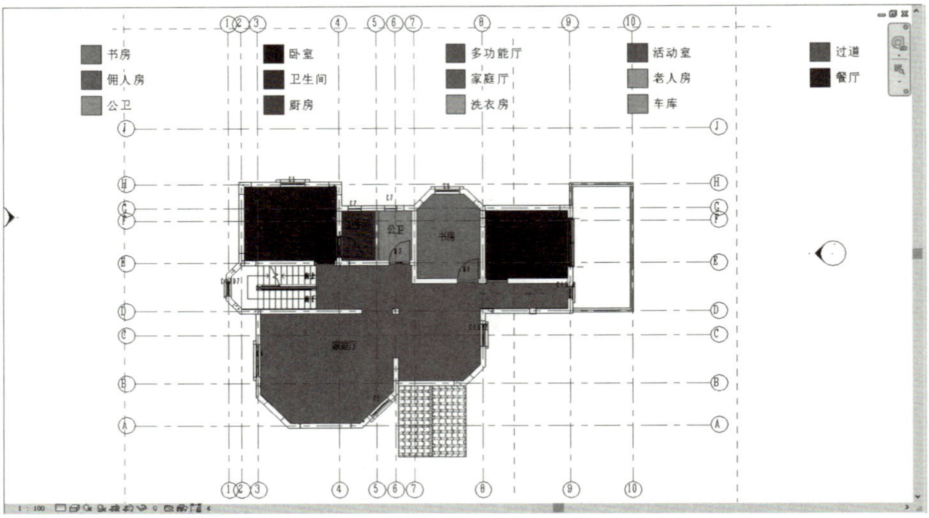

图 4.1-13

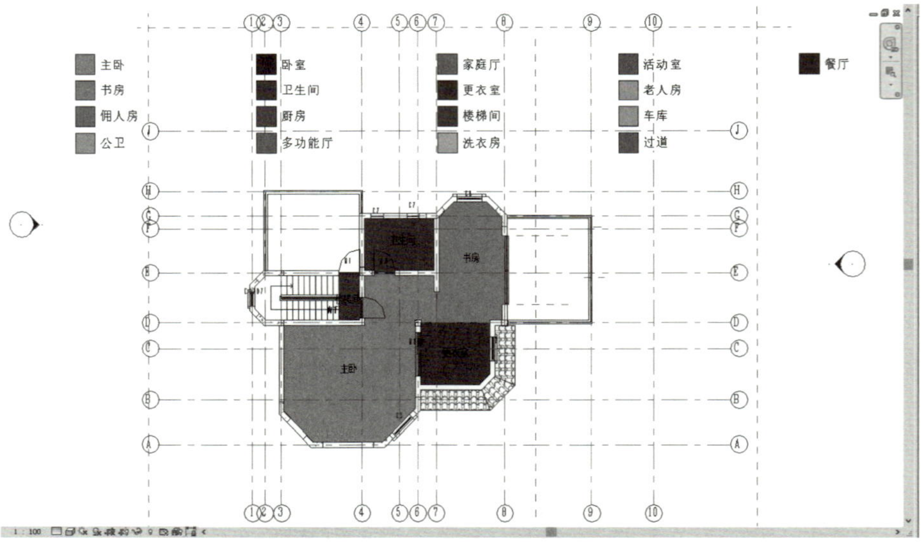

图 4.1-14

4.1.5 任务小结

在 Revit 中创建“房间”构件，统计各个房间的面积并创建颜色方案和布置。首先，进行房间的放置并修改房间名称；然后，进行房间分隔并补充新分隔出来的房间；接着，使用快捷键修改选中所有房间标记，进行房间面积的统计；最后，创建颜色填充图例和设定颜色方案并应用。

任务 4.2　输出各构件明细表与图纸

4.2.1　工作任务

输出门、窗构件明细表与平面图、立面图。

4.2.2　任务分析

Revit 可以自动提取各种建筑构件的“房间和面积”“注释”“修订”“视图”“图纸”等图元的属性参数，并以表格的形式显示图元信息，从而自动创建门、窗等构件统计表、材质明细表等各种表格。

在 Revit 中，明细表不过是项目的另一种表示或查看方式。在设计过程中，可随时创建明细表，明细表将自动更新，以反映对项目的修改。明细表以表格形式显示信息，这些信息是从项目的图元属性中提取的。明细表可以列出要编制明细表的图元类型的每个实例，或根据明细表的成组标准，将多个实例压缩到一行中。

在 Revit 中，还可以使用“添加视图”命令或直接鼠标拖拽的方式布置视图，在一张图上可以布置多种不同比例的视图。

4.2.3　教师演示

4-2 输出构件明细表与图纸

[步骤-01]　打开已画好的模型文件，切换到视图选项卡，在创建面板中选择“明细表”命令下的“明细表/数量”命令，如图 4.2-1 所示。在新建明细表窗口中，找到“类别”，选择“门”，点击“确定”按钮，如图 4.2-2 所示。

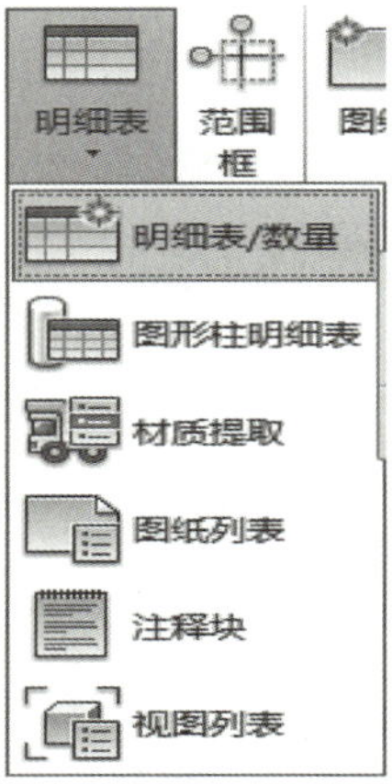

图 4.2-1

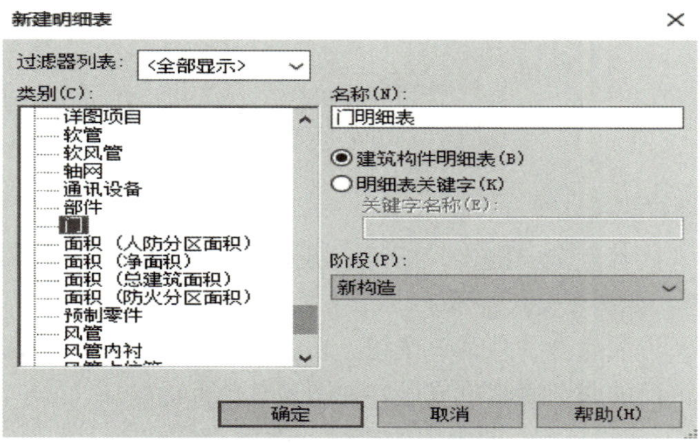

图 4.2-2

在“明细表属性”窗口添加类型、宽度、高度、合计字段，并通过上移、下移按钮调整字段排列顺序，从而达到如图 4.2-3 所示效果。点击“确定”按钮生成门的明细表。

[步骤-02]　找到属性面板下的其他，点击“排序/成组”命令，选择排序方式为“类型”，勾选“总计”按钮，取消勾选“逐项列举每个实例”按钮，如图 4.2-4 所示。

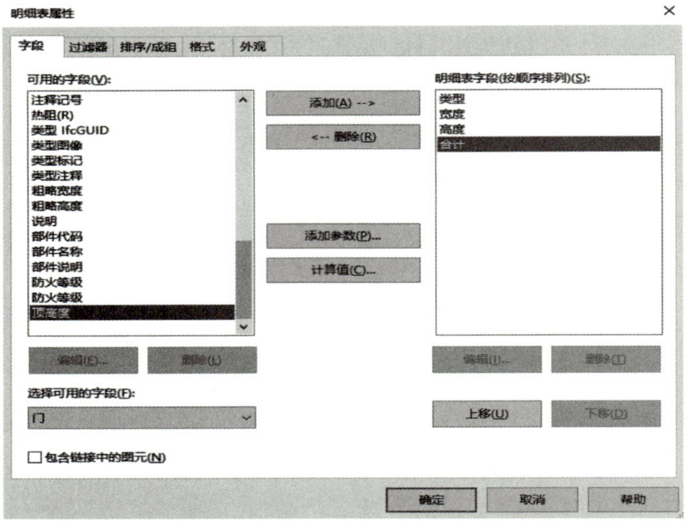

图 4.2-3

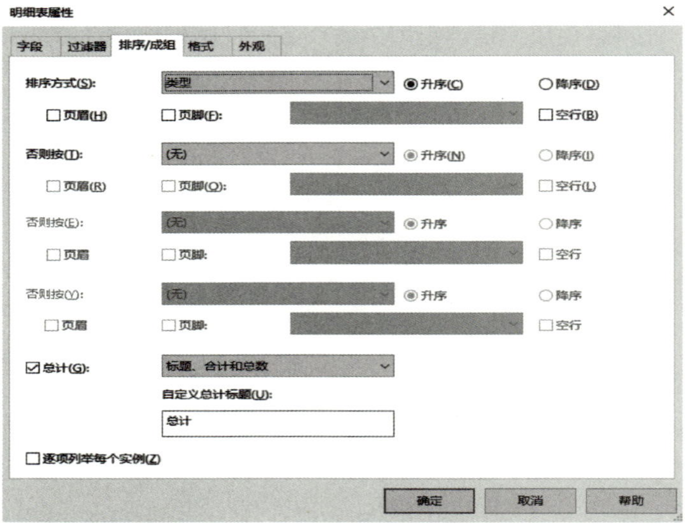

图 4.2-4

接着点击“格式”按钮，切换操作界面，点击“字段”下的“合计”并勾选“计算总数”，如图 4.2-5 所示。

最后点击“外观”按钮，切换操作界面，取消勾选“数据前空行”，点击“确定”按钮，门的明细表就生成了，如图 4.2-6 所示。

[步骤-03] 明细表生成后，找到视图选项卡图纸组合面板中的“图纸”按钮，新建所需要的图纸，如图 4.2-7 所示。点击“确定”按钮，生成图纸。

再次找到视图选项卡图纸组合面板，点击“视图”命令，选择需要放进图纸的视图，如图 4.2-8 所示。点击“在图纸中添加视图”，选好放置位置，创建相应图纸。双击视图进行激活，输入快捷键“VV”，找到注释类别下的“参照平面”和“立面”，并取消勾选，如图 4.2-9 所示。点击“确定”按钮，用鼠标左键双击空白区域，取消激活视图。

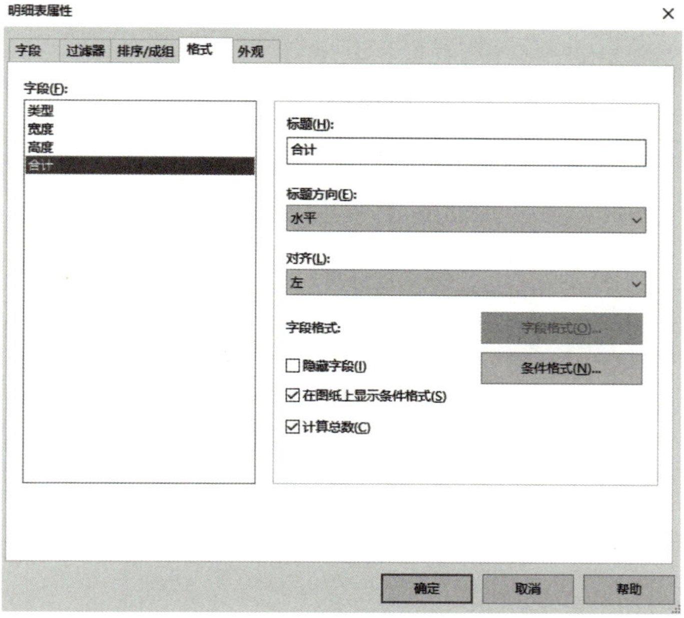

图 4.2-5

<门明细表>			
A	B	C	D
类型	宽度	高度	合计
BLM2	3000	2400	1
BLM3	1800	2400	1
FDM	2250	2400	1
JLM1	3000	2400	1
M1	900	2400	8
M2	900	2400	2
M3	700	2100	6
幕墙门	1125	2025	1
幕墙门第四层	1350	2075	1
总计: 22			22

图 4.2-6

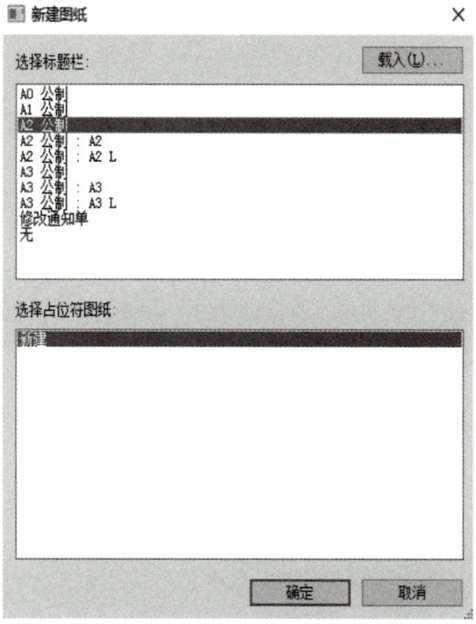

图 4.2-7

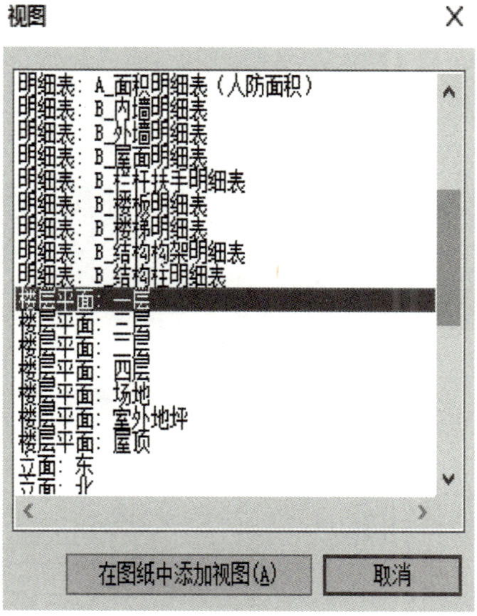

图 4.2-8

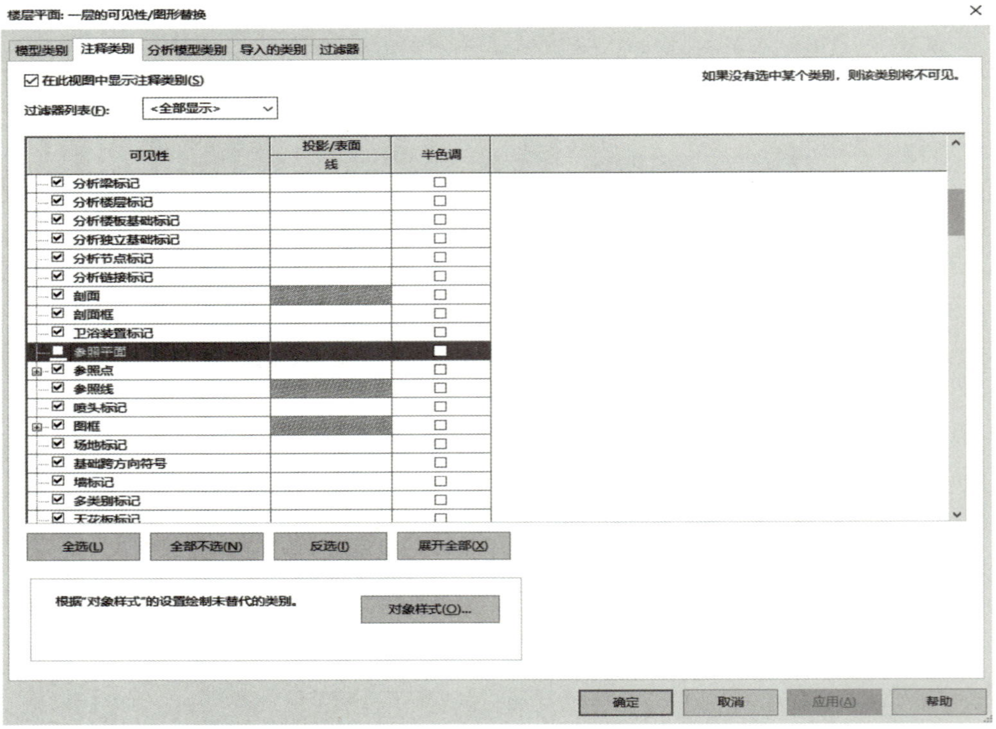

图 4. 2-9

单击图纸下方图名，呈现蓝色选中状态后，单击视图呈现 一层 ，拖拽蓝色小点调整水平线长度，单击图名修改为“一层平面图 1：100”，点击“确定”按钮，单击空白处取消激活，再次点击图名，拖拽到合理位置即可，如图 4. 2-10 所示。

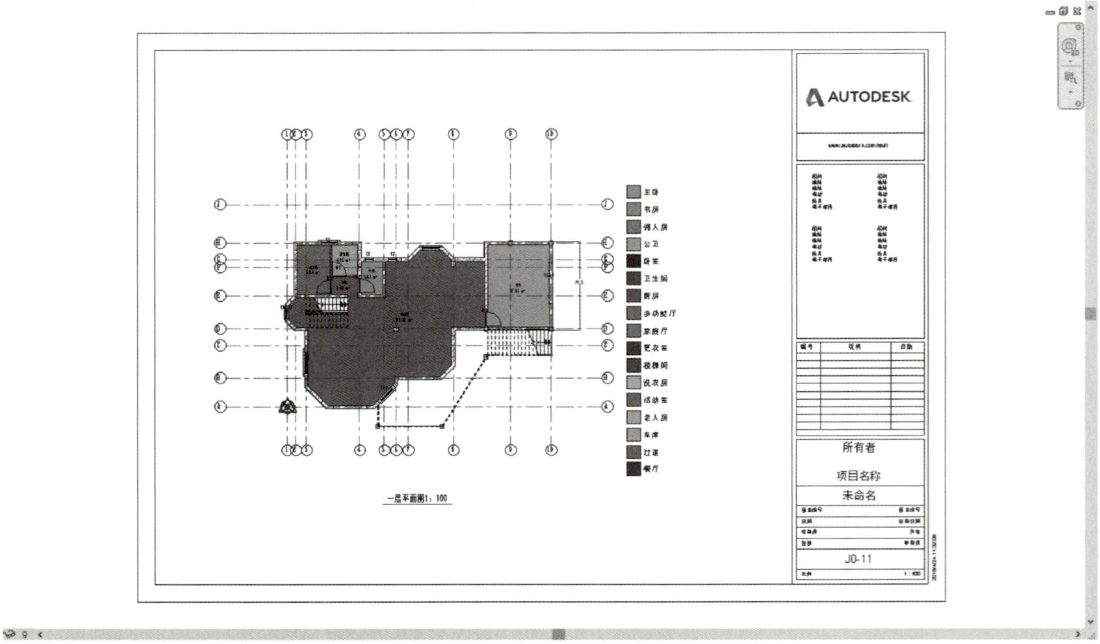

图 4. 2-10

4.2.4　实践操作

同学们根据“4.2.3 教师演示”中的步骤创建窗的明细表，并调整外观计算总数。创建南立面图。达到的效果如图 4.2-11 和图 4.2-12 所示。

<窗明细表>

A	B	C	D	E
类型	宽度	高度	底高度	合计
C4	1600	2200	520	4
C5	1200	1700	800	3
C6	600	1700	800	3
C7	600	1200	800	8
C8	1500	2200	500	4
C9	1200	2000	500	2
C10	1800	2000	500	2
C10-1	1800	2080	135	2
C11	1200	2100	500	4
C13	1500	2000	800	1
C0707	700	700	700	4
窗嵌板_上悬无框铝	1125	1000		1
总计: 38				38

图 4.2-11

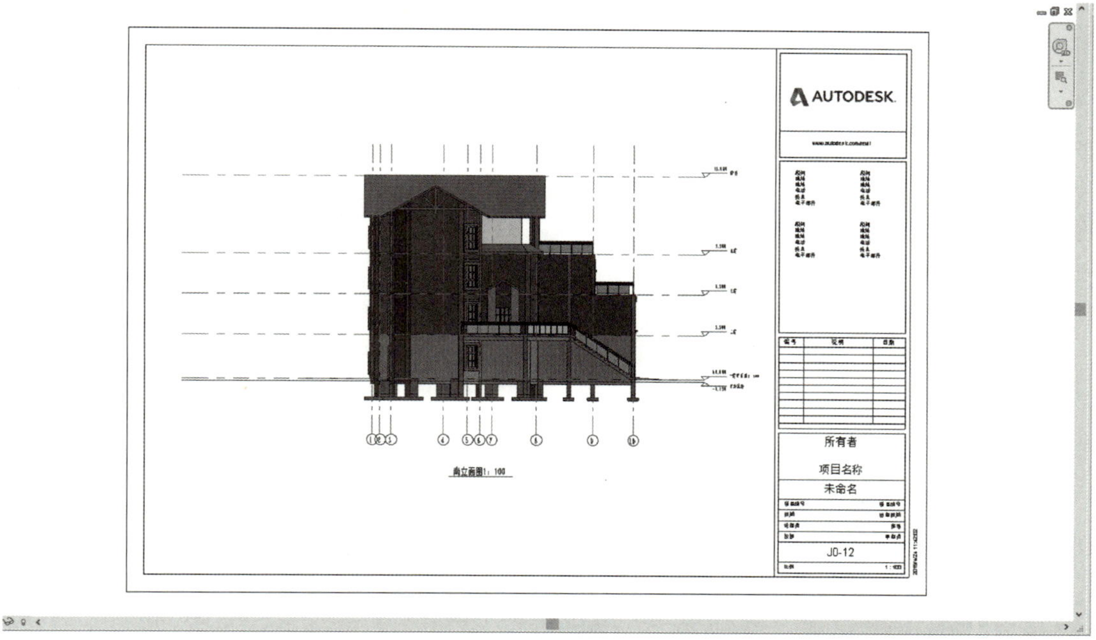

图 4.2-12

4.2.5　任务小结

在 Revit 中，创建门、窗明细表，进行图纸输出。首先，启动“明细表数量”命令，选择“明细表类别”，并进行命名。然后，选择可用字段，调整上下顺序；接着，设置排序方式，勾选“总计”，取消勾选“逐项列举每个实例”，设置格式，设定合计字段输出格式，勾选“计算总数”；设置外观，取消勾选“数据前的空行”。最后，新建图纸，添加视图，隐藏立面，修改图名，调整位置。

4.2.6 拓展训练

根据以上学习内容，对本项目按照国家规范进行出图。

任务4.3 创建相机、渲染与漫游

4.3.1 工作任务

创建相机视图，对所创建的相机视图进行渲染，并对建筑外立面进行漫游。

4.3.2 任务分析

在Revit中，为项目设置完材质后，可以为项目指定相机视图，方便后期的渲染表现。渲染用于创建建筑模型的照片级真实感图像，可以使用各种效果和内容（如照明和环境）来渲染三维视图。沿设定的路径移动相机，即可创建建筑漫游，动态展示设计的整体及局部细节。

4.3.3 教师演示

［步骤-01］ 切换到一层平面视图，适当地对视图进行缩放，使用视图选项卡，创建面板中单击“三维视图”的下拉列表，在列表当中选择“相机”命令，如图4.3-1所示。

在设置选项栏中勾选“透视图”选项，将偏移量设置为“1750.0”，放置标高在一层标高，如图4.3-2所示。

4-3 创建相机、渲染与漫游

图4.3-1

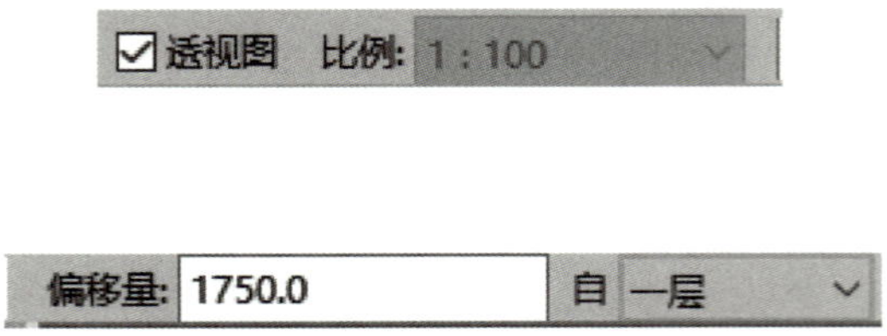

图4.3-2

放置相机在建筑物的右下方位置，并作为相机的起点，移动鼠标向左上方的位置单击放置相机的目标位置，如图4.3-3所示。

该位置将生成一个三维相机视图，并自动切换到该视图。选择相机视图的边框，在属性面板中取消勾选“远剪裁激活”这个选项，单击“应用”按钮，如图4.3-4所示。

需要注意的是，在项目浏览器当中创建了相机视图后，Revit会在三维视图列表中，

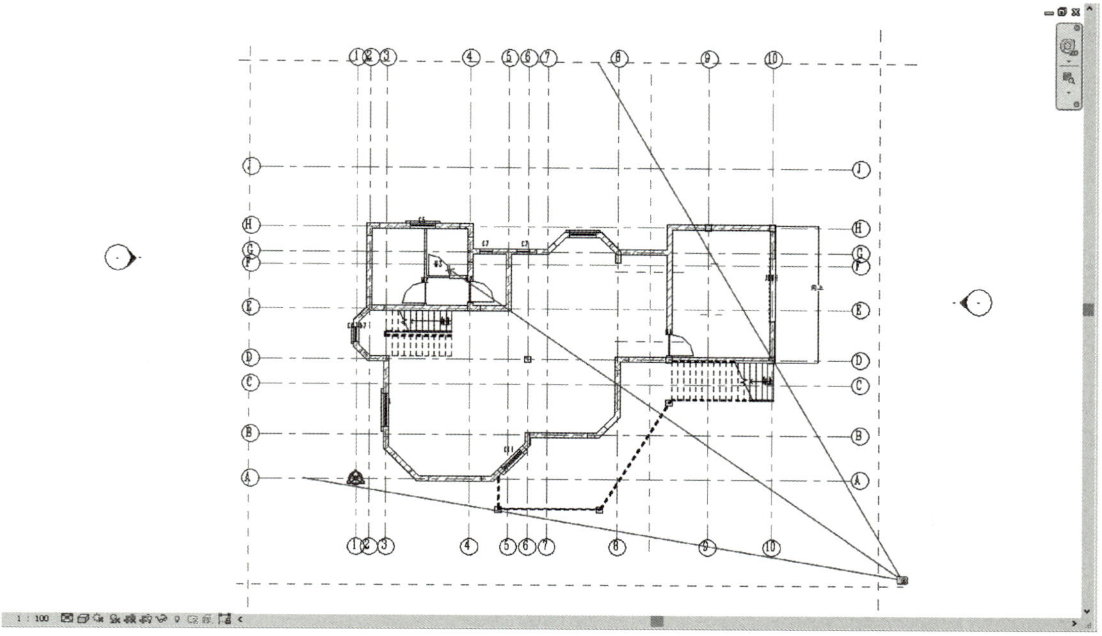

图 4.3-3

图 4.3-4

生成刚所创建的相机视图，可以通过双击各个三维视图的名称切换三维视图的显示，如图 4.3-5 所示。

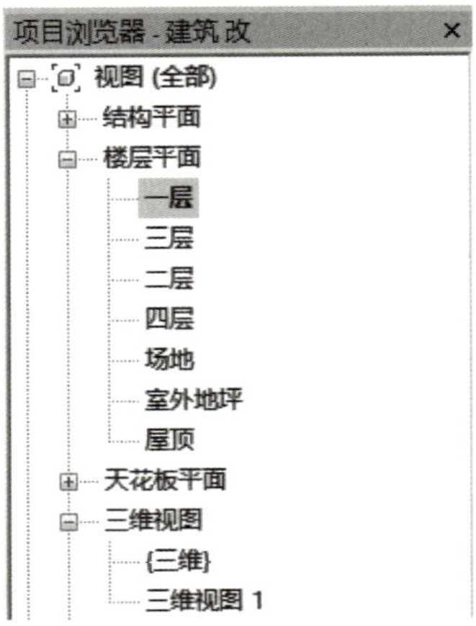

图 4.3-5

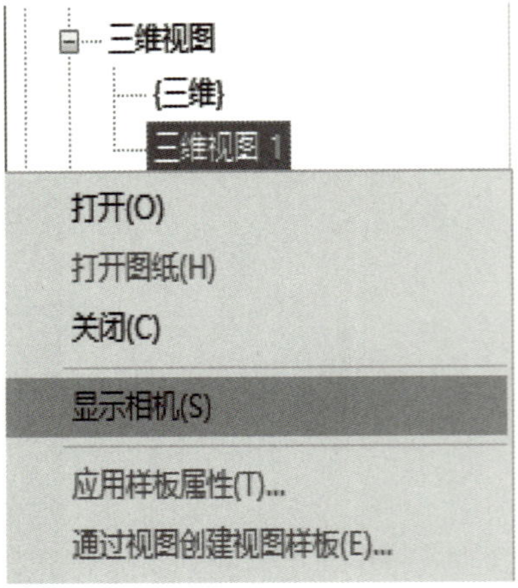

图 4.3-6

切换至一层平面视图，如果要继续对相机进行编辑，可以在三维视图上面单击鼠标右键，在弹出的菜单当中选择“显示相机”，如图 4.3-6 所示。相机显示在当前视图中，可通过拖拽目标位置进一步修改，如图 4.3-7 所示。

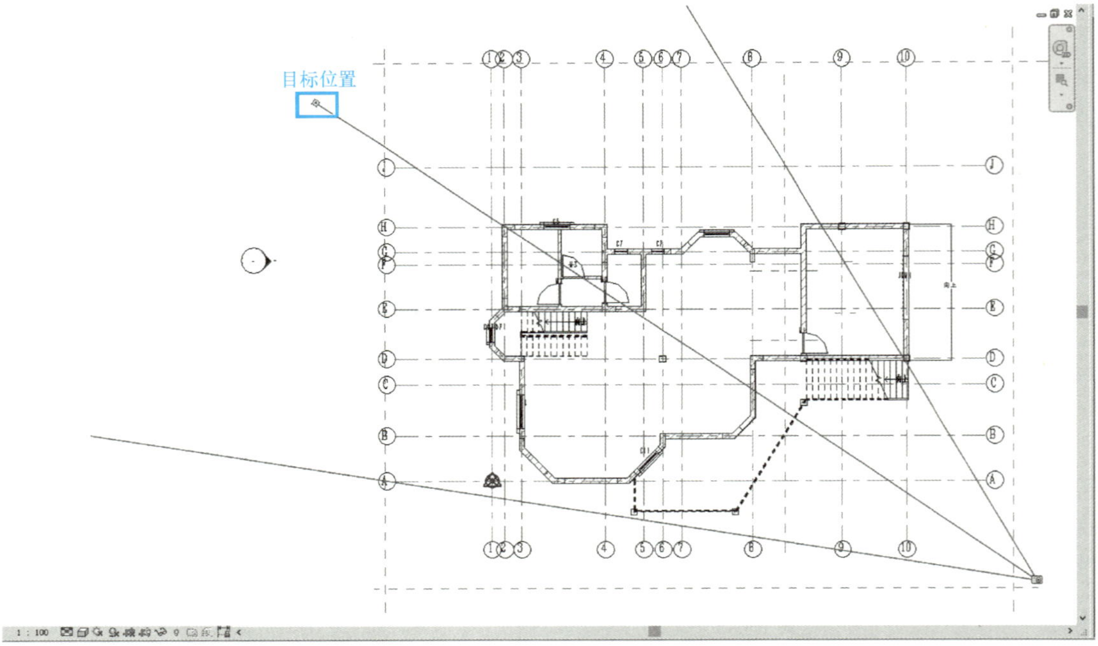

图 4.3-7

[步骤-02] 切换至三维视图 1，单击视图控制栏中的“渲染”对话框，并根据实际情况选择渲染质量，选择渲染质量为“高”；根据实际情况设置输出分辨率，选择打印机“300 DPI”；根据实际情况设置照明方案和日光设置，选择“室外：仅日光”和“来自右上角的日光”；根据实际情况设置背景样式，选择“天空：多云”，如图 4.3-8 所示。设置完成后单击“渲染”，即可对图像进行渲染。

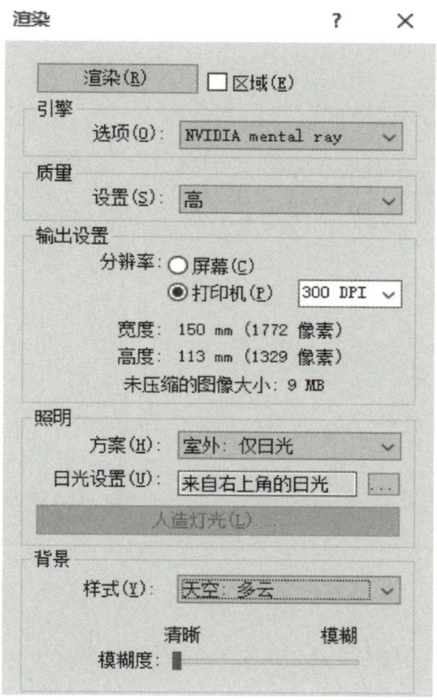

图 4.3-8

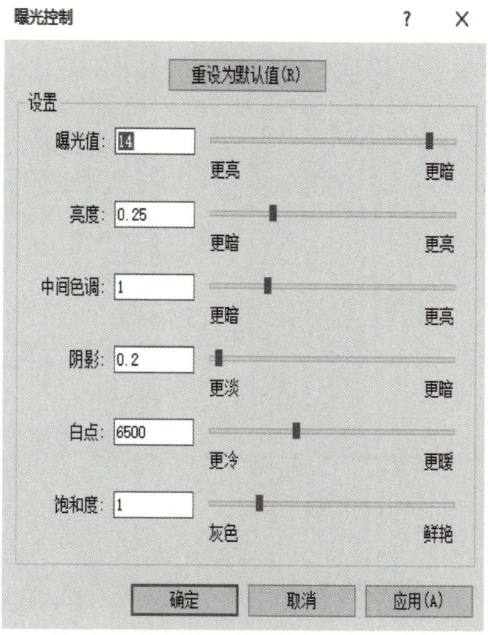

图 4.3-9

完成渲染后，如果对结果的颜色、色调不满意，还可以单击图像中的调整曝光，对渲染图片进行曝光控制，如图 4.3-9 所示。点击“应用”并确定，完成渲染图，如图 4.3-10 所示。

图 4.3-10

渲染完成后，可以把渲染结果保存到项目中，也可以选择导出图片文件，保存成功后，关闭渲染对话框即可。

［步骤-03］ 切换至一层平面视图，使用视图选项卡，在创建面板中单击“三维视图”的下拉列表，在列表当中选择“漫游”命令，进入修改漫游状态。勾选“透视图”选项，修改偏移量为“1750.0”自“一层标高”。适当缩放视图，通过单击鼠标左键放置漫游路径，放置完成之后，单击完成当前的漫游状态。漫游路径如图 4.3-11 所示。

点击“编辑漫游”，选择“控制活动相机”，通过对相机的拖动以及拖拽目标移动点，拖拽远裁剪框对每个关键帧的相机进行合理调整，如图 4.3-12 所示。调整完成后，按 Esc 键退出漫游模式。

Revit 会在项目浏览器中创建漫游这个视图类别，双击切换到漫游视图类别，选择“视图边框”进入“修改|相机”选项卡当中，通过单击属性中“漫游”后面的按钮，弹出“漫游帧”对话框，并对整个漫游路径进行帧的划分，修改总帧数为“300”，帧/秒为“15”，如图 4.3-13 所示，点击“确定”按钮。

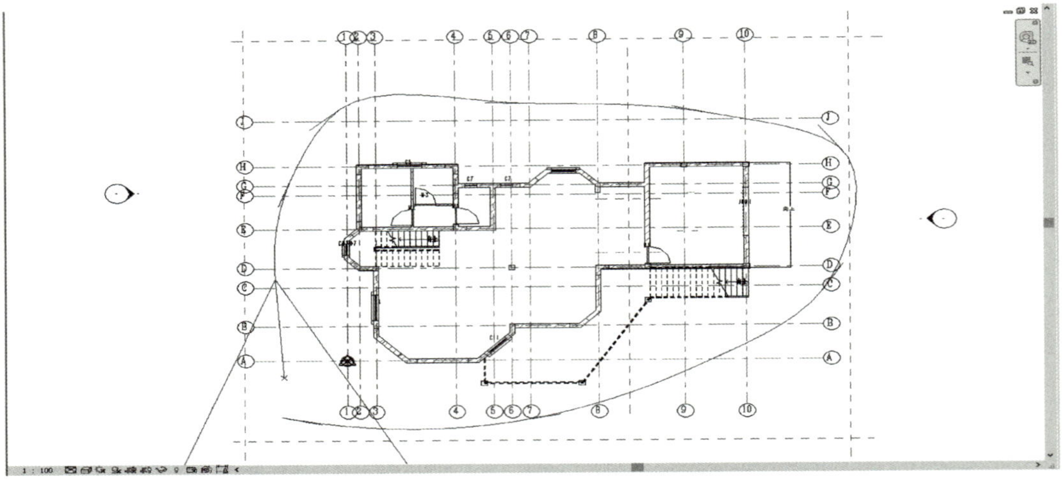

图 4.3-11

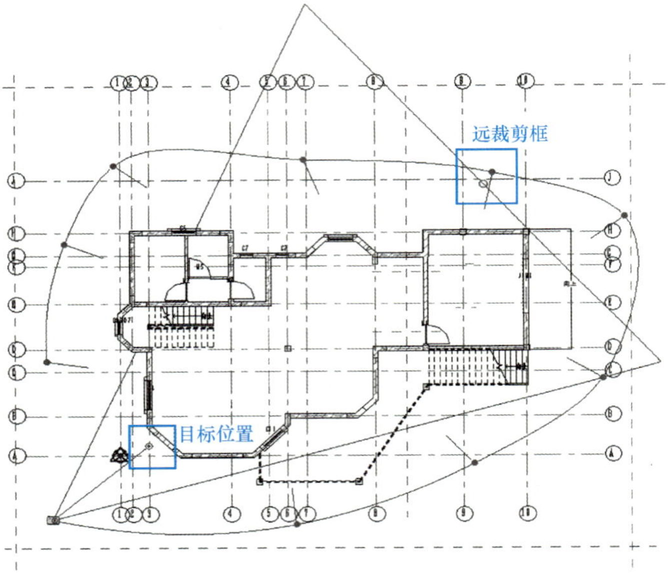

图 4.3-12

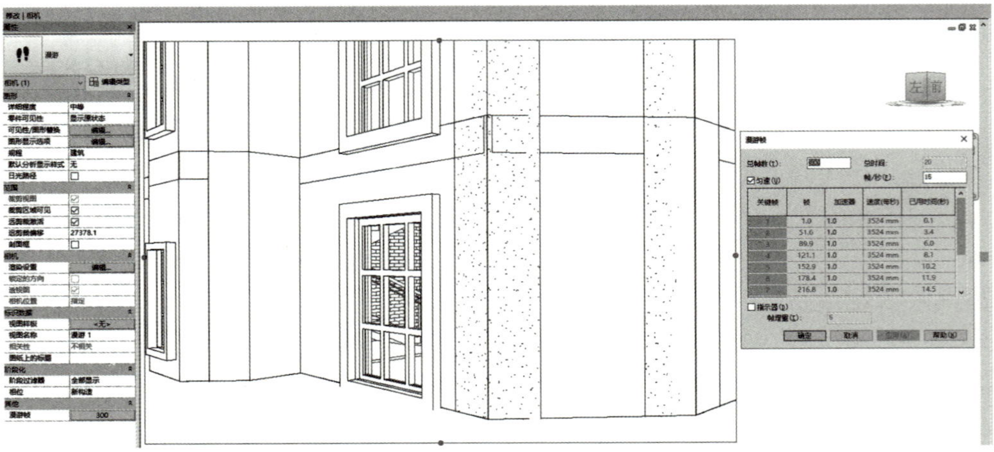

图 4.3-13

继续单击“编辑漫游”进入编辑漫游选项卡中，修改帧数为“1”，如图 4.3-14 所示。点击“播放”按钮，当前视图进入动画模式，Revit 将按照之前设置的漫游路径生成漫游动画。

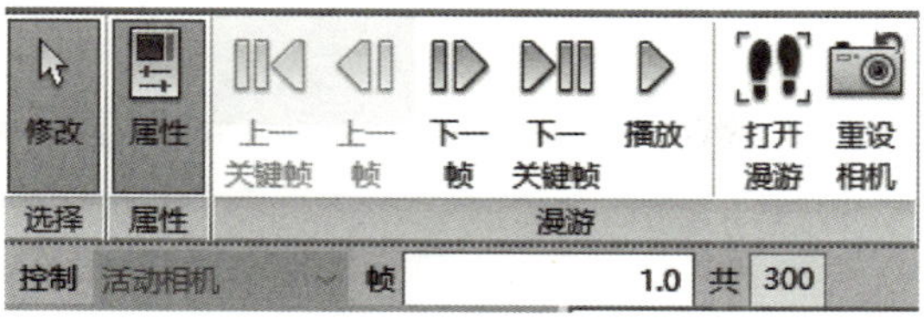

图 4.3-14

生成漫游之后，可以输出漫游，单击应用程序菜单按钮，使用“导出”选项，找到“图像与动画”，可以将漫游导出为独立的数据文件，如图 4.3-15 所示。点击“漫游”按钮，弹出“长度/格式”对话框，在这里可以对“视觉样式”进行调整，调整为“真实”，点击“确定”按钮，选择存放位置，导出漫游，如图 4.3-16 所示。

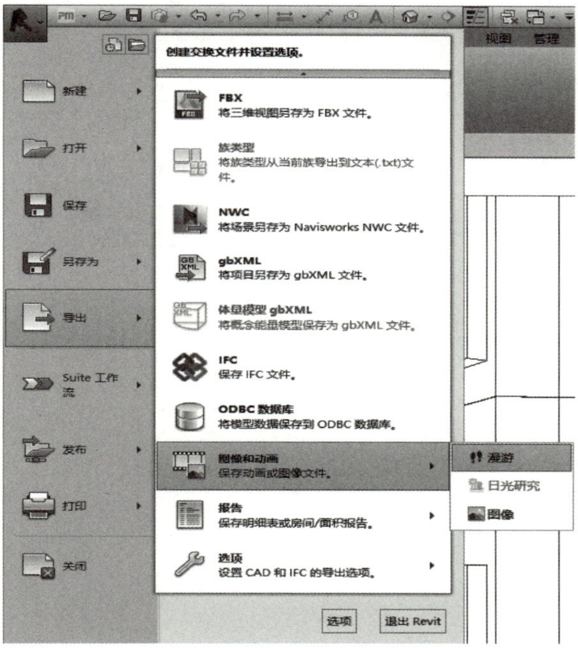

图 4.3-15

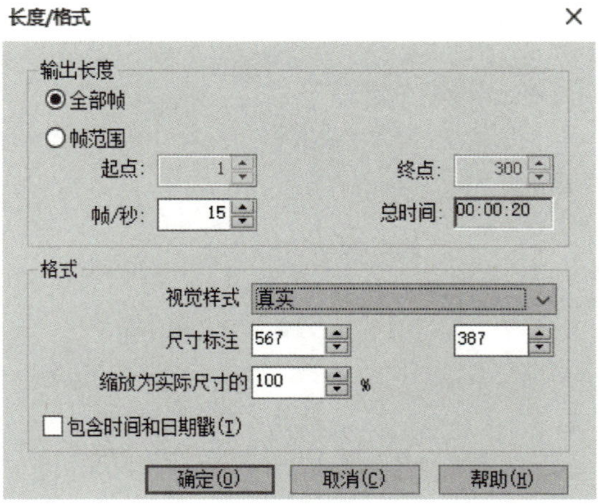

图 4.3-16

4.3.4 实践操作

同学们根据“4.3.3 教师演示”中的步骤在三层露台处创建相机，达到的效果如图 4.3-17 所示。

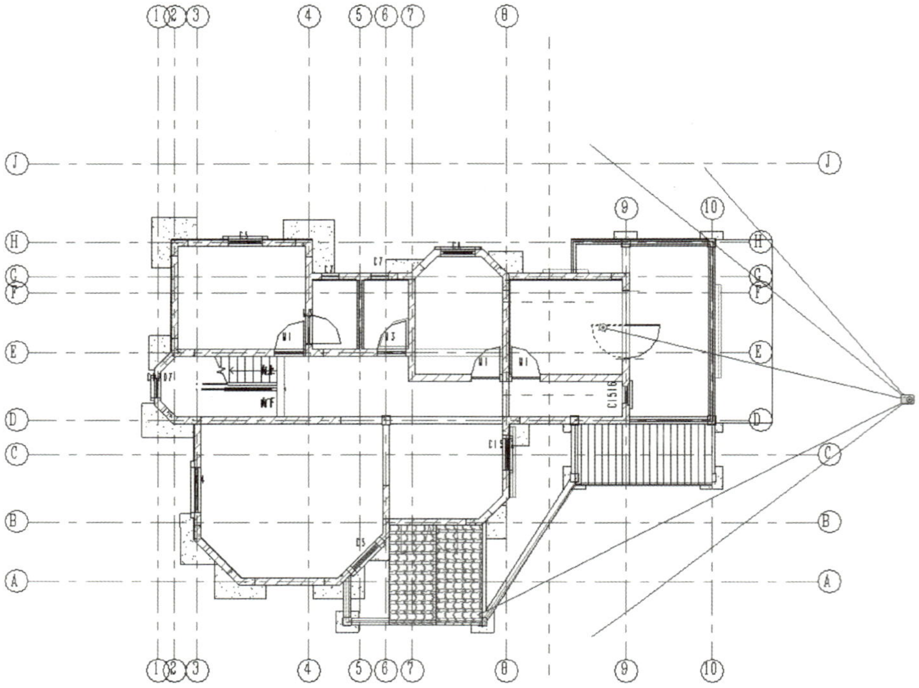

图 4.3-17

对所创建的相机视图进行渲染，选择渲染质量为“高”，选择打印机“300 DPI”，选择“室外仅日光”和“来自左上角的日光”，选择“天空多云”，达到的效果如图 4.3-18 所示。

图 4.3-18

创建二层室外漫游路径，漫游路径如图 4.3-19 所示。

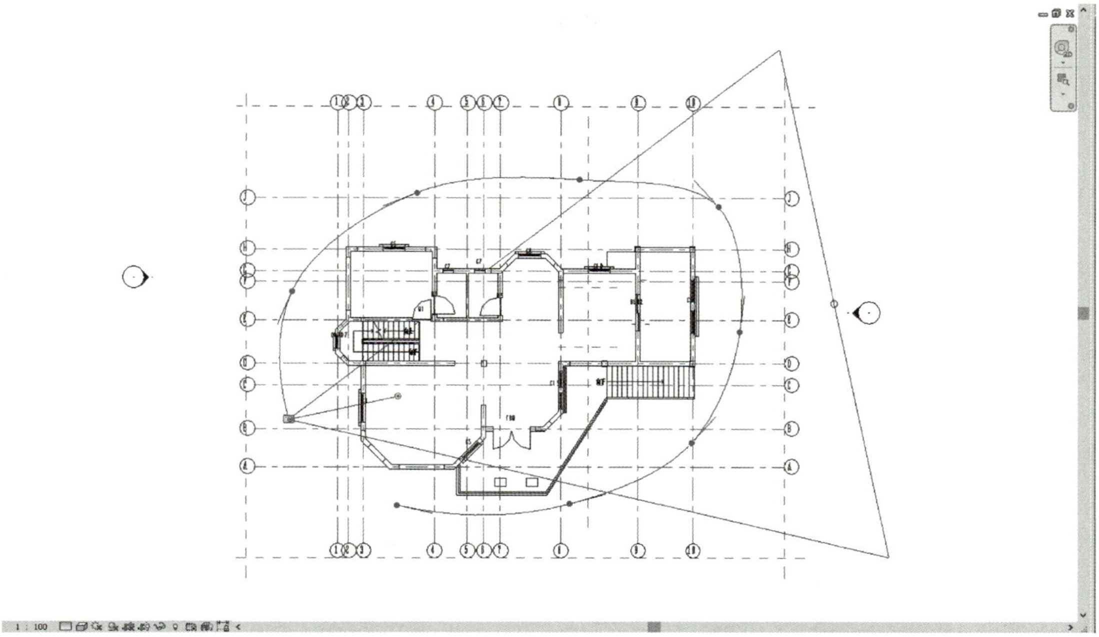

图 4.3-19

4.3.5　任务小结

在 Revit 中，创建相机、渲染与漫游。首先，放置相机位置，确定相机视图，调整合理布局；然后，设置渲染参数，进行渲染；接着，创建漫游路径，调整关键帧，编辑漫游，生成漫游动画；最后，调整视觉样式，导出漫游。

4.3.6　拓展训练

根据上述学习内容，对本任务进行渲染并创建室外漫游路径，导出 1 分钟时长的漫游视频。

“1+X”技能提升

根据图 4.3-20 给出的平面图、立面图，建立房屋的模型，其中内墙厚度均为 200mm，外墙厚度均为 300mm。完成以下成果：

(1) 创建门和窗的明细表，门明细表包含类型、宽度、高度以及合计字段；窗明细表包含类型、底高度（900mm）、宽度、高度以及合计字段。明细表按照类型进行成组和统计。

(2) 建立 A2 尺寸的图纸，将模型的平面图、东立面图、西立面图、南立面图、北立面图以及门明细表和窗明细表分别插入图纸中，根据图纸内容将图纸视图命名。

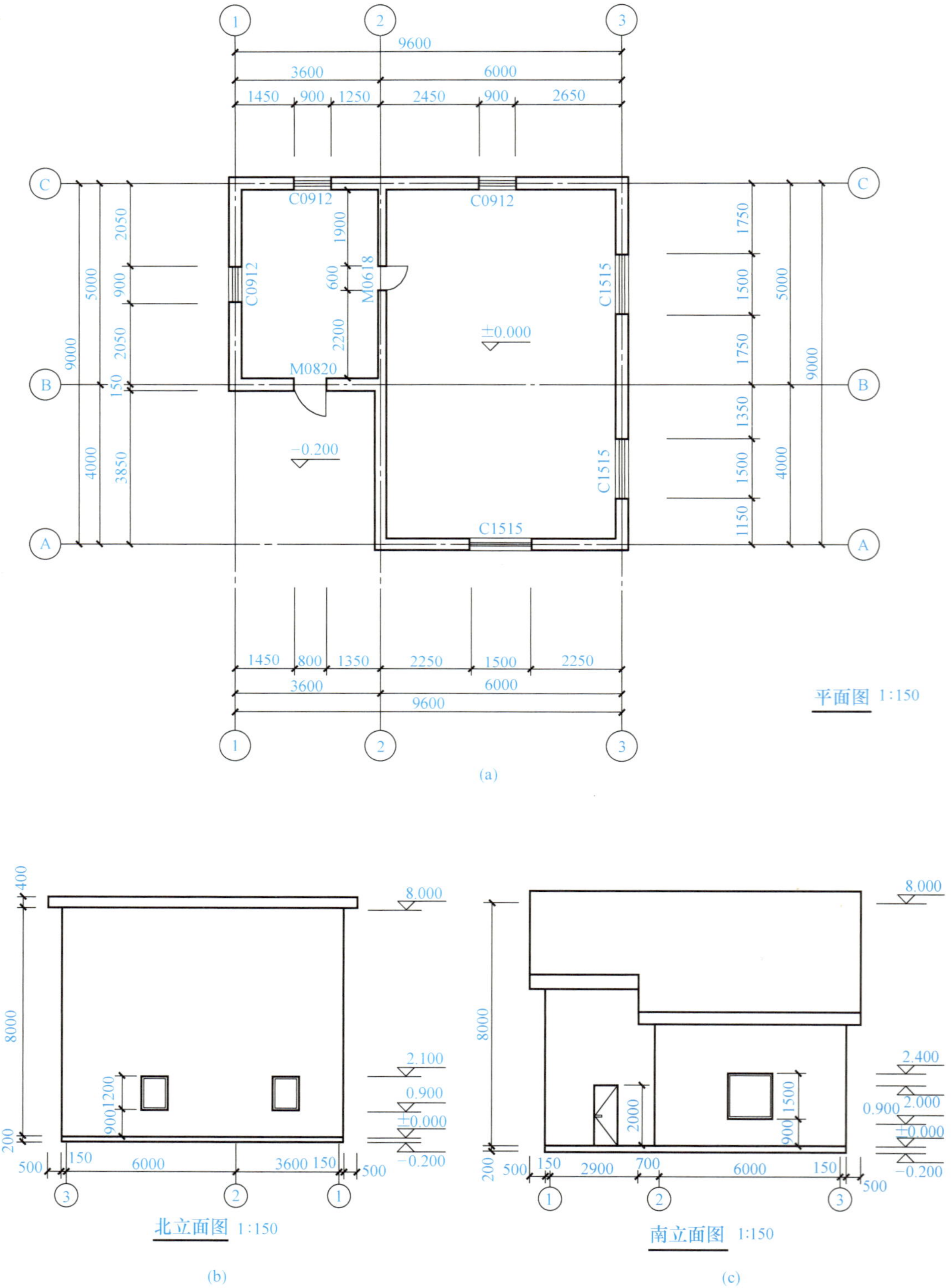

9600
3600
6000
1450 900 1250 2450 900 2650
C0912
C0912
C0912
M0618
M0820
C1515
C1515
C1515
±0.000
-0.200
1450 800 1350 2250 1500 2250
平面图 1:150
(a)
8.000
2.100
0.900
±0.000
-0.200
500 150 6000 3600 150 500
北立面图 1:150
(b)
8.000
2.400
2.000
0.900
±0.000
-0.200
500 150 2900 700 6000 150 500
南立面图 1:150
(c)

图 4.3-20（一）

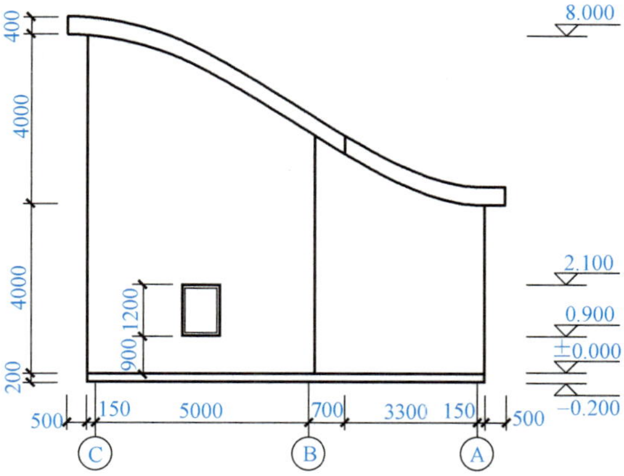

西立面图　1:150

(d)

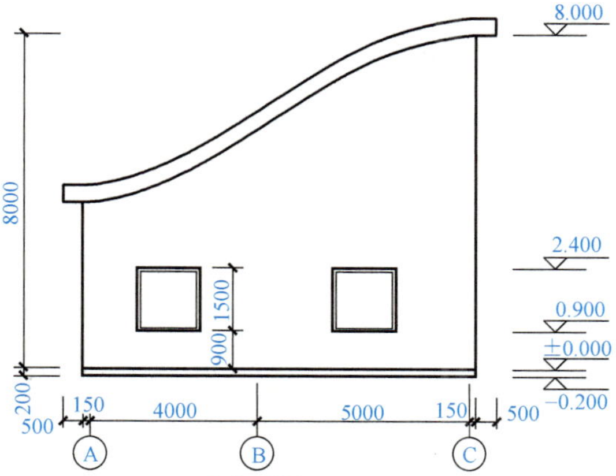

东立面图　1:150

(e)

图 4.3-20（二）

项目5

族应用

教学目标

通过本项目的学习，你将能够：

1. 熟悉族的概念及分类。

2. 了解 Revit 族类别、族、族类型、实例。

3. 了解拉伸命令、放样命令、旋转命令、放样融合命令、融合命令、空心命令结合族参数的用法。

4. 熟悉创建族的基本流程。

5. 掌握系统族的载入方法。

BIM 小谈

不积跬步，无以至千里

Revit 项目中所有图元均基于族的创建，族的创建大至结构构件、墙、屋顶、门窗，小到详图索引、装置、标记等，族一点一点地建立可以更轻松地管理数据、修改参数变量，更好地创设建筑信息模型，以此可见伟业均非一日之功，不积跬步，无以至千里，为学之要贵在勤奋、贵在钻研，需持之以恒锻一技之长。

思维导图

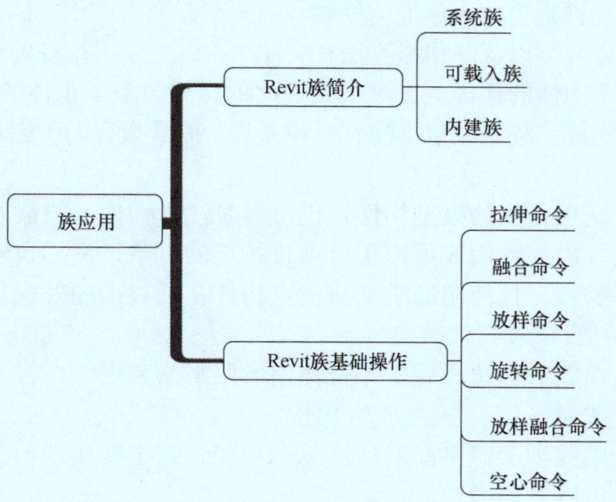

任务 5.1　Revit 族简介

Revit 项目中的所有图元都基于族。“族”是 Revit 中一个强大的功能，每个族图元能够在其内定义多种类型，根据族创建者的设计，每种类型可以具有不同的尺寸、形状、材质设置或其他参数变量。

5.1.1　工作任务

1. 了解 Revit 中族是什么？怎么用？
2. 理解 Revit 中族的分类。
3. 熟悉创建族的基本流程。

5.1.2　任务分析

1. 族是什么？有什么用？

族是图元，是组成项目的主要构件（标高、轴网、门、窗、墙、楼板、灯、管道、泵、喷头）。族是信息载体，是参数化的具体体现（BIM 几何信息、物理信息、产品属性、项目信息、几何信息参数）。

模型项目需要大量的族（在 Revit 中一切皆族，有内置的、也有需要载入的，我们需要大量载入自己的定制族）。内置族通过专用工具直接调用，通过修改属性使之符合设计需求，如楼板、屋顶；定制族通过载入到项目中进行调用，项目模板会帮我们载入一些常规族。

2. 族是怎样分类的？各自有什么特性？

（1）系统族

系统族是在 Revit 中预定义的族，保存在项目样板中，随项目创建而载入项目，包含基础建筑构件，例如墙、门窗、楼板，其中，基本墙系统族包含内墙、外墙、基础墙、常规墙和隔断墙。可以复制和修改现有系统族，但不能创建新系统族；还可以通过指定新参数定义新的族类型。

（2）可载入族

默认情况，在项目样板中载入标准构件族，但更多标准构件族存储在构件库中。使用族编辑器创建和修改构件。可以复制和修改现有构件族，也可以根据各种族样板创建新的构件族。族样板可以是基于主体的样板，也可以是独立的样板。基于主体的族包括主体的构件，例如以墙族为主体的门族。独立族包括柱、树和家具。族样板有助于创建和操作构件族。

（3）内建族

内建族可以是特定项目中的模型构件，也可以是注释构件。只能在当前项目中创建内建族，无法直接导出。因此它们仅可用于该项目特定的对象，例如自定义墙的处理、创建内建族时，可以选择类别，且使用的类别将决定构件在项目中的外观和显示控制。

3. 什么是参照平面、参照线、定义原点？

（1）参照平面：在族的创建过程中经常使用参照平面来定位，且设定参照平面后才可以对族进行尺寸标注或对齐族。快捷键为“RP”。

（2）参照线：参照线和参照平面的功能基本相同，它主要实现角度参数变化。参照线的形状可以是直线也可以是曲线。

（3）定义原点：是指正在放置的对象上的光标位置。例如，当放置矩形柱时，光标放置于该柱造型的中心线。在设置插入点时，选择两个参照平面的交点，在属性对话框勾选上“定义原点”即可。

4. 创建标准构件族的常规步骤

（1）选择适当的族样板。

（2）创建族类别。

（3）利用参照平面或者参照线进行定位，创建几何图形。

（4）添加标注和约束，指定参数化构件几何图形。

（5）通过调试参数测试模型是否正常运行。

（6）用子类别和实体可见性设置指定二维和三维几何图形的显示特征。

（7）通过指定不同的参数，定义族类型的变化。

（8）设置插入点，以便载入项目中使用。

（9）保存新定义的族，并将其载入新项目，观察其如何运行。

5.1.3 教师演示

1. 可载入族

［步骤-01］ 打开或开始创建一个项目。要将族添加到项目中，可以将其拖曳到文档窗口中，也可以使用“文件”菜单上的“从库中载入”“载入族”命令将其载入。一旦族载入项目中，载入的族会与项目一起保存。所有族将在项目浏览器中各自的构件类别下列出。执行项目时无需原始族文件，可以将原始族保存到常用的文件夹中。但是，如果修改了原始族，则需要将该族重新载入项目，以查看更新后的族。

［步骤-02］ 在“文件”菜单上，单击“从库中载入”“载入族”。

［步骤-03］ 定位到族库或族的位置。

［步骤-04］ 选择族文件名，然后单击“打开”。

2. 内建模型

以创建柱顶装饰边内建构件模型为例，如图 5.1-1 所示。

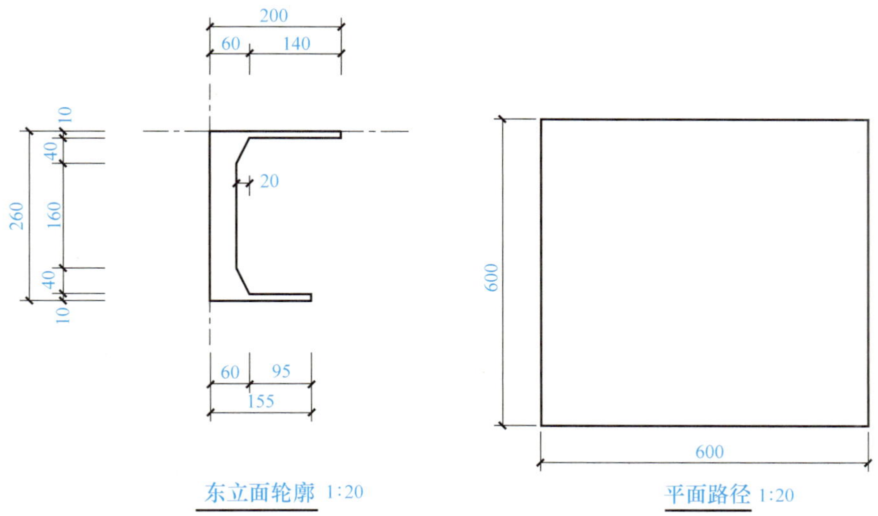

图 5.1-1

［步骤-01］　新建族样板，打开“公制常规模型”。

［步骤-02］　在项目浏览器打开楼层平面，在“创建”选项卡，“形状”面板中，使用“拉伸”-“拾取直线”命令，设置偏移量为“300.0”，绘制图形后，采用 TR 剪切修改命令，绘制成“600×600”的矩形，在模型对话框点击 ，如图 5.1-2 所示。

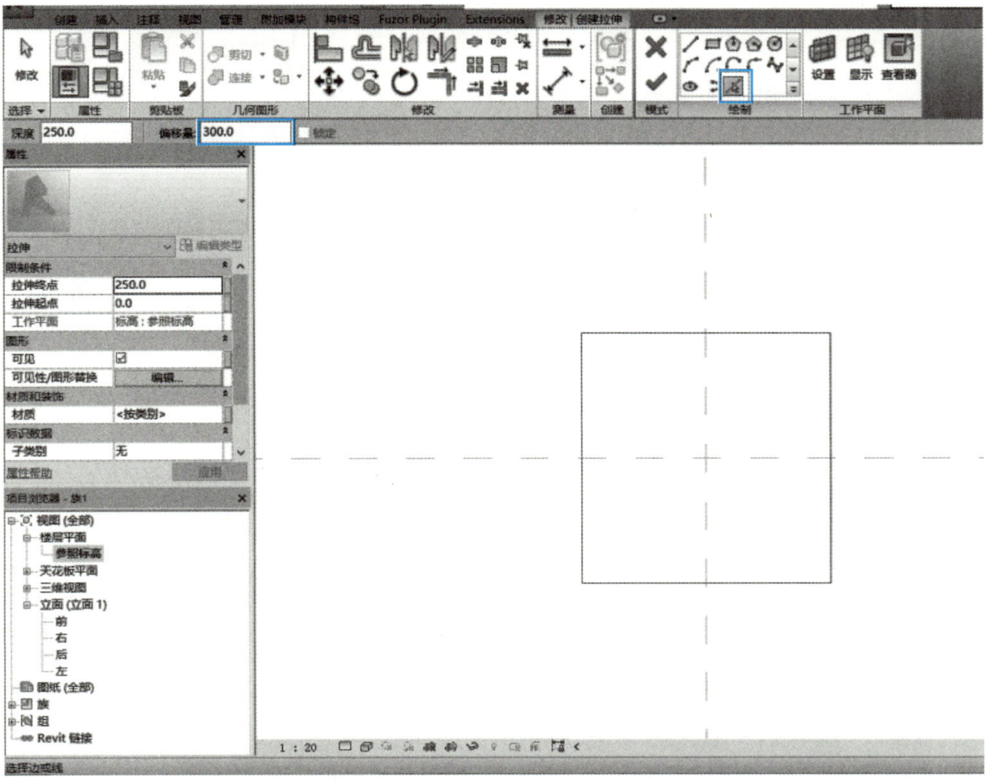

图 5.1-2

［步骤-03］ 打开立面，双击前立面，用 RP 绘制参照平面命令绘制“3000.0”高的参照平面，再用 AL 对齐命令对齐参照平面，如图 5.1-3 所示。

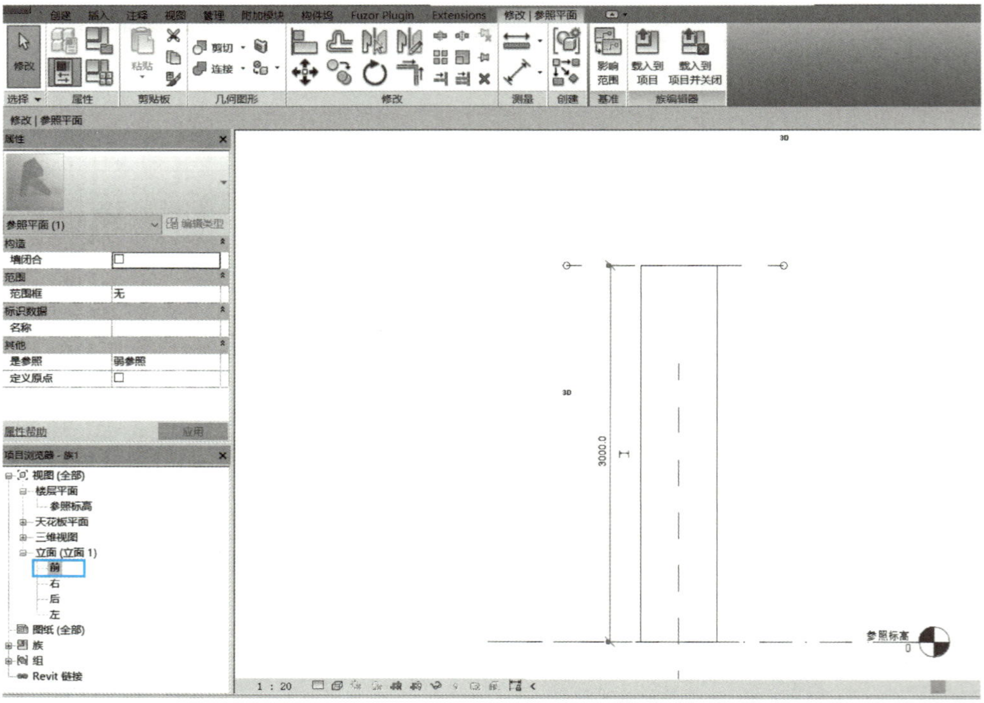

图 5.1-3

［步骤-04］ 在创建选项卡中的工作平面点“设置”，选中“拾取一个平面”，拾取刚绘制“3000”高的参照平面，如图 5.1-4 所示，弹出“转到视图”对话框，如图 5.1-5 所示，选取“楼层平面：参照标高”，打开视图。

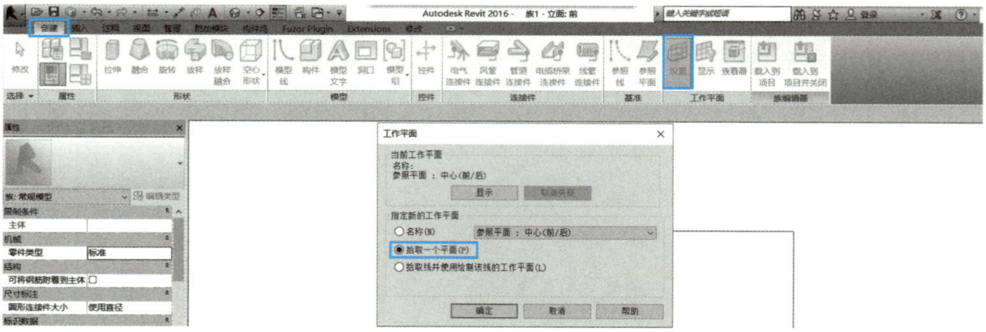

图 5.1-4

［步骤-05］ 在“创建”选项卡，“形状”面板中选中“放样”，进入编辑放样对话框，再点“绘制路径”，沿着柱顶周围绘制路径，绘制完后，在“模式”面板中点击✔。再点“编辑轮廓”，弹出转到视图对话框，选中“里面：右”打开，然后按照题目的数据要求绘制描绘出轮廓，如图 5.1-6 所示，绘制完后点击✔确认装饰边，再点击✔确认整个

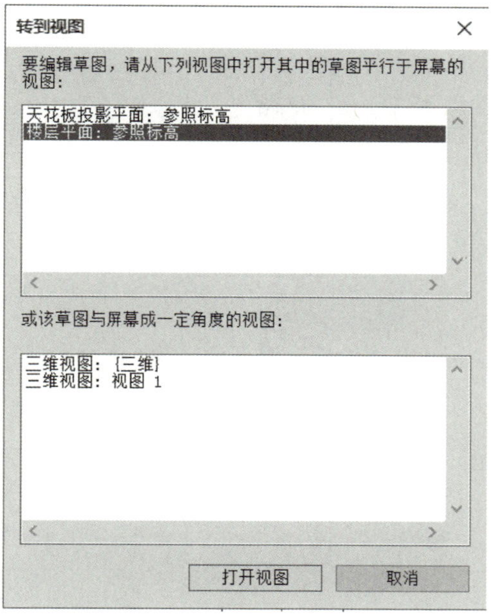

图 5.1-5

模型，在视图样式中打开着色模式如图 5.1-7 所示。

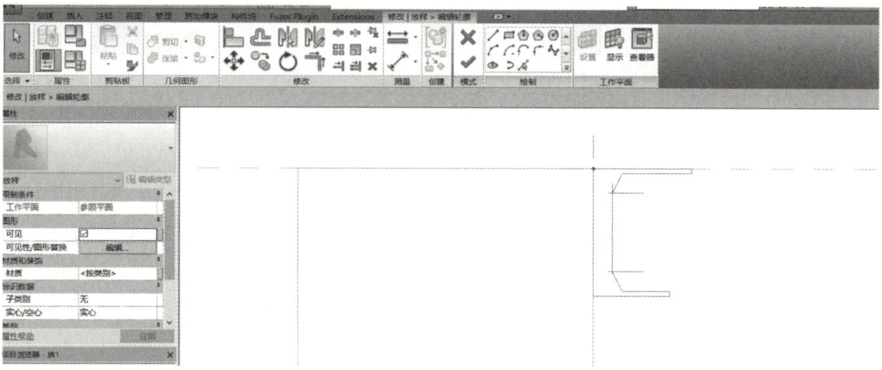

图 5.1-6

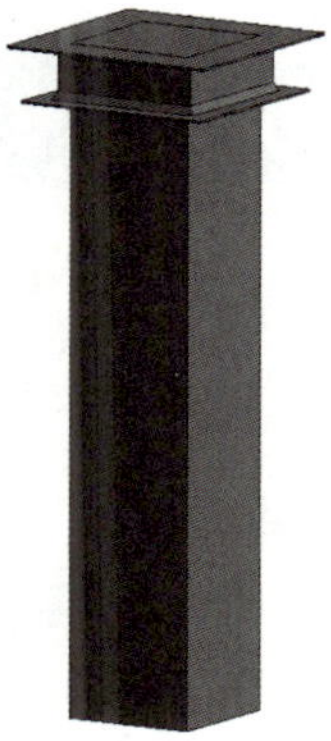

图 5.1-7

5.1.4 实践操作

同学们根据“5.1.3 教师演示”中的操作，练习创建柱顶装饰边内建构件模型。

5.1.5 任务小结

本任务主要是让学生掌握族的相关概念，并熟悉系统族、可载入族和内建族的载入和创建方法。

5.1.6 拓展训练

创建图 5.1-8 中的榫卯结构，并建在一个模型中，将该模型以构件集形式保存。

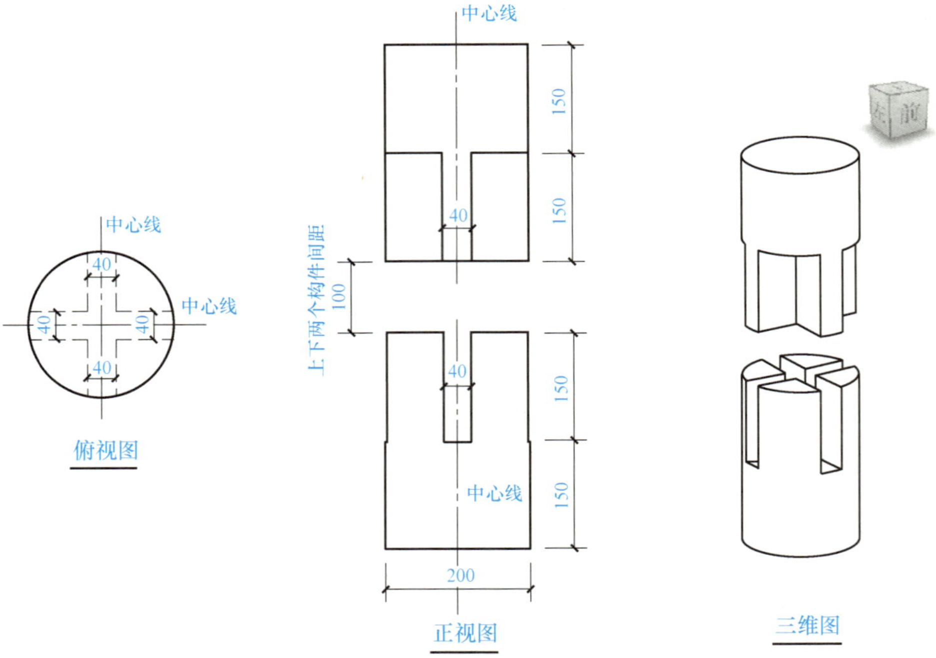

图 5.1-8

任务 5.2 Revit 族基础操作

5.2.1 工作任务

分别学习创建拉伸命令，放样命令、旋转命令、放样融合命令、融合命令、空心命令运用。

5.2.2 任务分析

Revit 族功能介绍（操作时，可先选中图元模型再选中命令，或先选择命令再选中图元模型，两者均可）。

1. 拉伸

在工作平面上绘制二维轮廓，然后拉伸该轮廓使其形成三维实体。在拉伸形状前，可以指定其起点和终点，以增加或减少该形状的深度。默认情况下，拉伸起点是 0。它只用于绘制草图及设置拉伸方向。

2. 融合

融合工具可将两个轮廓（边界）融合在一起。例如，绘制一个大矩形，并在其顶部绘制一个小矩形，则 Revit 会将这两个形状融合在一起。

3. 旋转

旋转是指围绕某个形状而创建的形状，可以旋转形状一周或不到一周。如果轴与旋转造型接触，则产生一个实心几何图形；如果远离轴旋转几何图形，则会产生一个空心几何图形。

4. 放样

放样是用于创建需要绘制或应用轮廓（造型），并沿某个路径对其放样。放样融合的造型由绘制或拾取的二维路径以及绘制或载入的两个轮廓确定。

5. 放样融合

通过放样融合工具可以创建一个具有两个不同轮廓的融合体，然后沿某个路径对其进行放样。

5.2.3　教师演示

根据图 5.2-1 中给定的尺寸，用体量创建模型。

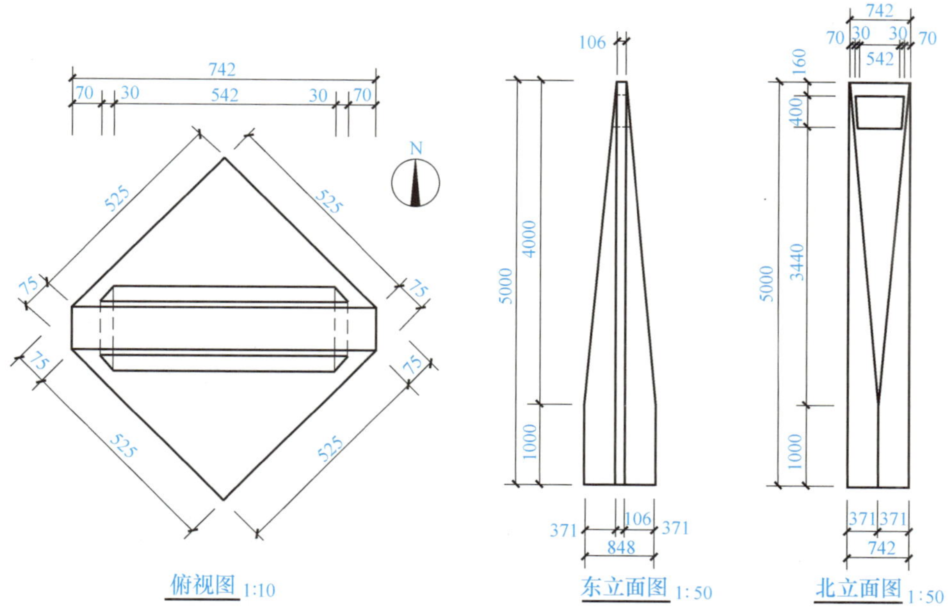

图 5.2-1

［步骤-01］　新建族样板，打开“新建概念体量”，如图 5.2-2 所示。

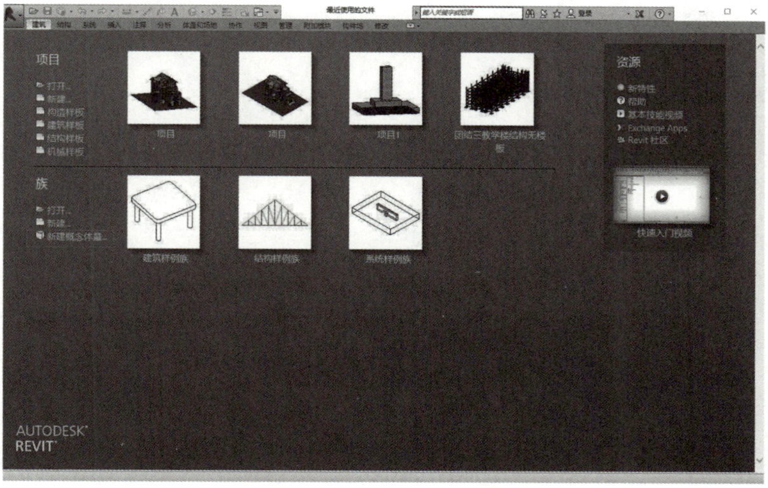

图 5.2-2

［步骤-02］ 在项目浏览器中打开楼层平面，在创建框使用绘制线命令，绘制成一个矩形，如图 5.2-3 所示。

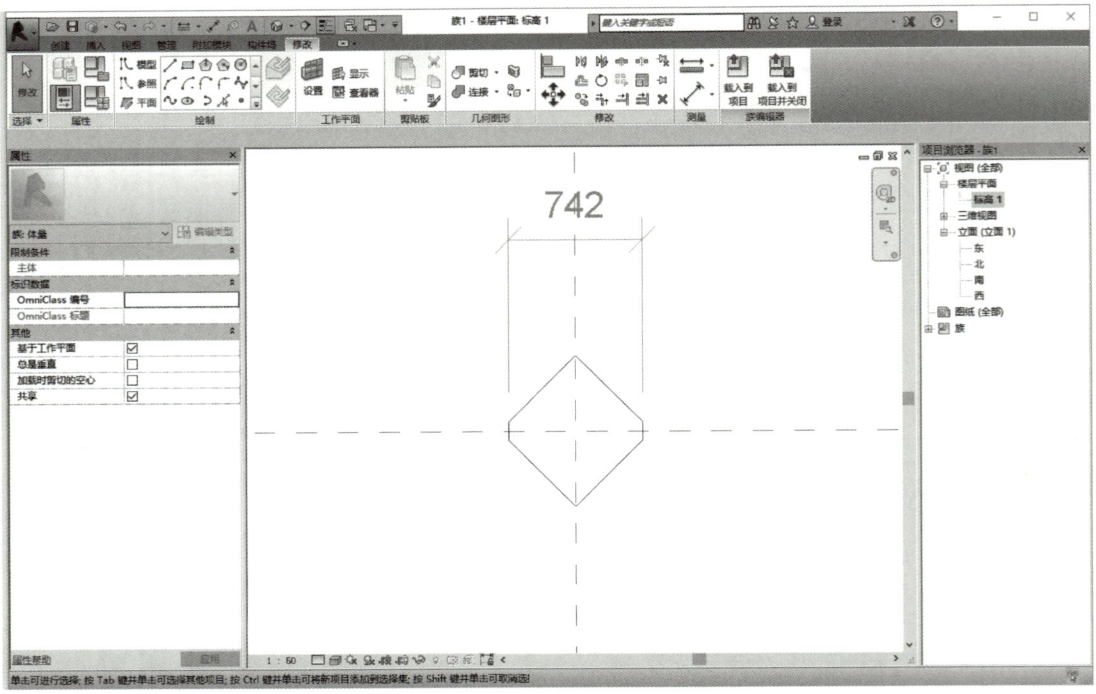

图 5.2-3

［步骤-03］ 单击矩形，然后点击“创建形状”—“实心形状”，如图 5.2-4 所示。

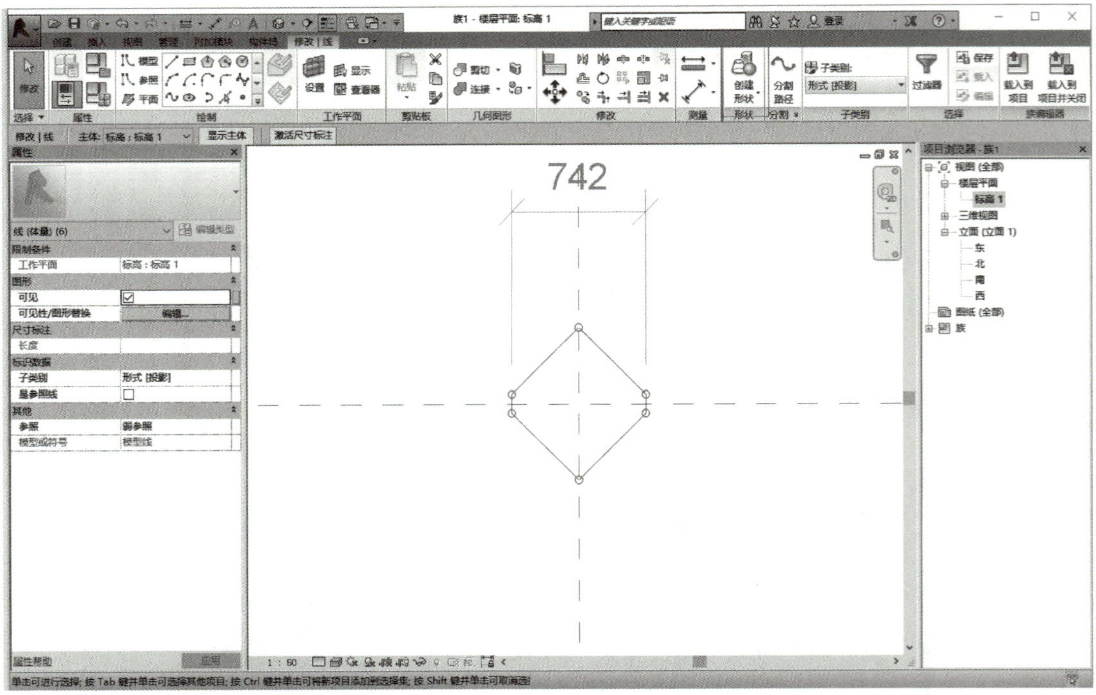

图 5.2-4

［步骤-04］　在项目浏览器中打开东立面，把模型拉伸到题目要求的高度，如图 5.2-5 所示。

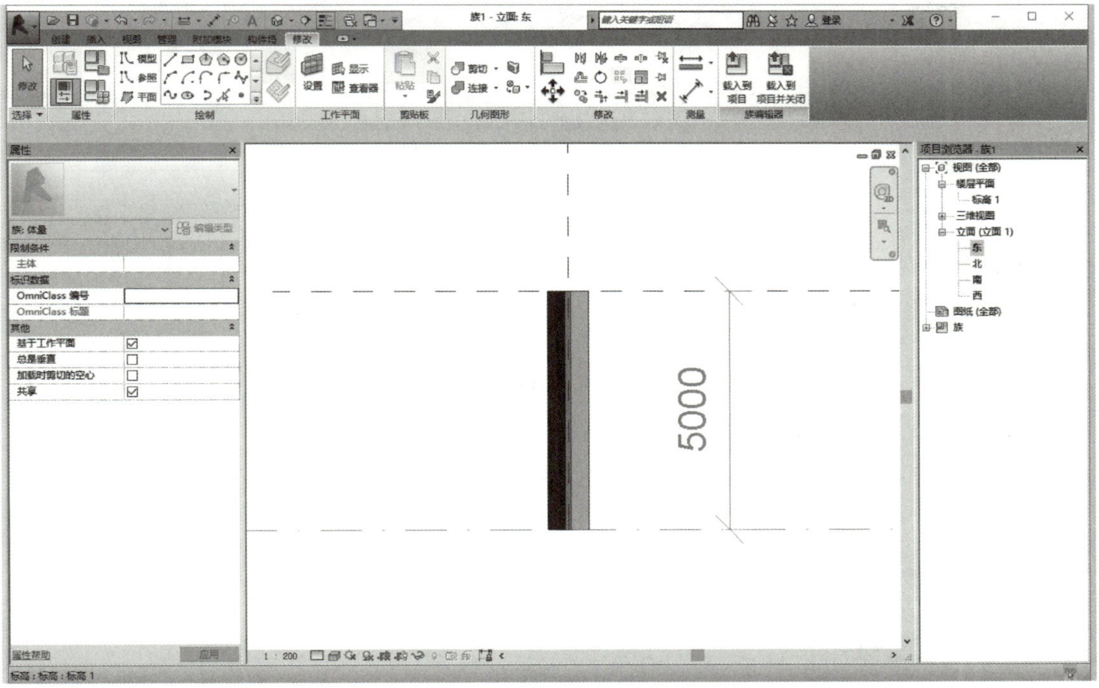

图 5.2-5

［步骤-05］　在东立面点创建框，绘制成一个三角形，如图 5.2-6 所示。

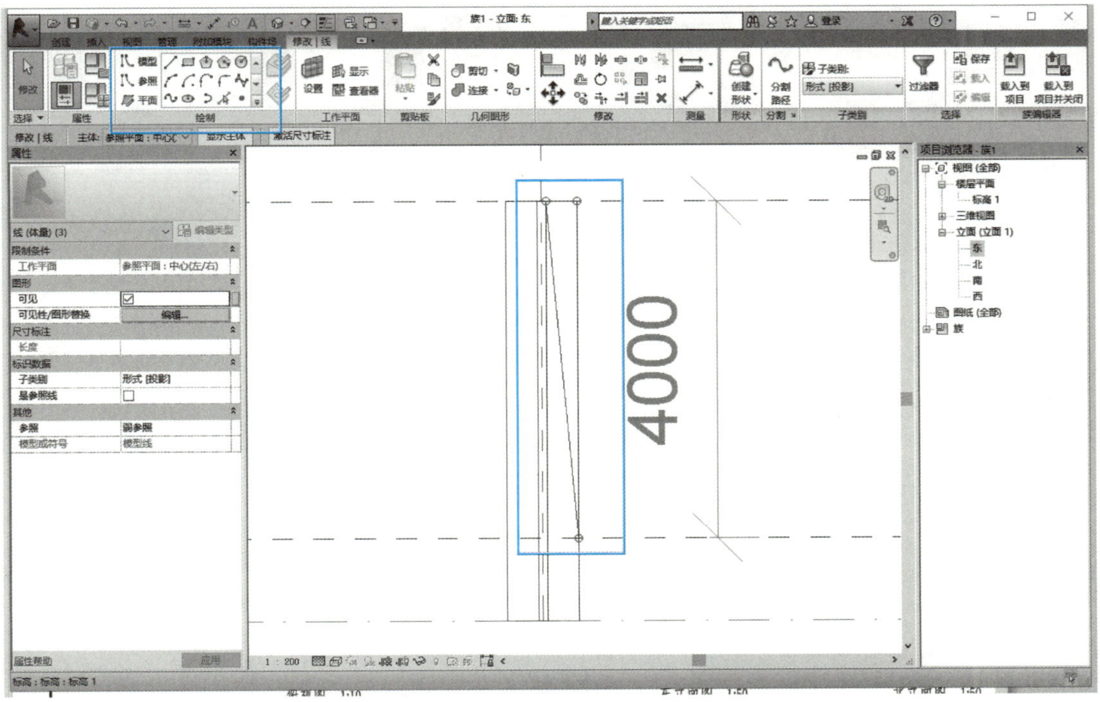

图 5.2-6

[步骤-06]　单击三角形，然后点击“创建形状”—“空心形状”，如图 5.2-7 所示。

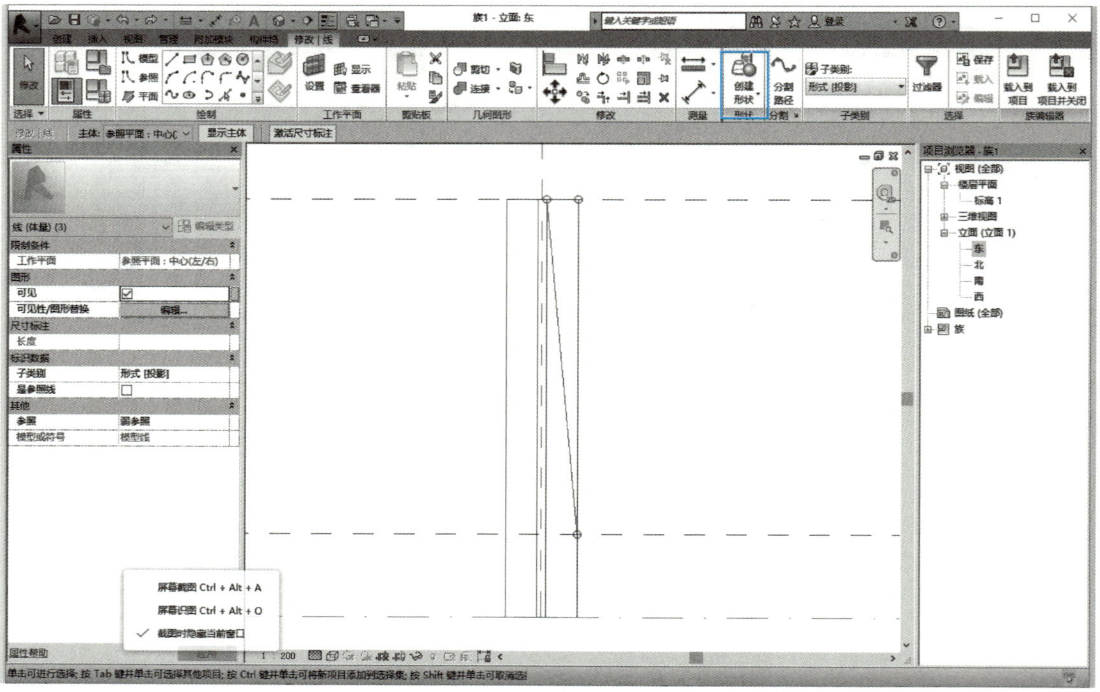

图 5.2-7

[步骤-07]　空心剪切完成，如图 5.2-8 所示。

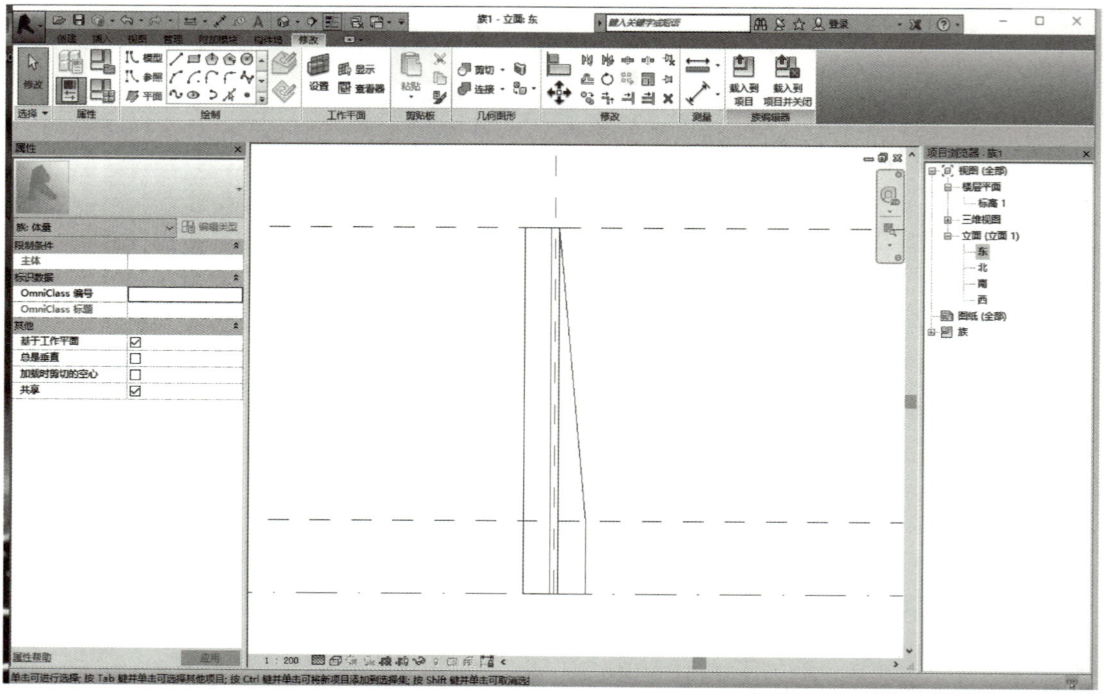

图 5.2-8

［步骤-08］　把空心部分镜像，如图 5.2-9 所示。

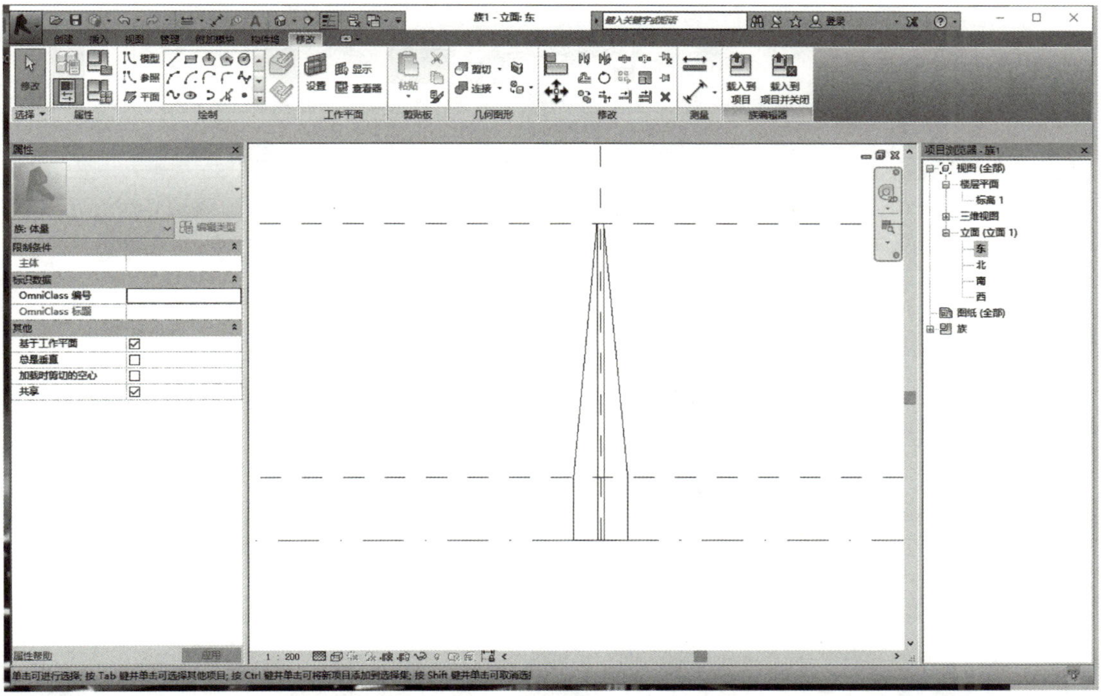

图 5.2-9

［步骤-09］　在项目浏览器中打开南立面，在创建框使用“绘制线”命令，绘制成一个矩形，如图 5.2-10 所示。

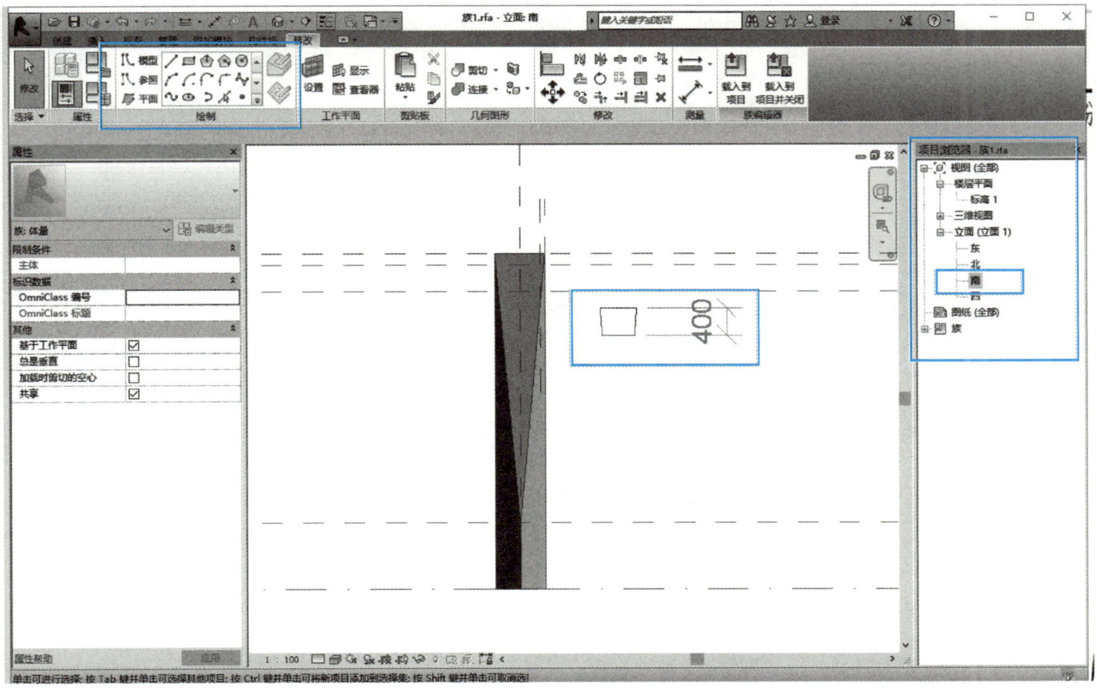

图 5.2-10

［步骤-10］ 单击矩形，然后点击“创建形状”—“空心形状”，如图 5.2-11 所示。

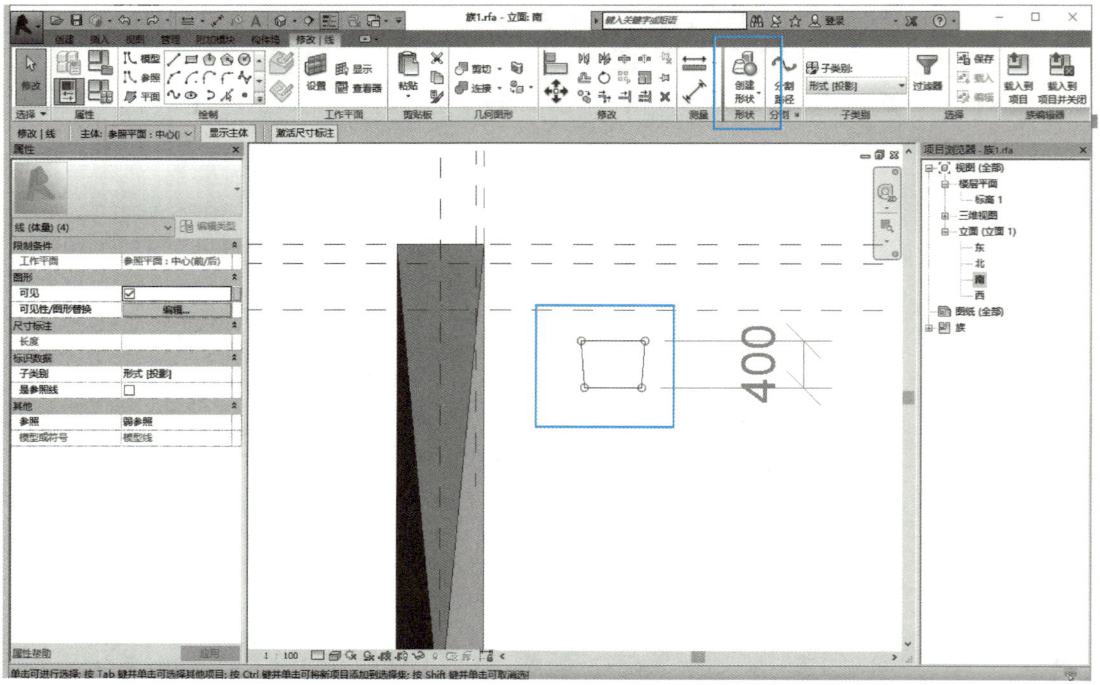

图 5.2-11

［步骤-11］ 把空心的模型移动到图示位置，如图 5.2-12 所示。

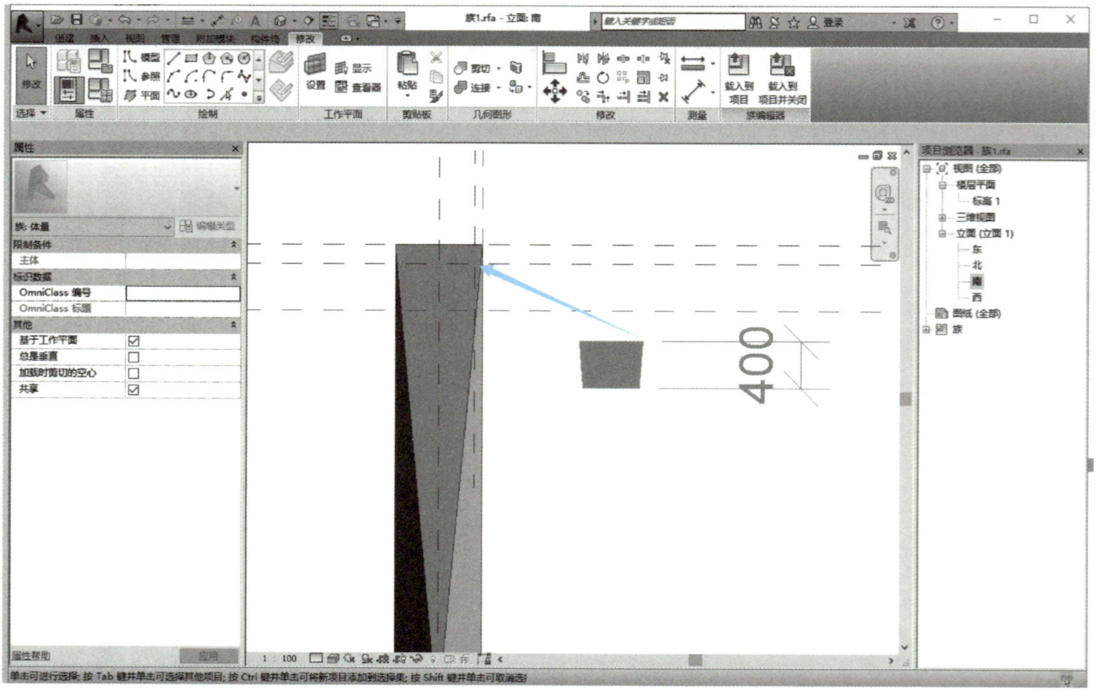

图 5.2-12

［步骤-12］　在项目浏览器中打开东立面，用 Tab 键切换选择拉伸面，把空心模型拉伸到一定的长度，如图 5.2-13 和图 5.2-14 所示。

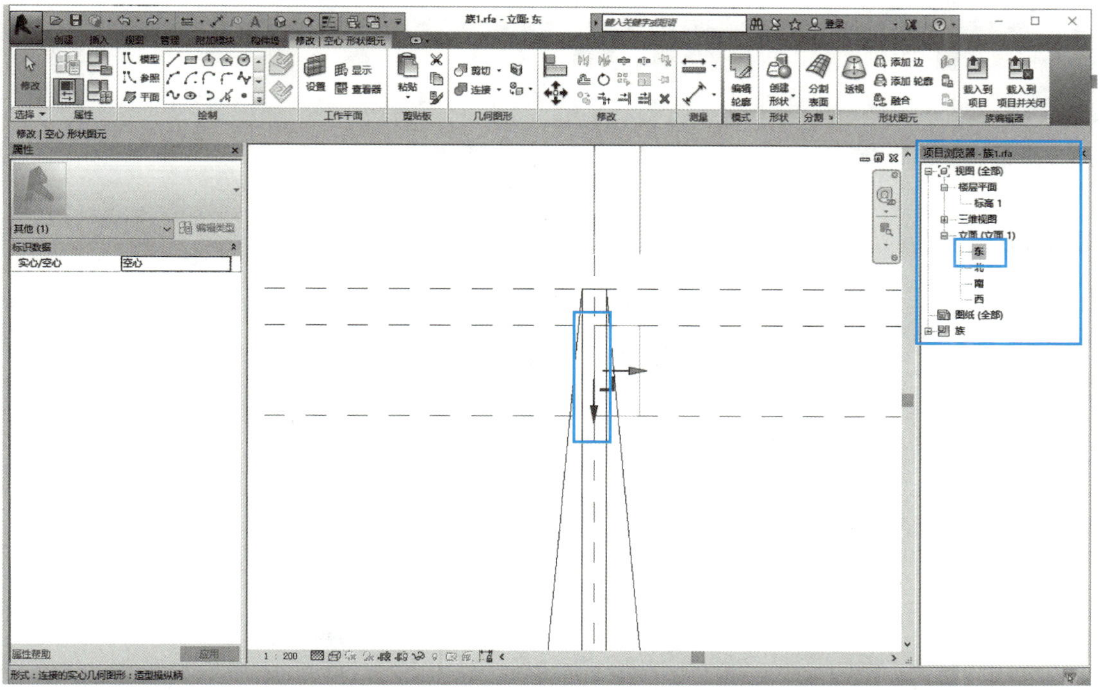

图 5.2-13

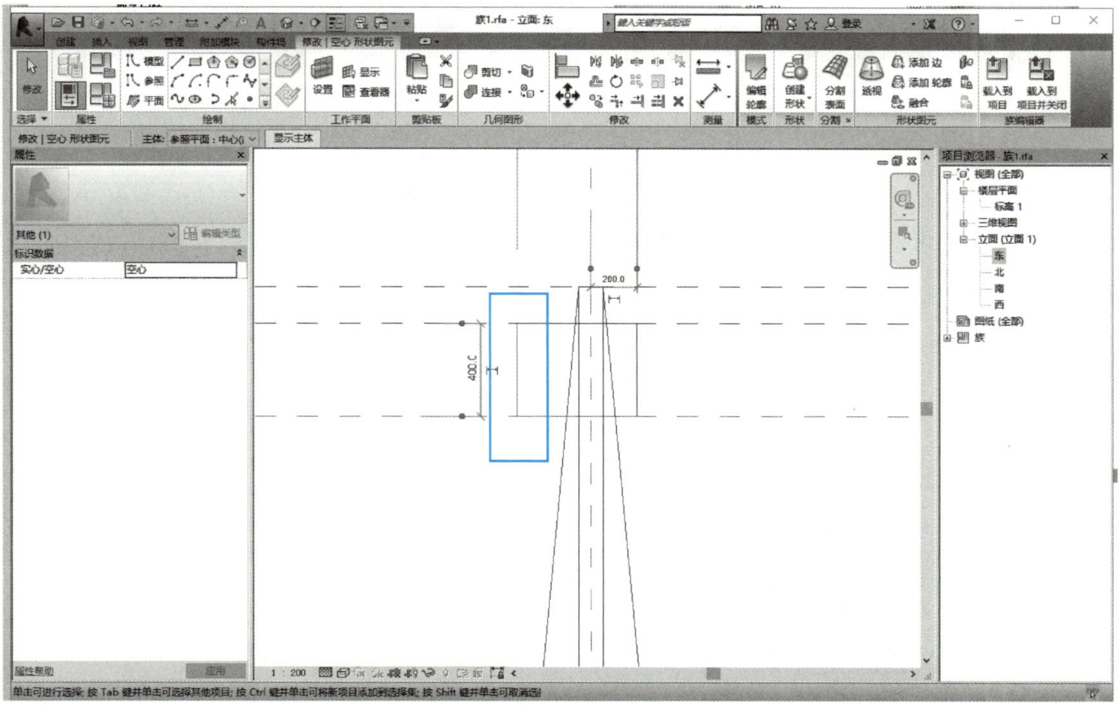

图 5.2-14

［步骤-13］ 切换到三维视图，用剪切命令把空心部分剪切，如图 5.2-15 和图 5.2-16 所示。

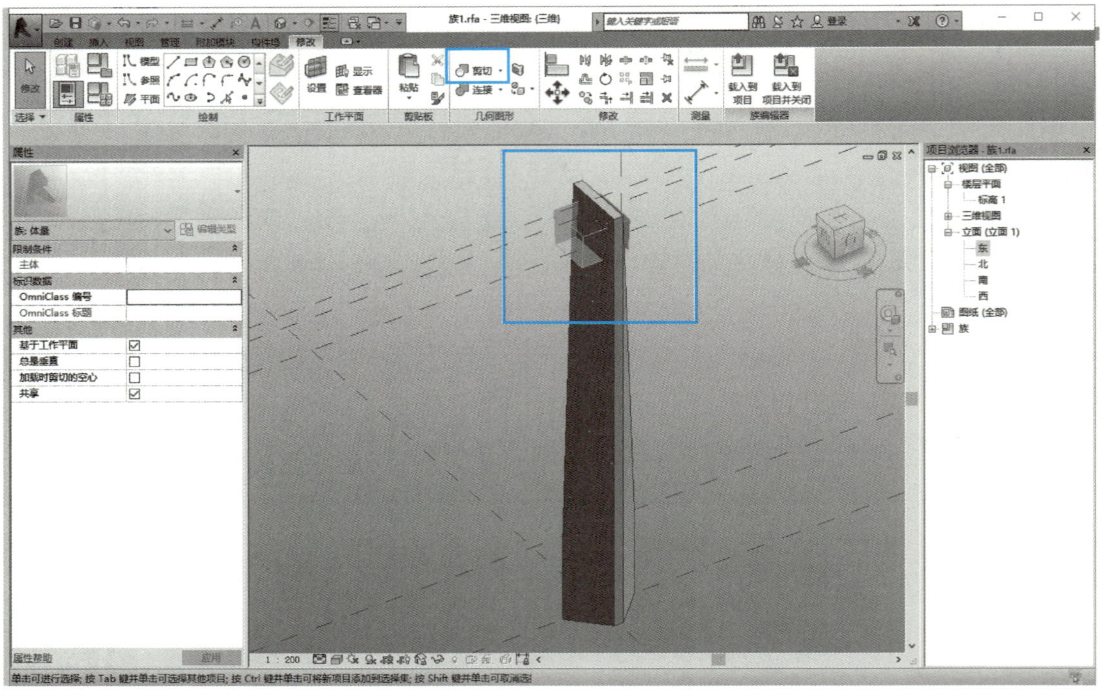

图 5.2-15

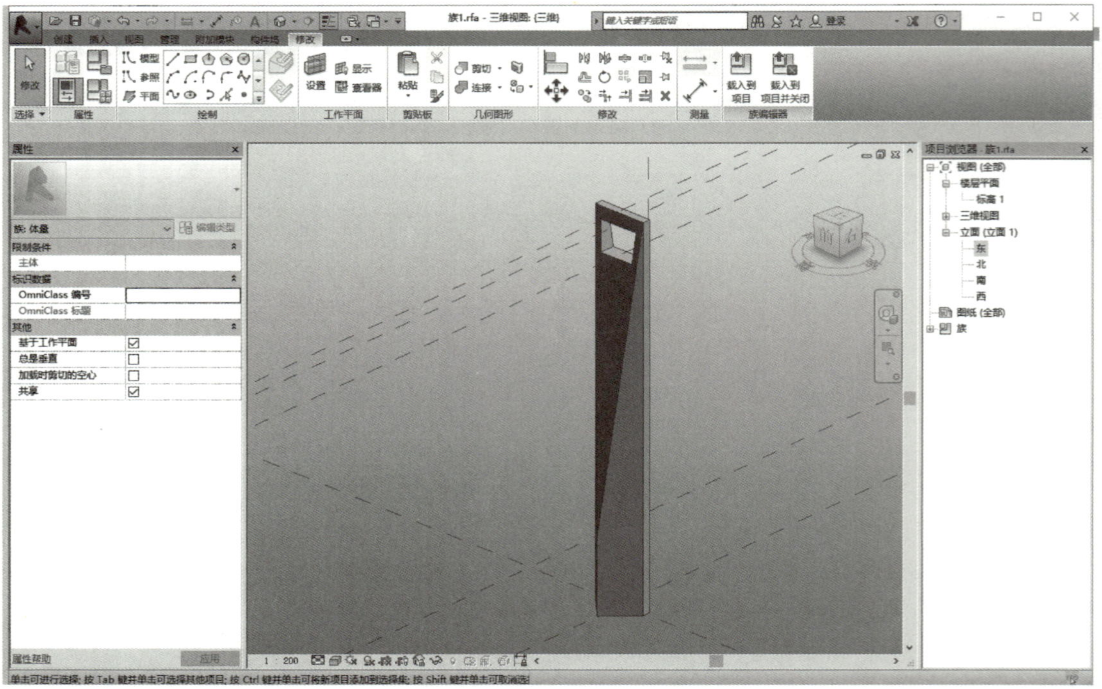

图 5.2-16

［步骤-14］ 把多余的参照平面删除，保存文件即完成，结果如图 5.2-17 所示。

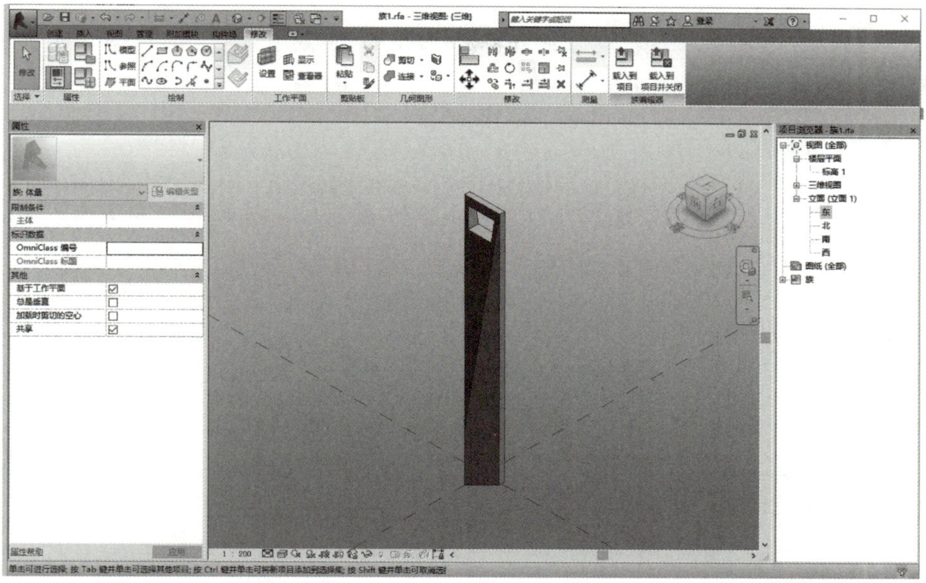

图 5.2-17

5.2.4 实践操作

根据给定尺寸，用构件集方式创建模型，整体材质为木材，如图 5.2-18 所示。

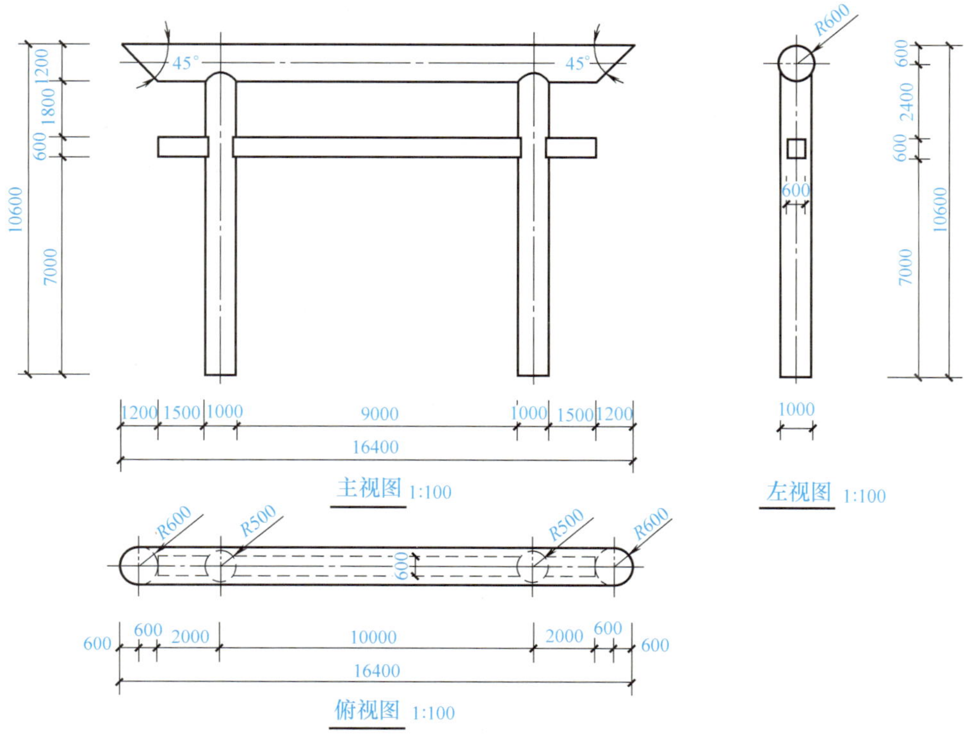

图 5.2-18

5.2.5 任务小结

本任务重点让学生掌握如何运用族编辑命令快速建模，并载入项目中运用，在 Revit 建模中是一个重要的知识点，也是难点。

5.2.6 拓展训练

根据图 5.2-19 中给定的投影尺寸，创建形体体量模型，基础底标高为－2.1m，设置该模型材质为混凝土。

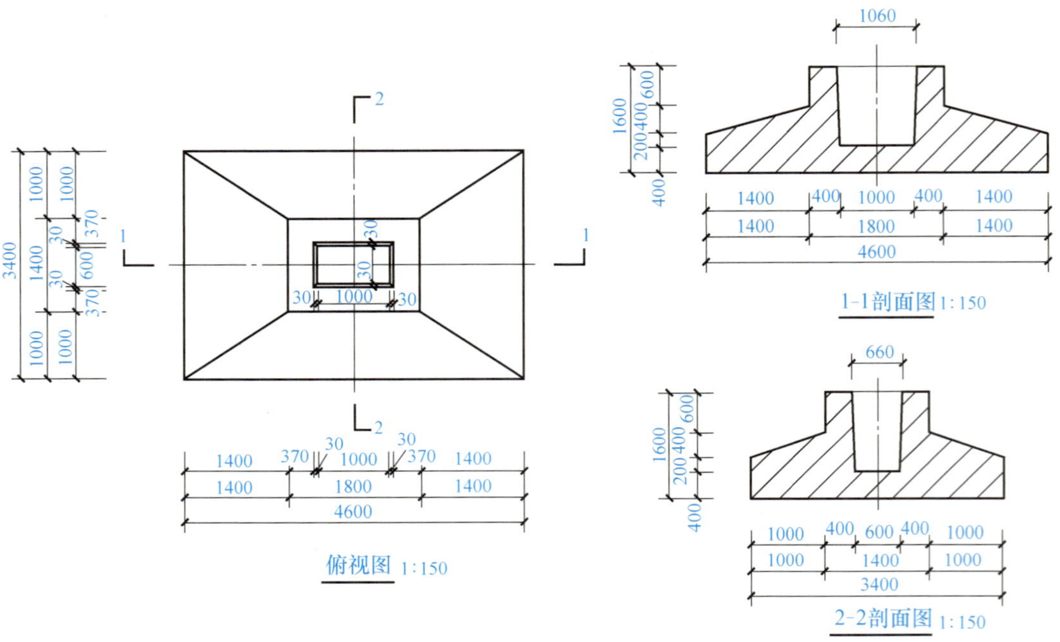

图 5.2-19

任务 5.3 建筑常用族实例

5.3.1 工作任务

1. 创建窗族。
2. 创建门族。

5.3.2 任务分析

操作流程为：分析需求—选择样板新建族—设定族类别—保存并命名族文件—设定参照平面—给定族参数—建模—测试参数—出图规范化表达—添加控件—项目测试—添加修改族类型。

5.3.3　教师演示

1. 创建窗框

［步骤-01］　新建族文件，选择“公制窗”为样板，双击样板打开，如图 5.3-1 所示。注意：必须根据相应的族样板创建新的构件族，如窗族可以使用公制窗或基于墙的公制常规模型族样板。

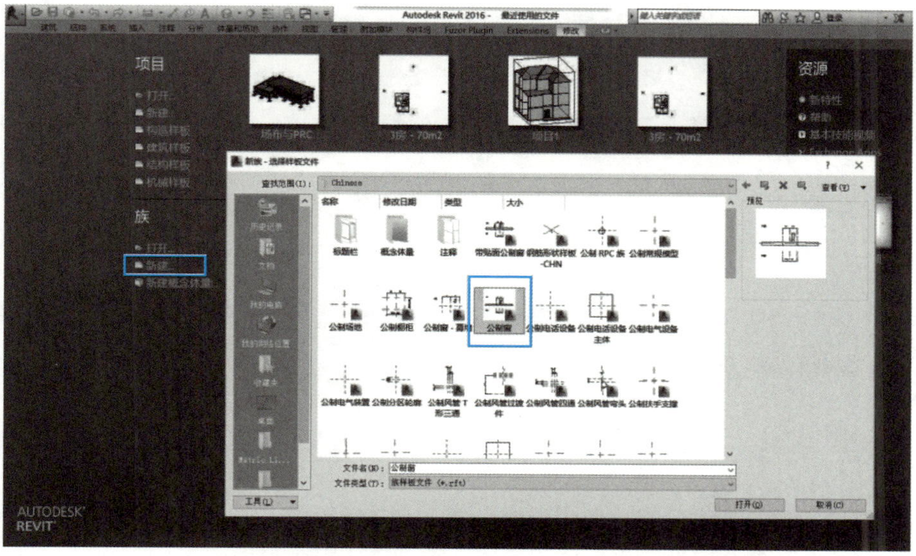

图 5.3-1

［步骤-02］　用拉伸创建窗框，拾取墙中心线为工作平面，沿洞口边线绘制矩形并锁定其位置，将矩形向内偏移“60”。请注意工作平面的设定和锁定的应用。

［步骤-03］　设置拉伸起点、终点分别为“－30.0，30.0”，设定其子类为“框架/竖梃”，完成绘制，如图 5.3-2 所示。

［步骤-04］　添加“窗框材质”参数，在属性面板中点击“族类型”，如图 5.3-3 所

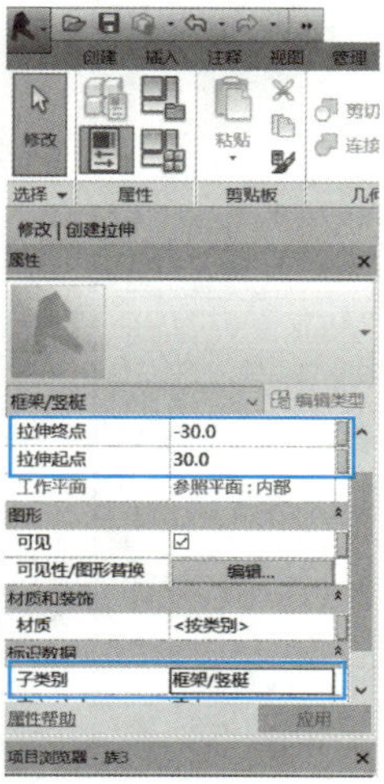

图 5.3-2

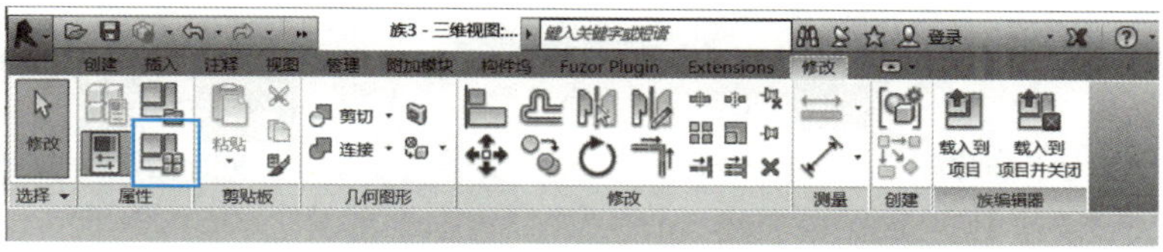

图 5.3-3

示。进入“族类型”对话框，点击“添加参数”，进入“参数属性”对话框，在名称处输入“窗框材质”，参数类型设置为“材质”，如图 5.3-4 所示。添加好窗框材质参数后，在材质库中创建新“不锈钢窗框”材质，先复制再重命名，给窗框指定材质参数，如图 5.3-5 所示。

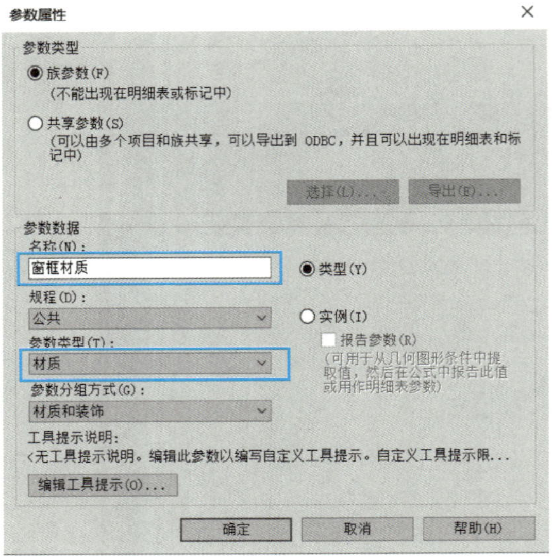

图 5.3-4

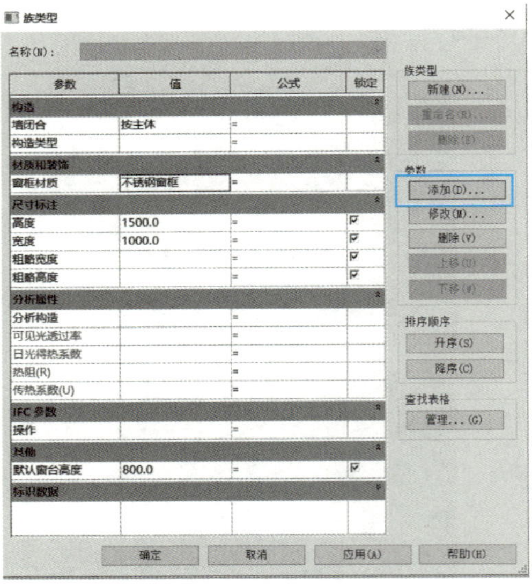

图 5.3-5

［步骤-05］ 先点选窗框，再点选“材质和装饰”中赋予材质，出现的对话框如图 5.3-6 所示。

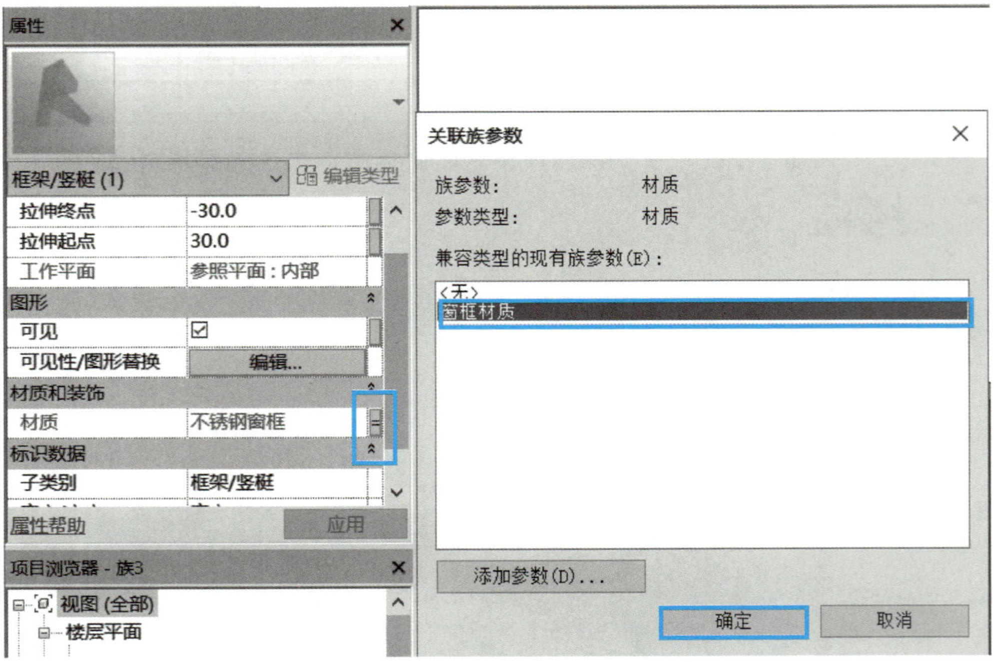

图 5.3-6

［步骤-06］ 设置窗框可见性为“三维视图”和“前/后视图”。

先点选窗框，再点选“可见性/图形替换”中的“编辑…”，出现的对话框如图 5.3-7 所示。

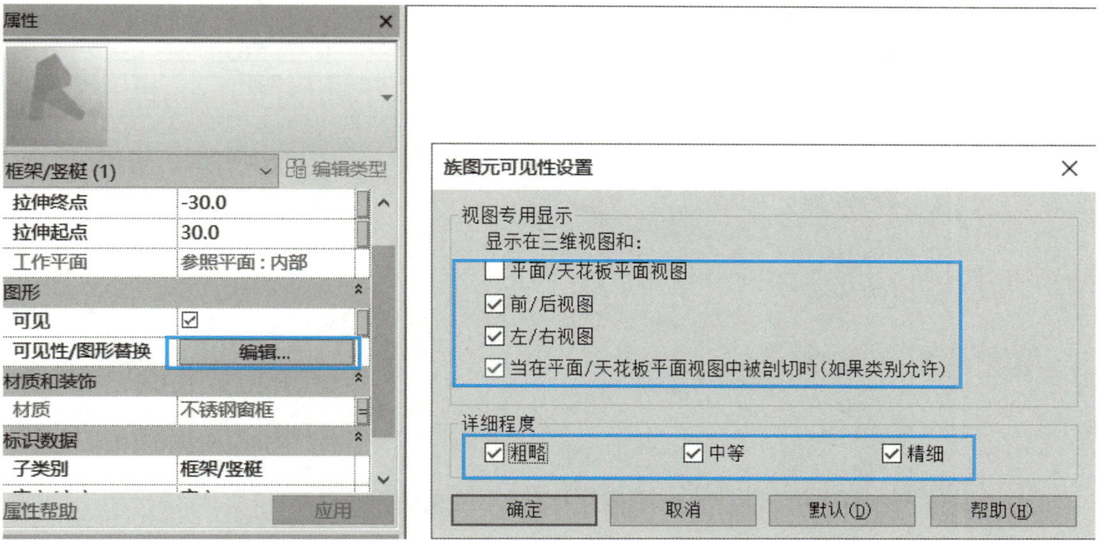

图 5.3-7

操作时，可以控制物体在不同视图中的可见性，还可以控制物体在同一视图中不同详细程度时的可见性。

2. 创建横梃

［步骤-01］ 绘制三条横梃位置参照平面，间距都为 345mm。

［步骤-02］ 标注第一根横梃位置尺寸。

［步骤-03］ 用拉伸创建横梃，拾取墙中心线为工作平面，绘制矩形并锁定其左、右位置。

［步骤-04］ 调整其上、下宽度，设置拉伸起点、终点、子类别及材质参数，完成绘制。

［步骤-05］ 添加“横梃 A1 间距”参数，添加“横梃 A1 可见”参数，如图 5.3-8 所示。

［步骤-06］ 将尺寸标注指定“横梃 AI 间距”长度参数标签。先点选尺寸标注，再点选给横梃指定“横梃可见”参数。注意：构件的可见性参数要在族载入项目中才能生效。

［步骤-07］ 先点选横梃，再点选“图片属性”，如图 5.3-9 所示。

［步骤-08］ 设置横梃可见性为“三维视图”和“前/后视图”。

3. 创建其他横梃和竖梃

［步骤-01］ 用同样方式创建并设置其余横梃。

［步骤-02］ 竖梃的绘制。用 RP 命令绘制竖向的参照平面，点击参照平面，再选中尺寸数字，出现“EQ”，将参照平面把图形进行等分，再删除尺寸标注。再用上述同样的方式创建其余竖梃，如图 5.3-10 所示。

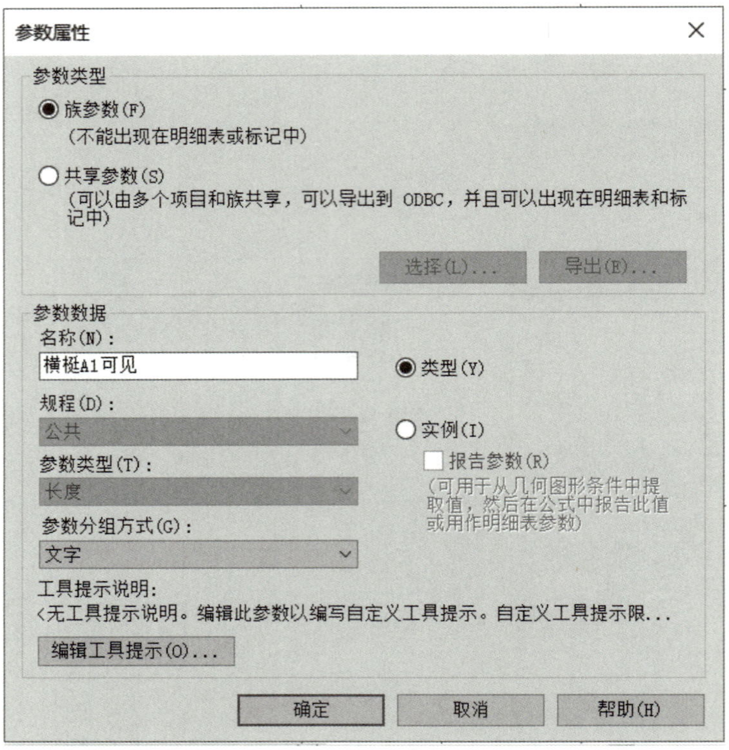

图 5.3-8

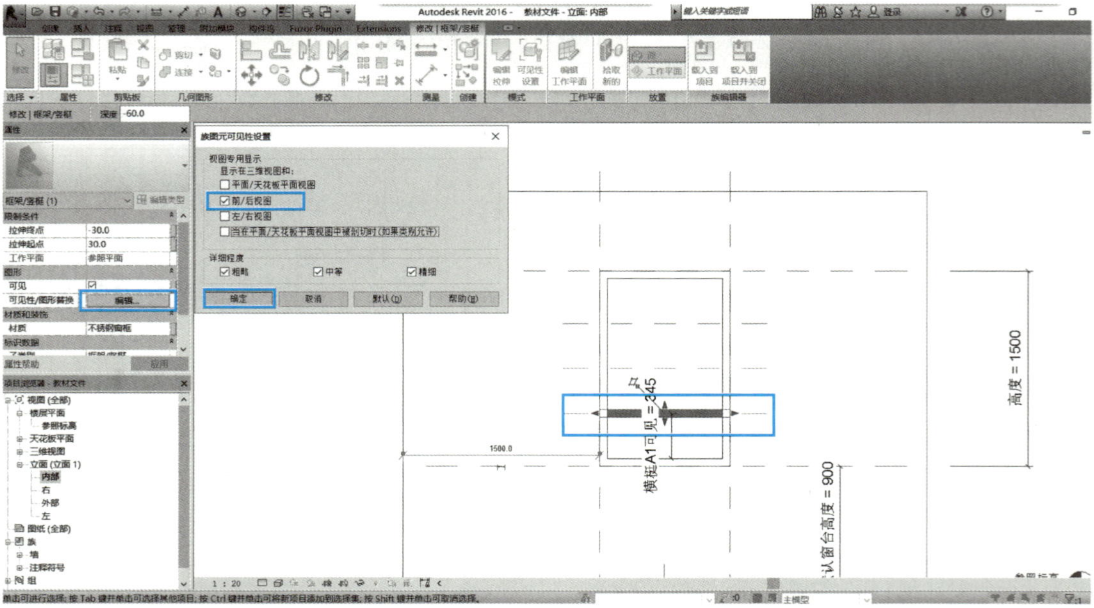

图 5.3-9

［步骤-03］　可以用“连接几何实体”命令将所有横梃和竖梃连接在一起，但是此操作将会影响窗梃可见性的控制。

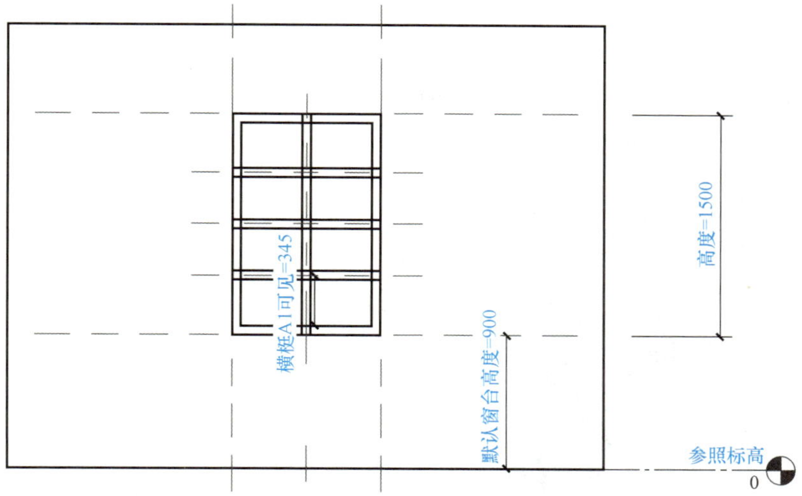

图 5.3-10

4. 创建玻璃

［步骤-01］　用拉伸创建玻璃，拾取墙中心线为工作平面，沿窗框内边线绘制矩形并锁定其位置。

［步骤-02］　设置拉伸起点、终点分别为“3，−3”，其子类别为“玻璃”，完成绘制。

［步骤-03］　添加“玻璃材质”参数，给玻璃指定“玻璃材质”参数。

［步骤-04］　设置玻璃可见性为“三维视图”和“前/后视图”。

5. 创建窗套

［步骤-01］　用放样创建窗套，拾取外墙面为工作平面。

［步骤-02］　绘制二维路径，沿洞口边线绘制矩形并锁定其位置，完成路径。

［步骤-03］　绘制轮廓，打开右视图，按实际尺寸 200mm×200mm 绘制轮廓并锁定其位置。

［步骤-04］　标注尺寸、锁定尺寸，完成轮廓，完成放样。

［步骤-05］　标注窗套宽度尺寸，标注窗套厚度尺寸。

［步骤-06］　添加“窗套厚度”参数，添加“窗套可见”参数。

［步骤-07］　给窗套指定窗套材质和窗套可见参数，复制“白色涂层窗套”材质。

［步骤-08］　设置窗套可见性为“三维视图”和“前/后视图”“左/右视图”。完成效果如图 5.3-11 所示。

5.3.4　实践操作

请用基于墙的公制常规模型族模板，创建符合图 5.3-12 要求的窗族，该窗窗框断面尺寸为 60mm×60mm，窗扇边框断面尺寸为 40mm×40mm，玻璃厚度为 6mm，墙、窗框、窗扇边框、玻璃全部中心对齐，并创建窗的平、立面图。

5.3.5　任务小结

本任务的内容是要求学生学会门窗族的建立，并能够灵活运用族的建立。

图 5.3-11

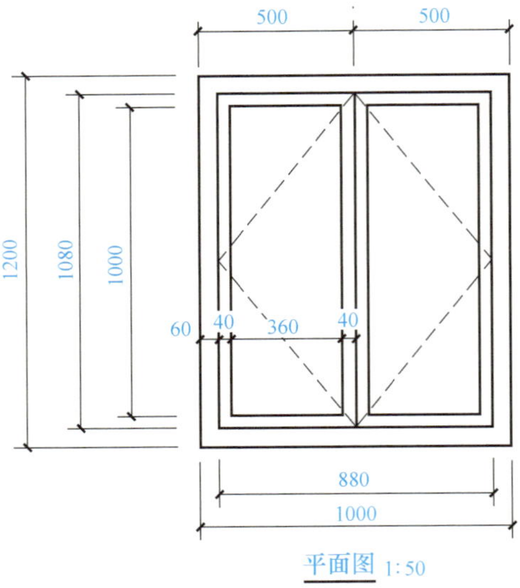

图 5.3-12

“1+X”技能提升

在公制窗里绘制如图 5.3-13 所示的窗，画在墙的内部，窗框厚 70mm，材质为铝，透明玻璃厚 10mm，且玻璃在窗框中部。

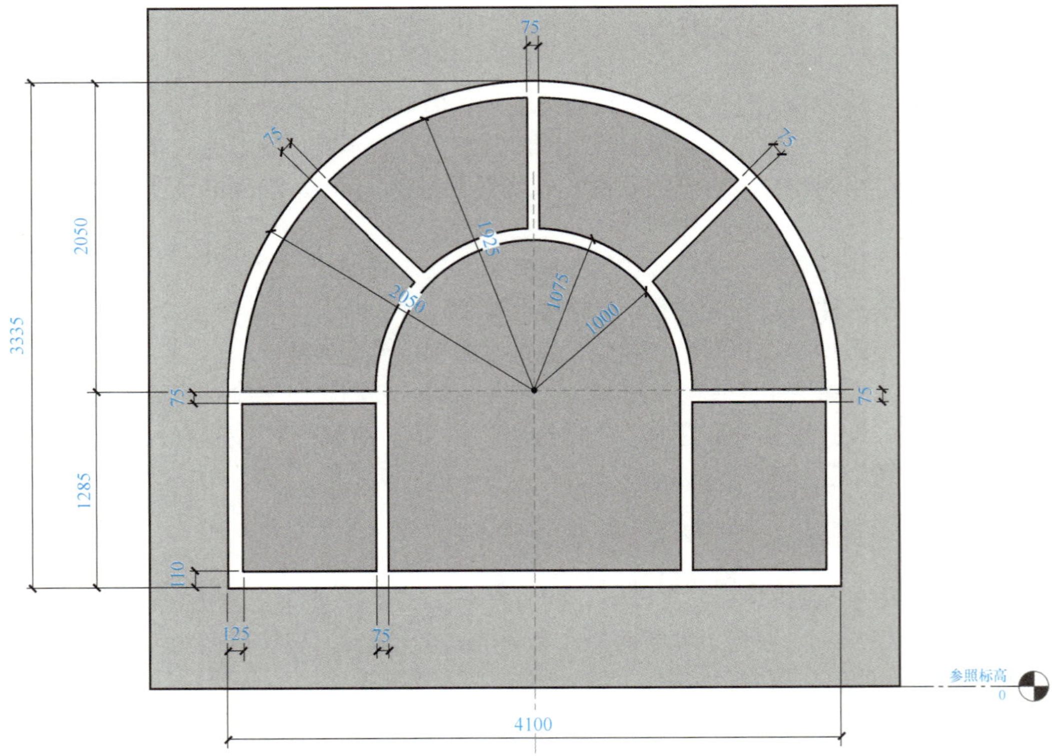

南立面 1:100

图 5.3-13（一）

图 5.3-13（二）

附录 1　BIM 建模常用的快捷键

1. 建模与绘图常用快捷键

命令	快捷键	命令	快捷键
标高	LL	绘制参考平面	RP
对齐标注	DI	门	DR
墙体	WA	放置构件	CM
窗	WN	详图线	DL
模型线	LI	柱:结构柱	CL
楼板	SB	梁	BM
轴网	GR		

2. 标记修改工具常用快捷键

命令	快捷键	命令	快捷键
复制	CO	对齐	AL
拆分图元	SL	修剪/延伸	TR
旋转	RO	阵列	AR
图元属性	Ctrl+1	删除	DE/Delete
拆分图元	SL	偏移图元	OF
移动	MV	镜像-拾取轴	MM
拆分面	SF	填色	PT

3. 控制视图常用快捷键

命令	快捷键	命令	快捷键
可见性图形	VV	视图窗口平铺	WT
临时隐藏图元	HH	临时隔离图元	HI
重设临时隐藏	HR	细线显示模式	TL
渲染	RR	快捷键定义窗口	KS

参考文献

［1］ 廊坊市中科建筑产业化创新研究中心．建筑信息模型（BIM）概论［M］．北京：高等教育出版社，2020.

［2］ 廊坊市中科建筑产业化创新研究中心．"1＋X"建筑信息模型（BIM）职业技能等级证书——学生手册（初级）［M］．北京：高等教育出版社，2020.